普通高等教育"十三五"规划教材

功能性食品化学与健康

赵全芹　孟凡德　编著

Functional Food Chemistry
and Health

化学工业出版社

·北京·

内容简介

　　《功能性食品化学与健康》是为高等院校以及专科学院编写的公共课教材，为培养当代大学生的健康意识、提高科学素养而编写。主要内容包括绪论、功能性食品化学、功能性食品原料来源、功能活性成分与功能性食品。介绍正确的养生知识和方法，理解功能性食品（市场上称为保健食品）的作用机理，避免听信虚假宣传。

　　《功能性食品化学与健康》可以作为大专院校的公共课教材，也可以供对保健食品有兴趣的广大读者参考。

图书在版编目（CIP）数据

　　功能性食品化学与健康/赵全芹，孟凡德编著. —北京：化学
工业出版社，2020.8（2024.2重印）
　　普通高等教育"十三五"规划教材
　　ISBN 978-7-122-37587-2

　　Ⅰ. ①功⋯　Ⅱ. ①赵⋯②孟⋯　Ⅲ. ①疗效食品-食品化学-
高等学校-教材　Ⅳ. ①TS218

　　中国版本图书馆 CIP 数据核字（2020）第 158772 号

责任编辑：刘俊之　宋林青　　　　　　　　　文字编辑：陈小滔　朱雪蕊
责任校对：张雨彤　　　　　　　　　　　　　装帧设计：韩　飞

出版发行：化学工业出版社（北京市东城区青年湖南街 13 号　邮政编码 100011）
印　　装：北京科印技术咨询服务有限公司数码印刷分部
787mm×1092mm　1/16　印张 13¼　字数 336 千字　2024 年 2 月北京第 1 版第 2 次印刷

购书咨询：010-64518888　　　　　　售后服务：010-64518899
网　　址：http://www.cip.com.cn
凡购买本书，如有缺损质量问题，本社销售中心负责调换。

定　　价：39.00 元

>>> 前 言

　　能量充分、营养完全的饮食是人体健康的可靠基础，是人类智慧、文化和道德发展的必要条件。食品的本质是机体处于正常状态下的营养补给源和维持机体必要运动的能量补给源。食品的第一功能或营养功能，是正常生理活动必不可少的要素；食品的第二功能或感官功能，是人们对食品的色、香、味、形和质构的享受；食品的第三功能即功能性食品（或称保健食品），强调其成分对人体具有增强身体防御功能、调节生理节律以及预防疾病和促进康复等的调节功能。

　　功能性食品（Functional food）是指具有特定营养保健功能的食品，即适宜于特定人群食用，具有调节机体功能，不作为治疗手段的食品。功能性食品通俗地称为保健食品。它的范围包括：增强人体体质的食品，防止疾病的食品，恢复健康的食品，调节身体节律的食品和延缓衰老的食品。

　　功能性食品化学（Functional Food Chemistry）是研究功能性食品中真正起生理作用的成分（结构、性质、功能等）对人体的作用，增强身体防御功能、调节生理节律以及预防疾病、促进康复和抗衰老的机理和作用过程的新型学科。功能性食品化学是多学科相互渗透的学科，主要包括化学、生物化学、营养学、生理学、植物学、动物学、分子生物化学等。通过中华药膳和中华传统保健饮食作前导，运用现代分离重组技术，研发和生产出具有国际竞争力和具有自主知识产权的功能性食品。

　　《功能性食品化学与健康》是在为大学生开设近二十年通识课的基础上编写而成，本书分为四篇：绪论、功能性食品化学、功能性食品原料来源、功能活性成分与功能性食品。内容力求科学性、知识性、实用性、新颖性的统一，着力反映有关学科的前沿和发展动向。

　　本课程的开设可使学生了解当前功能性食品化学的进展，引导学生关注自身健康并且养成健康的饮食习惯，理解保健食品增强免疫力、预防疾病、延长寿命的原理，能够辨识市场上一些保健食品的虚假宣传。

　　本书的编写和出版得到了山东大学、山东大学化学与化工学院的支持，在此一并表示衷心感谢。

　　本书由赵全芹、孟凡德编写，功能性食品化学与健康的内容涉及多门学科，由于编者水平所限，难免有疏漏，恳请读者批评指正。

编　者

2020 年 6 月

目 录

第一篇 绪 论

第 1 章 健康与亚健康 ·············· 2
第 2 章 影响健康的主要因素 ·············· 8
第 3 章 功能性食品化学的概念、功能性食品分类及发展前景 ·············· 14

第二篇 功能性食品化学

第 4 章 氨基酸、活性肽和蛋白质化学 ·············· 22
第 5 章 活性多糖化学 ·············· 36
第 6 章 功能性甜味剂化学 ·············· 43
第 7 章 功能性油脂化学 ·············· 56
第 8 章 维生素 ·············· 67
第 9 章 人体生命元素 ·············· 73
第 10 章 自由基清除剂 ·············· 92
第 11 章 动植物中的功能性化学成分 ·············· 104

第三篇 功能性食品原料来源

第 12 章 海洋生物功能性食品 ·············· 118
第 13 章 藻类功能性食品 ·············· 121
第 14 章 根茎类功能性食品 ·············· 123
第 15 章 叶类功能性食品 ·············· 132
第 16 章 花草类功能性食品 ·············· 139
第 17 章 果品类功能性食品 ·············· 146
第 18 章 种子类功能性食品 ·············· 153
第 19 章 菌类功能性食品 ·············· 158
第 20 章 动物类功能性食品 ·············· 166

第四篇 功能活性成分与功能性食品

第 21 章 改善生长发育和延缓衰老的功能活性成分与功能性食品 ·············· 174

第22章　改善睡眠和记忆的功能活性成分与功能性食品 ……………………… 180

第23章　缓解体力、视力疲劳的功能活性成分与功能性食品 ……………… 184

第24章　肠道菌群调节和减肥的功能活性成分与功能性食品 ……………… 188

第25章　增强免疫力和抑制肿瘤的功能活性成分与功能性食品 …………… 193

第26章　辅助降血脂、降血压及降血糖的功能活性成分与功能性食品 …… 199

参考文献 ……………………………………………………………………… 206

第一篇
绪　论

第1章
健康与亚健康

1.1 健康

健康是指一个人在身体、精神和社会等方面都处于良好的状态。传统的健康观是"无病即健康",现代人的健康观是整体健康。世界卫生组织(简称WHO)给"健康"的定义是"健康是指一个人在生理、心理及社会适应等各方面都处于完满的状况",而不仅仅是指无疾病或不虚弱而已。因此,现代人的健康内容包括:躯体健康、心理健康、心灵健康、社会健康、智力健康、道德健康、环境健康等。健康既是人的基本权利,也是人生的第一财富。

1.1.1 年龄与寿命

(1)年龄

孔子说"三十而立,四十而不惑,五十而知天命,六十而耳顺,七十而从心所欲,不逾矩"。又有人称为"三十,而立之年;四十,不惑之年;五十,知命之年;六十,耳顺之年;七十,不逾之年"。我国古代典籍对年龄的划分为艾(50岁),对老年人的尊称;耆(60岁),"花甲之年""杖乡之年";老(70岁),"古稀之年""杖国之年";耋(80岁),"权朝之年";耄(90岁)和颐(100岁)。杜甫曾经吟诵"酒债寻常行处有,人生七十古来稀"的名句。现在,七十岁的老人已不是古来稀,而是相当多。

(2)人的寿命

人的寿命是指人的生存年限。推算方法有三种:

① 成熟系数法 按照性成熟年龄和胎龄对比,确定成熟系数8~10,人的寿命应为125~144年。

② 寿命系统法 由日本浦丰计算哺乳的方法即寿命系数(约为5~7)×生长期(即生长发育年龄)。如人的生长期为25年,寿命应为125~175年。

③ 细胞分裂法 由美国海尔弗利根据胎儿羊毛膜细胞分裂约50次,周期为2.4年算出,人的寿命应为120年。

以上是人的自然年龄,实际上远远小于此值。这主要是环境、心理、生理、教育等诸方面影响的缘故。

(3)绝大多数的人活不到120岁的原因

自己"不能控制"衰老进程的因素。衰老的快慢取决于基因和生活环境。生活环境是指非人类控制的不可抗拒的外界因素如气候、灾荒、战争、公害、污染等物质及精神状态的条件。

自己"能控制"的因素。自律、养生和保健，可以延缓人衰老进程的速度。对每个人的寿命长短而言，大部分取决于自己如何调控。

每个人的健康和寿命：60％取决于自己，15％取决于遗传因素，10％取决于社会因素，8％取决于医疗条件，7％取决于气候条件影响。

1.1.2 健康的标志和保持健康的诀窍

（1）健康标志

① 精力充沛，能够从容不迫地应对日常生活；

② 处事乐观，态度积极，乐于承担任务，不挑剔；

③ 善于休息，睡眠良好；

④ 应变能力强，能适应各种环境的变化；

⑤ 体重适当，体态匀称，头、臂、臀比例协调；

⑥ 眼睛明亮，反应敏锐，眼睑不发炎；

⑦ 牙齿清洁，无缺损，无疼痛，牙龈颜色正常，无出血；

⑧ 头发光洁，无头屑；

⑨ 肌肉、皮肤富有弹性，走路轻松；

⑩ 对一般感冒和传染病有一定抵抗力。

（2）保持健康的诀窍

① 热爱工作，努力使自己感到工作就是乐趣，乐趣也是工作；追求高尚的情操，乐于助人、积极向上，培养全心全意关心和热爱家人、朋友和同事的习惯；以平静的心态对待周围的人和事，遇事要往积极方面想，思想健康能使人生活得更愉快、身体更健康。

② 膳食平衡，食物供给人体能量和新组织生长、修补损伤组织所需的营养物质，维持人体良好的工作状态；尽量少服药和饮用含酒精的饮料，尤其要节制饮烈性酒，不吸烟，一生吸烟的人，要少活20年到25年，吸一次烟，少活11分钟。

③ 有规律的体育锻炼，体育锻炼可以促进肌肉生长、血液循环、增进食欲，有助于机体对食物的利用；有规律的休息和娱乐，可以使人感到愉快和舒服，消除疲劳与精神压力，提高工作效率和对娱乐的兴趣；保持正确的坐、立和行姿势，理想的站姿是身体直立，腹部微收，颚部自然下垂，肩部保持水平，坐的姿势是身体直立，头部和臀部成一线。

④ 不服老，要保持年轻的心理，具有不服老的精神。

⑤ 定期的体格和牙齿检查，许多疾病发展缓慢，初期不会疼痛，身体检查可以及时发现隐患和前兆，防患于未然。

⑥ 保护牙齿，牙齿具有切断、撕裂和磨碎食物的功能，是预消化过程，对人体健康很重要。

⑦ 个人卫生，保持皮肤、身体各器官的清洁卫生。

⑧ 环境卫生，保持周围环境卫生，包括家庭、工作场所；舒适的衣着，宽松、透气、轻巧又合体的衣着，可以使身体行动方便。

⑨ 足够的睡眠，睡眠是人体自我恢复的过程，可修复损伤组织并保持合理生长。

⑩ 时刻注意安全、减少冒险。

1.1.3 心理健康

心理健康是指人对内部环境具有安全感，对外部环境能以社会认可的形式去适应。从广义上讲，心理健康是指一种高效而满意的、持续的心理状态。从狭义上讲，心理健康是指人的基本心理活动的过程内容完整、协调一致，即认识、情感、意志、行为、人格完整和协调，能适应社会，与社会保持同步。

1.1.3.1 心理健康与身体健康

心理健康是身体健康的重要组成部分。人的健康是生理健康和心理健康的有机统一，两者在一定条件下能发生互相影响和转化。所以，心理健康和生理健康对人的长寿至关重要。

心理健康是社会环境的需要。作为社会中的人，为了生存、工作和名利等就要顽强的拼搏和不懈的努力。当社会只能部分满足或不能满足需要时，人可能就会产生一些不良的刺激和反应。若不能用正确的方法及时排除或疏解这些不良的刺激和反应，就会因人而异产生不同的社会疾病（如心理缺陷及精神病）和心理生理疾病（如心身疾病）。社会疾病和心理生理疾病给病人带来痛苦的同时会给社会带来负担。

心理健康可防止心身疾病的发生。了解心理疾病的起因及危害，用正确方法预防和治疗疾病。学会情绪表达，并以新的认知取代旧的错误认知。适当的心理治疗有助于减轻甚至消除异常心理，促进机体的代偿功能，增强抗病能力，从而使躯体症状减轻甚至消失。

心身疾病是心理社会因素和生物因素综合作用的结果，所以，心身疾病的预防也应当同时兼顾心、身两个方面。心理社会因素大多需要相当长时间的作用才会引起心身疾病，心身疾病的预防应从早做起。

1.1.3.2 影响心理健康的因素

（1）生物方面

① 遗传 人的心理主要是在后天环境影响下形成和发展起来，但人的心理发展与遗传因素有着密切的关系。调查统计及临床观察表明，许多精神疾病的发病原因确实与血缘有关。

② 病毒感染与躯体疾病 由病菌、病毒如流行性脑炎等引起的中枢神经系统的传染病会损害人的神经组织结构，导致器质性心理障碍或精神失常，这是儿童智力迟滞或痴呆的重要原因。

③ 脑外伤及其他 脑外伤或化学中毒及某些严重的躯体疾病、机能障碍等，也是心理障碍与精神失常的原因。

（2）社会方面

① 社会竞争及社会生活环境 生活中的物质条件恶劣，生活习惯不当如过量摄取烟、酒、食物等，都会影响和损害身心健康；工作环境差、劳动时间过长、工作不胜任、工作单调、居住条件及经济收入差等，都会使人产生焦虑、烦躁、愤怒、失望等紧张的心理状态，从而影响人的心理健康。生活环境的巨大变迁如高考落榜、股市风险等使个体产生心理应激，也会带来心理的不适。

② 个人感情生活与家庭社会突变 生活中会遇到的各种各样的变化如家人死亡、失恋、离婚、天灾、疾病等，常常是心理失常或患精神疾病的原因。人每经历一次不幸事件，都会使人的精神受到明显刺激，都要付出精力去调整和适应。若在一段时间内发生的不幸事件太多或事件较严重等，人的身心健康就很容易受到影响。

③ 文化教育 对个人心理发展而言，早期教育和家庭环境是影响心理健康的重要因素之一。研究表明，个体早期生活环境单调、贫乏，其心理发展将会受到阻碍，并会抑制其潜能的发展，若受到良好照顾，接受丰富刺激的个体则可能在成年后成为佼佼者。儿童

早期与父母建立和保持良好关系，得到充分父爱和母爱，受到支持、鼓励的儿童，容易获得安全感和信任感，并对成年后的人格发展、人际交往、社会适应等方面有着积极的促进作用。

1.2 亚健康

亚健康是指处于健康和疾病之间的一种临界状态，是介于健康和疾病之间的连续过程中的一个特殊阶段。从亚健康状态既可以向好的方向转化恢复到健康状态，也可以向坏的方向转化而进一步发展为各种疾病。这是一种从量变到质变的准备阶段。现代医学将这种介于健康与疾病之间的生理功能低下的状态，称作人体第三状态，也称亚健康状态。

1.2.1 亚健康成因

造成亚健康的原因概括起来主要有以下几点。

（1）工作方面

日趋激烈的竞争和错综复杂的关系，能够使人思虑过度，忧虑重重，引起睡眠不足，影响人体的神经体液调节和内分泌调节，进而影响机体系统的正常生理功能，过度疲劳会造成脑力和体力的透支。表现为疲劳困乏，精力不足，注意力分散，记忆力减退，睡眠障碍，颈、背、腰、膝酸及性机能减退等。

（2）饮食方面

现代人饮食往往热量过高，营养不全，人工添加剂如各种色素、味精或鸡精等使用过多，人工饲养动物成熟期短、营养成分偏缺，从而造成人体重要营养素缺乏和肥胖症增多，机体的代谢功能出现紊乱。

（3）生活环境

人口增加、车辆增多使很多生活在城市的人群生存空间狭小，受噪声和环境干扰，对人体的心血管系统和神经系统产生不良影响，使人烦躁、心情郁闷；城市的高层建筑林立，房间封闭，很多时候在空调下生活和工作，这样的环境使空气中的负氧离子浓度较低，使血液中氧浓度降低，组织细胞对氧的利用降低，影响组织细胞正常的生理功能。因此，居住在高层建筑的人们应该经常到室外活动，使用空调时要经常开窗换气。

（4）生活规律

人体进化过程中形成了固有的生活规律即"生物钟"，它维持着生命运动过程气血运行和新陈代谢。逆时而作，就会破坏"生物钟"，影响人体正常的新陈代谢。人体生物周期中的低潮时期，表现为精力不足、情绪低落、困倦乏力、注意力不集中、反应迟钝、适应能力差等。

（5）疾病和药物

心脑血管及其他慢性疾病的前期及恢复期和手术康复期出现的种种不适，如胸闷气短、头晕目眩、失眠健忘、抑郁惊恐、心悸、莫名疼痛、身体浮肿、脱发等，内劳外伤、房事过度及生活无序最易引起各种疾病。人的精气如油，神如火，火太旺，则油易干；神太用，则精气易衰。只有一张一弛，动静结合，才能避免由于内劳外伤引发的各种疾病。药物使用不当对机体产生一定副作用的同时，也会破坏机体的免疫系统，如有的人患感冒时服用大量的抗生素药物，不仅对机体内肠道的正常菌群有危害，而且还会使机体产生耐药性。

（6）"六气"和"七情"

四季气候变化中的"六气"即风、寒、暑、湿、燥和火，"六气淫盛"简称"六淫"；"七情"即指喜、怒、忧、思、悲、恐、惊。过喜伤心，暴怒伤肝，忧思伤脾，过悲伤肺，惊恐伤肾。

（7）人体的自然衰老

机体组织和器官不同程度的老化，表现为体力不支、精力不足、社会适应能力降低、更年期综合征、性机能减退、内分泌失调等。

目前，我国老龄人口基数之大、发展速度之快在世界上是极其特殊的，加之当前我国正处在社会巨大变革时期，人们所处的社会环境、传统观念、生活行为方式等均在短时期内剧烈变化，对人们的精神及机体适应能力造成冲击，由此而产生的亚健康状态者会与日俱增，对亚健康状态应引起高度重视。

1.2.2 远离亚健康

（1）健康的心理

① 心理健康的三个标准　一是要有良好的个性，性格温和、意志坚强、情感丰富，具有坦荡胸怀、豁达心境；二是要有良好的处世能力，要客观、现实，保持良好的自我控制能力，能适应复杂的社会环境，对事物变迁能始终保持良好情绪；三是要有良好的人际关系，待人接物大度和善，不过分计较，能助人为乐，与人为善。

② 保证心理健康的措施　养成有规律的生活习惯，合理安排膳食结构；顺应生物钟的运转规律，进食、工作与休息时间相对稳定；食物多样化，以谷类为主，多吃蔬菜、水果、薯类、豆类及其制品，限量饮酒；饮食与体力活动要平衡，保持适宜的体重。

这样做有助于新陈代谢，有助于各生理机能的最佳发挥，是提高效率、增强信心的有效途径。此外，充分利用紧张工作中的零碎时间，找一种简单的锻炼方式，如打球、慢跑、做操；也可以找一种怡情的放松形式，如听音乐、画漫画、练字。只要循序渐进，持之以恒，意外收获的不仅是身心放松，而且还有积累而成的崭新的成就感。时刻保持一种乐观向上的良好心态及健康的情绪，会促进血液循环，有利于肺部气体交换，有利于脑部轻松。专家还提出，有些亚健康人群过分相信多服用保健品就能重获健康，希望人们对此持谨慎态度。当上述自我调适方法无效时，应该找专家就诊，如内科、神经内科等。

针对亚健康状态的危害，医学专家劝诫人们重视亚健康，并提出预防亚健康状态的注意事项：注意营养均衡、保证睡眠充足、保持心情轻松、多晒太阳、了解个人生理周期、注意劳逸结合、适当静坐放松。

（2）自我调节

① 回避法　淡化或转移不良情绪，离开不愉快的环境，可以根据自己的喜好选择听音乐、看电影、逛商场等。

② 转视法　对于无法逃避的客观现实，从不同角度去考虑可以有不同的认识。

③ 宣泄法　宣泄可以获取心理平衡，要学会在适当场合用适当的方法释放心理压力。

④ 自慰法　寻求"合理化"的理由可以减轻因动机冲突或失败挫折产生的紧张和焦虑。

⑤ 低调法　期望值越高，心理冲突就越大，要有"平常人"的心态。

⑥ 升华法　把压抑和焦虑等不利情绪升华为一种力量，从心理困境中奋起。

（3）中医预防

中医防治亚健康状态，其方法多种多样，具有独特的优势。由于亚健康状态是先天禀赋、社会、心理、自然等诸因素综合作用于人体而致，故中医注重从整体出发，辨证施防、辨证论治，采用中药、针灸、推拿、气功、精神调摄、食疗等多种方法防治，取得显著效果。

预防性干预亚健康，可以根据体质特点进行预防性用药及根据季节、年龄、工作、环境等诸方面进行预防性调治。主动休息可保证身体免受损害，有利于体脑的保健，平时做到不渴也应经常饮水，不累也应主动休息，不饿也应按时进餐，无便意也要定时如厕，不困也要按时睡觉，无痰也应主动咳嗽，无喜事也应笑口常开，无病也要主动问医。此外，中医尤其注重养心调神，要求调节情志不使情欲过激，杜绝外诱，保持心境平静，养生兼养德，保持心境健康。

中医从病因病机到辨证防治，对亚健康状态的认识有一套完整的理论体系。中医对亚健康的干预，主要是扶正祛邪兼顾的调节作用，未病先防，辨证施治及多种方法相结合地进行有效防治。因此，近年来受到国内外人们的关注，并寄予厚望。

第2章
影响健康的主要因素

2.1 饮食与健康

营养素是指食物中可给人体提供能量、构成机体和组织修复以及具有生理调节功能的化学成分。凡是能维持人体健康以及提供生长和生殖所需的外源物质都是营养素。生物体摄取和利用营养的过程称为营养。食物中有七大营养素即蛋白质、碳水化合物、脂类、维生素、矿物质、膳食纤维和水。

2.1.1 食物的性质与健康

寒凉性食物大都具有清热、泻火、解毒的作用；温热性食物大多具有温中、助阳、散寒等作用；平性食物则有健脾、开胃、补益身体的作用。

（1）寒性食物

任何冰品、西瓜、葡萄柚、柚子、橘子、柿子、梨、杨桃、甘蔗、桑椹、香蕉、鸭肉、鹅肉、蟹、海带、空心菜、紫菜、茭白笋、竹笋、荸荠、豆豉、绿豆。

（2）凉性食物

生莲藕、荞麦、苡仁、大麦、小米、白菜、苦瓜、黄瓜、丝瓜、冬瓜、香瓜、西红柿、菠菜、苋菜、芹菜、慈菇、蘑菇、茄子、筒蒿、柳橙、枇杷、罗汉果、绿茶。

（3）温性食物

糯米、高粱、鳝鱼、虾、熟莲藕、熟萝卜、金橘、桃、杏、山楂、樱桃、栗子、醋、核桃、石榴、葵花子、红糖、酒酿、玫瑰花、红茶、咖啡、南瓜。

（4）热性食物

燥热物：任何熏、炸、烧、烤物，茴香，肉桂，羊肉，狗肉。

热性水果：龙眼、荔枝、芒果、榴莲。

刺激性食物：腌渍品、咖喱。

常见补药：当归、黄芪、人参、麻油鸡、姜母鸭、羊肉炉、十全大补汤、四君子汤、四物汤。

辛辣物：辣椒、大蒜、胡椒、姜、葱、韭菜、芥末、沙茶酱。

（5）甘平食物

玉米、黄豆、黑豆、红豆、蚕豆、豌豆、猪肉、牛肉、鸡肉、鲤鱼、海参、蜂蜜、薯类、黑白木耳、高丽菜、花椰菜、红萝卜、四季豆、枸杞子、大枣、番石榴、李子、酸梅、菱角、芝麻、莲子、百合、松子、南瓜子、苹果、木瓜、草莓、鸡蛋、牛奶、米饭。

2.1.2　保证身体健康的方法

① 养成良好的生活习惯，戒烟、限酒。世界卫生组织预言，若人都不再吸烟，5年之后，世界上的癌症将减少1/3；不酗酒。

② 不要过多地吃咸而辣的食物，不吃过热、过冷、过期及变质的食物；年老体弱或有某种疾病遗传基因者酌情吃含碱量高的碱性食品，保持良好的精神状态。

③ 有良好的心态应对压力，劳逸结合，不要过度疲劳。压力是疾病诱因，中医认为压力导致过劳体虚从而引起免疫功能下降、内分泌失调，体内代谢紊乱，导致体内酸性物质沉积；压力也可导致精神紧张引起气滞血瘀、毒火内陷等。

④ 加强体育锻炼，增强体质，多在阳光下运动，多出汗可将体内酸性物质随汗液排出体外，避免形成酸性体质。

⑤ 生活要规律，生活习惯不规律的人，如彻夜打麻将、夜不归宿等，都会加重体质酸化。应当养成良好的生活习惯，从而保持弱碱性体质，使各种疾病远离自己。

⑥ 不要食用被污染的食物，如被污染的水、农作物、家禽鱼蛋以及发霉的食品等，要吃一些绿色有机食品，要防止病从口入。

2.2　环境与健康

环境是指以人为主体的外部世界，是地球表面的物质和现象与人类发生相互作用的各种自然及社会要素构成的统一体，是人类生存发展的物质基础，与人类健康密切相关。

2.2.1　环境的要素

环境，涉及生活环境、生产环境和社会环境，其共同的要素可概括为生物因素、化学因素、物理因素和社会心理因素。

（1）生物因素

生物圈中的生命物质都是相互依存、相互制约的，它们之间不断进行物质、能量和信息的交换，共同构成生物与环境的综合体，即生态系统（ecosystem）。人类依靠生物构成稳定的食物链，从而获得生存所必需的营养素，利用生物制成药物防治疾病以及绿化美化环境陶冶情操等。生物本身在不断繁衍过程中为人类造福的同时，有的生物会给人类健康和生命带来一定威胁，如致病性生物可成为烈性传染病的媒介，食物链中会存在致癌、致畸等有毒物质，空气中会存在致敏的花粉以及生产过程中的生物性粉尘（动物羽毛等）。

（2）化学因素

人类生存的环境中有天然的无机化学物质、人工合成的化学物质以及动植物体内、微生物内的化学组分。天然存在的无机化学物质是构成机体的主要物质，有些元素在生物体内含量很少，但不可缺少，称为微量元素。很多化学元素在正常接触和使用情况下对机体无害，过量或低剂量长时期接触时会产生有害作用，称为毒物。环境中常见的化学因素包括金属和类金属等无机化合物，煤、石油等能源在燃烧过程中产生的硫氧化合物、氮氧化合物、碳氧化合物、碳氢化合物、有机溶剂等，生产过程中的原料中间体或废弃物（废水、废气、废渣），农药，食品添加剂及以粉尘形态出现的无机和有机物质。化学物质在带给人类方便的同时，也给人类健康带来不可低估的损害。

（3）物理因素

人们在日常生活和生产环境中接触到很多物理因素，如气温、气压、声波、振动、辐射（电离辐射与非电离辐射）等。在自然状态下物理因素一般对人体无害，有些还是人体生理活动必需的外界条件，只有通过一定强度和（或）接触时间过长时，才会对机体的不同器官和（或）系统功能产生危害。随着科技进步和工业发展，人们从生活环境和生产环境中接触有害物理因素的机会愈来愈多，因而它所造成的健康危害应予足够的重视。

2.2.2 影响健康的环境因素

2.2.2.1 自然环境与健康

人类的自然环境（又称物质环境）可分为两类，一类指天然形成的原生环境，如空气、水、土壤等；另一类是由于工农业生产和人群聚居等对自然施加的额外影响，引起人类生存条件的改变，称次生环境，它是危害人类健康的主要环境因素。

（1）大气污染对健康的危害

① 空气污染物　空气污染物在短时间内大量进入人体，会导致急性危害。产生的原因，一种是污染地区的气象条件发生了变化，大量污染物积聚在低空，扩散不开；另一种是事故排放大量有害物质，使其短时间内进入大气，造成严重污染。

居室中的污染源主要来自住宅建筑中的物质如甲醛、甲苯、二甲苯、木材保护剂、可塑剂、氡等，是新建住房引起身体不适的根本原因；厨房中的燃料燃烧产生的废气和烟尘如二氧化碳、一氧化碳等气体污染物是居室内的空气不清新的主要原因；居室内的人的呼吸过程中的废气、不洁衣物散发的臭气、人体排出的汗渍及吸烟的灰尘和烟雾；厕所中散发出的脏臭味；家用电器的电磁波辐射；通气时从室外进入室内的大气污染物和微生物；室外的噪声和光污染等。

家庭人员间在生活中不知不觉地通过双手、衣物、食品给家人带来粉尘、细菌或农药等污染；家庭的宠物可能将某些病菌传染给家人；某些传染疾病如流感、肝炎、结核等通过各种途径使人自身感染。

② 慢性危害　长期生活在低浓度污染的空气环境中，机体可受到慢性潜在性危害，使慢性呼吸系统疾病的发病率增高。如目前吸烟引发肺癌、石棉引起石棉沉着病（石棉肺）、二氧化硅致硅沉着病（矽肺）等已为人们所共知。

③ 致癌作用　空气污染物的致癌作用是慢性危害的又一表现，是现代肺癌发病率增高、死亡率增加的重要原因之一。实验证实，有30余种空气污染物具有致癌作用，其中最突出的是多环芳烃化合物，以 3,4-苯并芘为代表。它是煤炭、石油、天然气、木材等燃烧不完全所形成的一种高活性致癌物，在煤烟、煤焦油、汽车废气、飞机尾气、柏油路灰尘中都能分离出 3,4-苯并芘。某些元素如砷、铅、镉、铬、铍的致癌性已在动物实验中被证实。

（2）水体污染对健康的危害

水是人体的基本组成成分，也是生命活动、工农业生产不可缺少的物质，水是一种宝贵的自然资源。水体是以陆地为相对稳定边界的天然水域。如果外界许多物质被混入天然水源，降低了水质，通过稀释、混合、挥发、沉淀等物理方法，氧化、还原、酸碱中和、化合、分解等化学方法，以及水生生物对有机物的降解作用过程，使杂质下降，这就是水体的自净能力。当排入水中的物质量超过水体的自净能力，使水体的物理与化学性质发生改变，水质变坏，降低了水的使用价值，称之为水体污染。

（3）土壤污染对健康的危害

土壤受到一定程度污染后，土壤通过机械、物理、化学、生物化学作用，将病原体杀灭，有机物质被分解和合成为在卫生学上无害且能被植物利用的腐殖质和无机盐，这就是土壤的自净作用。当土壤被有机废弃物或毒物所污染，其含量超过土壤本身的自净能力，就形成了土壤污染。土壤被污染后，对人体产生的影响大都是间接的，主要通过土壤-植物-人体或土壤-水-人体这两个基本环节对人体产生影响。

2.2.2.2 社会环境与健康

社会环境（又称非物质环境）是指与社会主体发生联系的外部世界，其主体包括个人和群体。社会环境是由政治制度、经济文化、教育水平、人口状况、人的行为方式等要素构成的，是人类通过长期有意识的社会劳动，加工和改造自然物质所创造的物质生产体系、积累的物质文化等所形成的环境体系。

社会环境对人们健康的影响、制约作用是巨大的，作为社会人口中正经历着生长发育和社会化过程的大学生、中学生（在校学生2亿多人，约占我国人口的1/5以上）来说，也毫不例外地深受社会环境的影响和制约。他们不仅在社会人口比例中占比较大，更重要的是代表着人类的未来，是民族振兴、国家富强的希望所在。因此，研究影响他们健康成长的各种社会因素，特别是家庭环境、学校环境、同辈群体和社会政治、经济、文化环境的影响，为其在走上社会以前打下良好的身心健康素质基础，具有重要而深远的意义。

2.2.3 保护环境对于人类健康的重要性

环境保护的关键是思想上的重视，同时采取一系列必要的措施，认真治理工业"三废"、加强企业的科学管理、实行环境监测、搞好绿化等。总之，环境保护必须以预防为主，努力做到防患于未然。

① 全面规划是在发展工业的同时注意保护环境、防止污染。工业建设应实行大分散、小集中，多搞小城镇。因为小的工业城镇，人口密度不高，工业"三废"和生活污染物比较少，处理起来相对比较容易；城镇周围有广阔的田野、纵横交错的河流和树木，这等于为城镇工业建立了巨大的净化场所，即使有少量的有害物质排出，也较易被稀释和净化。

② 城市或工业区的建设，要合理规划和布局。加强企业的生产管理也是消除污染的重要环节。对工业"三废"的排放，要加强分析化验和监测。对目前尚未认识和解决的问题，要积极进行科学研究。

③ 减少农药残留是在农作物的保护工作中贯彻"预防为主，防治结合"的方针，合理和安全使用农药。努力研制高效、低毒、低残留的"一高二低"新农药，以及培育抵御自然灾害能力强的作物品种。

④ 消灭噪声从声源下手。首先，电动机、发动机、机床、车轮等主要声源应从改进产品设计，提高工艺制造水平加以消除。其次，把声源封闭起来，也能有效地减弱。如通过佩戴耳塞、耳罩、防护面具等护耳装备来减少噪声的影响，以保护听觉器官。

⑤ 植树造林、种花种草，建造环境自然净化的绿色工厂。绿化有两个功能：一是起美化环境的作用，尤其是经过艺术加工的花草树木，能使人们精神焕发，心情舒畅；另一个功能是净化环境，绿色植物通过光合作用可吸收二氧化碳，释放氧气，因此花草树木是维持空气新鲜的清洁器，有些植物还能吸收有毒有害物质，净化空气。森林还可防风固沙、阻滞灰尘、消隔噪声；还有些植物，能释放出挥发性物质杀灭病菌；森林植被不仅涵养水源，防止

水土流失，还可以调节气候。因此，植树造林，绿化城市，不仅可美化环境，提供林产品，而且有着调节气候、净化环境的作用。尤其是工业集中和人口稠密的地区，废水、废气污染目前还是十分严重的，就需要更多的绿色植物来净化环境，以维持生态环境的良好平衡。

2.3 情绪与健康

情绪是人类的一种心理现象，是人脑的功能和人类社会发展史上人对外界刺激的肯定或否定的心理反应。疼痛、视觉、听觉、渴觉等刺激，在一定条件下都可产生情绪反应。人的情绪有多种，如紧张的情绪、松弛的情绪、积极的情绪、消极的情绪。这些不同的情绪，与客观事物有关，也与人的主观因素如思想修养、经验知识、心理素质等有着密切关系。情绪是可控制的，"不要感情用事""不要闹情绪"等都是劝慰人们要理智，注重个人修养。

一个经常处在恐惧、焦虑、愤怒、狂喜的情绪中的人，怎么从事正常工作？一个精神萎靡不振、消极颓废的人，怎么能办好事情？做事情要有激情，更要有理智。若不控制情绪，任其放纵，周围的人将难以忍受，如人们都希望在一种融洽而亲切的气氛、和谐美好的情调下去工作和学习。若不控制情绪，任其放纵，自己的身体由于思想意识和行为发生作用而会出现一系列变化，如恐惧、害怕，导致交感神经的兴奋，内分泌失调而引起血压的升高、呼吸急促等。紧张状态过于强烈或延续时间过长，可能会引起高血压、胃溃疡等疾病，甚至会出现某种程度的精神障碍。

一个有积极进取的态度、有健全而饱满的情绪、有恰当适度的紧张的人，能提高他的工作效率和学习效率，能改善人与人之间的关系，增强人与人之间的团结，对人的身心健康有良好的作用。珍惜情绪的健全和饱满，自觉地控制情绪的变化，会使自己的气质和风度变得很美好。

2.4 习惯与健康

① 喃喃自语 在紧张、劳累之时，自言自语可以使人感到轻松愉快，调整紊乱的思维，起到理清思路、恢复自信的作用。

② 开口就唱 旁若无人地开口就唱能使呼吸系统的肌肉得到锻炼，能充分吸进清新空气，增加肺活量，对身体非常有益。

③ 喜食苦物 苦味食物含有的生物碱等成分能够调节神经系统功能，缓解疲劳和郁闷带来的恶劣情绪。夏季食用如苦瓜等苦味食物可以调节胃肠功能、增加食欲。

④ 睡前护肤 人在夜间睡眠时毛孔张开，易于吸收护肤品，因此，睡前护肤效果好。

⑤ 常伸懒腰 伸懒腰可以引起身体肌肉伸缩，使淤积的血流回到心脏，增加血液循环，促进新陈代谢，同时也带走肌肉内的一些废物，进而消除疲劳。

⑥ 学会欣赏风景 高雅地、健康地欣赏风景可以使人浮想联翩，从而调节神经系统，促进身体分泌出一些激素、酶和乙酰胆碱物质，达到增强免疫的作用。

2.5 运动与健康

生命在于运动，健康长寿在于锻炼。要延缓人体机能的衰老，就要进行科学的、适宜的体育锻炼。不锻炼不好，过度锻炼也会降低免疫功能。

2.5.1 生命在于运动

① 人体经常进行低强度较持久的锻炼，会增强肢体活动能力，有利于心脏功能，加强血管弹性，可防止肥胖，改善高血压症状，降低血脂和胆固醇，缓解动脉硬化，减少心脏病的危险因子。

② 运动时呼吸会加快、加深，能提高肺通气量和摄氧量，对慢性支气管炎和肺气肿有益。

③ 运动可以增强消化系统的功能，锻炼后胃肠道蠕动增强，消化液分泌增多，促进人的消化吸收功能，可以防止人体的胃肠道功能紊乱，保持大便通畅以治疗便秘。

④ 运动可以促进人体泌尿系统的活动，更好地排除体内的代谢废物。运动也可以促进人体内分泌功能，尤其是肾上腺皮质激素的分泌，使人的生命更加旺盛。

⑤ 运动对神经衰弱和精神分裂症有很好的辅助作用。肌肉的收缩受大脑皮层运动中枢支配，整个大脑皮层兴奋和抑制过程的协调作用、互相诱导作用，能够使神经中枢的兴奋或抑制加深。

⑥ 经常锻炼可以消除焦虑和消沉情绪，改善自我形象。凡是令人愉快的锻炼都使人达到心理上的升华，有助于缓解生活压力。

⑦ 经常运动锻炼身体和健康平衡饮食可以有效地控制体重。

⑧ 经常进行有氧运动和活动身体可以防止猝死，降低生病的可能性。运动还可以改善糖尿病、骨质疏松症、关节炎等疾病，可以缓解情绪波动。

2.5.2 运动能促进心理健康

在现代社会中，竞争的激烈和生活压力的加大会使人产生悲观、失望的情绪，进而导致忧郁、孤独等心理障碍的产生。而心理不健康会导致生理上的不适，于是出现了一些心因性疾病（如消化性溃疡、原发性高血压等）。当一个人从事活动时情绪消极，或当任务的要求超出个人的能力时，生理和心理都会很快地产生疲劳。然而，如果在从事健身活动时保持良好的情绪状态和保证中等强度的活动量，就能减少疲劳。

人们参加某项运动并坚持锻炼，不仅能使生理机能和身体素质得到改善和提高，而且会相应地掌握并发展一些体育技能。当取得这些成绩后，个体会以自我反馈的方式传递信息给大脑，从而产生自我成就感的体验，产生愉快和幸福感。譬如，锻炼者在运动中若能完成自己制订的运动计划，达到具体的目标，将会获得心理满足，产生积极的成就感，从而增强自信心，具有很好的消除心理障碍的效果。

2.6 睡眠与健康

睡眠是高等脊椎动物周期性出现的一种自发的和可逆的静息状态，表现为机体对外界刺激的反应性降低和意识的暂时中断。

睡眠作为生命所必需的过程，是机体复原、整合和巩固记忆的重要环节，是维持健康不可缺少的组成部分。人的一生中有 1/3 的时间在睡眠中度过。睡眠是恢复精力所必需的，睡眠时人脑只是换了一个工作方式，使能量得到储存，有利于精神和体力的恢复；而适当的睡眠是最好的休息，既是维持健康和体力的基础，也是取得高度生产能力的保证。

人的大脑要思维清晰、反应灵敏，必须要有充足的睡眠，如果长期睡眠不足，大脑得不到充分的休息，就会影响大脑的创造性思维和处理事物的能力。睡眠不仅对脑力和体力具有恢复作用，而且对学习和记忆及其活动也具有积极作用。

第3章
功能性食品化学的概念、功能性食品分类及发展前景

    食品能够提供并保证人体生长和维持生存所需的基本物质如软组织、骨骼、激素、酶及某些维生素的形成。食物中富有能量的有机营养物质通过化学降解成为能量较低的代谢产物如 CO_2、H_2O 等，化学降解时释放出能量（三磷酸腺苷，ATP）被身体利用并发挥作用，如热能维持人体体温，机械能用于器官和肌肉做功，化学能用于合成人体本身的蛋白质、脂肪、糖原、多核苷酸、高能磷酸化合物，用于产生静电和氧化还原电位，还用于作渗透功等。食品的本质要素有二：一是保持和补充机体于正常状态下的营养补给源和维持机体必要运动的能量补给源，也就是生物学和正常生理学所必不可少的要素，即食品的第一功能或营养功能；二是人们对食品的色、香、味、形和质构的享受，从而引起食欲，是心理学所必不可少的要素，即食品的第二功能或感官功能。

3.1　功能性食品的定义

    功能性食品是指强调其成分具有调节生理节律、预防疾病、促进康复或阻抗衰老等功能的食品。或者说功能性食品是具有营养和能调节生理活动功能的食品。它必须无毒、无害，符合应有的营养要求，其功能必须是明确的、具体的，而且经过科学验证是肯定的。同时，其功能不能取代人体正常的膳食摄入和对各类必需营养素的需要。功能性食品通常是针对需要调整某方面机体功能的特定人群而研制生产的，它不以治疗为目的，不能取代药物对病人的治疗作用。

    功能性食品是针对特定消费群而开发的，因此不存在"老少皆宜"的产品，而且功能性食品的摄取不需要医生的处方，所以，不能把功能性食品作为治疗患者的药品。但那些添加非食品原料或非食品成分如各种中草药和药效成分而生产的食品，不属于功能性食品范畴。

3.2　功能性食品的分类

3.2.1　根据功能性食品食用对象的不同分类

    ①日常功能性食品　日常功能性食品是根据各种不同的健康消费人群诸如婴儿、老年人、学生等的生理特点、营养需求而设计的，旨在促进生长发育或维持活力与精力，强调能充分显示身体防御功能和调节生理节律的工程化食品。

婴儿功能性食品应能完美地符合婴儿迅速成长对各种营养素和微量元素的需求，可促进婴儿健康活泼地成长，如补充 γ-亚麻酸和免疫球蛋白的婴儿食品。老年人日常功能性食品应符合"四足四低"原则。"四足"是指足够的蛋白质、足够的膳食纤维、足够的维生素和足够的矿物质；"四低"是指低能量、低脂肪、低胆固醇和低钠。学生日常功能性食品能够促进学生的智力发育，使大脑能以旺盛的精力应对紧张的学习和考试。

② 特种功能性食品 特种功能性食品是指着眼于某些特定消费人群诸如糖尿病患者、肿瘤患者、心脏病患者、便秘患者、肥胖患者等，强调食品在预防疾病和促进康复方面的调节功能，以解决面临的"健康与医疗"的问题。

3.2.2 根据科技含量进行分类

① 第一代产品（强化食品） 第一代产品主要是强化食品。它是根据各类人群的营养需要，有针对性地将营养素添加到食品中去。这类食品仅根据食品中的各类营养素和其他有效成分的功能，来推断整个产品的功能，而这些功能并没有经过任何试验予以证实。目前，欧美各国已将这类产品列入普通食品来管理，我国也不允许它们再以保健食品的形式面市。如高钙奶、益智奶、蜂产品、乌鸡、螺旋藻等。

② 第二代产品（初级产品） 要求经过人体及动物实验，证实该产品具有某种生理功能。目前我国市场上的保健食品大多属于此类。如脑黄金、脑白金、太太口服液等。

③ 第三代产品（高级产品） 该产品不仅需要经过人体及动物实验证明其具有某种生理功能，而且需要查清具有该项功能的功效成分，以及该成分的结构、含量、作用机理、在食品中的配伍性和稳定性等。这类产品在我国现有市场上还不多见，且功效成分多数是从国外引进，缺乏自己的系统研究。如鱼油、多糖、大豆异黄酮、辅酶 Q10 等。

3.2.3 根据功能性食品与其他食品的区别分类

功能性食品除了具有普通食品的功能外，还有调节生理活动即促进机体健康、突破亚健康、祛除疾病等方面的重要作用。功能性食品主要在下列几个方面起到促进健康作用：增强免疫、提高记忆力、增进智力、促进生长发育、促进乳汁分泌、促进排铅、抗疲劳、抗衰老、抗突变、抗肿瘤、减肥、提高应激力、调节血脂和血糖、改善性功能、改善胃肠功能、改善营养性贫血、改善视力、改善骨质疏松、调节血压、助睡眠、美容、强肾、护发、清咽润喉、保护化学性肝脏损伤等。功能性食品与医药品的区别见表 3-1。

表 3-1 功能性食品与医药品的区别

项目	功能性食品	医药品
作用	重在调节机体内环境平衡和生理节律，增强机体的防御功能，以达到保健康复的目的，它不能取代药物对病人的治疗作用	用来医治疾病
毒副影响	从现代毒理学上来说要达到无毒或基本无毒水平	允许有一定的副作用
摄入要求	无需医生的处方，没有剂量限制，可按机体的正常需要自由摄取	需医生的处方，若无需处方的药物也要有剂量限制

功能性食品受欢迎的原因如下。

（1）科学技术的发展

随着生活水平的提高，人们愿意弄清或基本弄清许多有益于人体健康的食品成分以及种种疾病的发生与膳食的关系，从而达到通过改善膳食条件和发挥食品本身的生理功能以提高人类健康的目的。

（2）高龄化社会的形成

随着社会经济和医学保健的发展，人类平均寿命的延长已成为趋势。根据世界卫生组织的规定，60 岁以上的人为老年人，目前我国已经进入了老龄化时代。高龄化社会的形成，各种老年疾病发病率的上升引起人们的恐慌。老年人经验丰富，知识广博，他们的健康长寿对国家和人民是宝贵的财富。但是，老年人的健康长寿与饮食营养密切相关，合理的饮食营养可以增进老年人的健康，减少疾病，延长寿命。

（3）营养学知识的普及

营养学知识普及使得人们更加关注健康和膳食的关系，提高了对食品、医药和营养的认识水平。从 20 世纪 70 年代以来，一股回归大自然的热潮兴起，遍及全球。富含膳食纤维、低脂肪、低胆固醇、低糖、低热量的食品受到越来越多人们的欢迎，从而也推动了功能性食品的发展。

（4）国民收入的增加

国民收入的增加，使人们更加注意机体的健康，有经济能力购买相对昂贵的功能性食品。

3.2.3.1 药膳食品

（1）药膳食品的特点

药膳经过历代研究改进，从而发展为中国传统医学中一门实用营养方面的学科，或称之为"中医营养学"。它不但为中华民族的传统医疗奠定了"药食同源"的保健基础，而且具有人群预防和临床针对疾病的治疗意义。与此同时，它也包涵着中华民族的优秀文化与博大精深的国粹成分。不仅成为祖国各民族进行养生的手段，而且近代以来这项理论和技艺已传播于世界许多地方，诸如东南亚邻国人群都很喜爱药膳。中华药膳，漂洋过海，先是东渡日本以及东南亚等国，而后又走向西方欧洲大陆，获得了异国他乡人民的青睐。

药膳食品学是在中医学基础理论指导下，运用烹饪学、营养治疗学、营养卫生学等有关知识，研究药品与药膳的结合，或单纯研究食疗、食养，用于保健强身、防病治病、延年益寿的一门学科。前者是药膳学，后者是食疗学，两者统称药膳食品学。

（2）药膳食品的种类

① 保健类药膳食品　这类食品是针对人体的不同情况，给予不同的膳食，从而达到维护机体健康和慢性疾病取得早日康复的功效。比如肥胖者可用减肥产品，消瘦者可用增肥食物，智力较差者可用增智、增力类药膳，视力欠佳者选用明目之品，耳不聪者可用耳聪药膳，要求美容乌发者也有相应的膳食。

② 预防类药膳食品　譬如春季气候易变而常罹患感冒，可服用相应的预防类药膳加以预防。夏季易患腹泻，即可运用马齿苋粥防御；为防中暑，可用绿豆汤之类食品，发挥其既清热又防暑湿的功能。秋季干燥，容易感染呼吸道疾病，可用百合贝母杏仁类膳食防御。冬令寒冷，可用当归黄芪羊肉药膳以御寒而增强机体抵抗力。

③ 康复类药膳食品　人体大病之后，机体衰弱，可用扶正固本类药膳，促使早日康复，例如参芪类配方。若患有慢性病而气血两虚者，可施以猪肚红枣羹，或玫瑰花烤羊心等以促康复。平常表现有阳虚者，可选用当归炖羊肉、良姜炖鸡肉等；如表现阴虚者可采取滋阴之

品（如沙参玉竹粥之类），从而使机体由第三状态转为健康状态。

　　④ 治疗类药膳食品　此类膳食是针对某种疾病而辨证施膳，以达到病理变化的改善或康复的可能。例如临床发现有营养不良患者，则可运用茯苓鲤鱼羹治疗，以补充优质蛋白质，使血浆蛋白浓度很快提高到一定水平，从而达到消肿的目的。又如肺经虚寒咳嗽，可采用川贝杏仁豆腐清痰镇咳，以收疗效。若患胃肠热症而便秘者，选以黄芩膏茶清热通便润肠，收效不错。人群中的高发病（文明病）常常用葛根山楂茶等方剂调理，自然会有临床疗效。

3.2.3.2　黑色食品

　　黑色食品是指天然颜色较深、营养丰富、对人体生理有调节功能、在现代营养科学指导下加工精制而成的食品。它是一类具有天然性、营养性、功能性的食品。

　　（1）黑色食品的主要原料

　　黑色食品的主要原料包括黑米、紫糯米、黑豆、黑芝麻、黑麦、海藻、黑枣、紫菜、发菜、黑木耳、冬菇等植物性食品和乌鸡、龟、甲鱼等动物性食品。

　　（2）黑色食品的功能

　　经大量研究表明，"黑色食品"保健功效除与其所含的三大营养素、维生素、微量元素有关外，另其所含黑色素类物质也发挥了特殊的积极作用。我国医学认为黑色入胃、有滋阴补肾、养肝补血、暖脾胃等功效。现代食品化学分析表明，食品的营养与其天然色泽有一定的关系，自然颜色较深的黑色食品含有较合理的营养成分。如黑豆中蛋白质含量为49.8%（青豆、黄豆和白豆的蛋白质含量分别为：37.7%、33.3%和22.0%），同时含有丰富的黄豆皂苷。

　　黑色食品中的黑色素具有清除体内自由基、抗氧化、降血脂、抗肿瘤、美容、促进性功能的作用等。

　　常见的黑色食品有黑米、黑木耳、黑芝麻、黑枣、海带、海参、乌鸡、黑鱼、甲鱼、黑豆等。它们的营养保健药用价值都很高。例如黑米能治疗贫血，长期食用能健脑、抗癌、延年；黑木耳能治疗痔疮、高血压等；黑芝麻能健脑补肾、养颜、乌发、护肤等；黑枣能治疗过敏性紫癜、血小板减少等；海带能降脂、平喘止咳、降压、治疗缺碘引起的甲状腺疾病；海参能治疗中风痉挛性麻痹、胃及十二指肠溃疡；乌鸡能提高人体耐寒、耐热、耐疲劳、耐缺氧能力和延缓人体衰老，增强免疫能力。

　　现代营养学家研究认为，黑色食品不仅营养价值高，而且对人体有较强的保健作用。黑色动、植物食品中蛋白质的含量比较丰富。黑色植物食品脂肪含量较高，且含多不饱和脂肪酸，有利于营养脑细胞，防止血胆固醇沉积；还含较丰富的B族维生素，特别富含我国膳食结构中容易缺乏的核黄素。此外，大部分黑色食品的独特优点是所含的钙、磷比例合理，如黑木耳、黑芝麻、发菜、紫菜、海带、青鱼等，常吃这些食物对改善膳食中钙、磷比例失调大有益处。

3.3　功能性食品化学

　　食品化学是从化学角度和分子水平上研究食品的组成、结构、理化性质、营养和安全性质，在生产、加工、储存和运输过程中的变化及其对食品品质和安全性影响的科学，是阐明食品的组成、性质、结构和功能以及食品成分在储藏、加工过程中的化学和生物化学变化，为改善食品品质、开发食品新资源、革新食品加工工艺和储运技术、科学调整膳食结构、改进食品包装、加强食品质量控制及提高食品原料加工和综合利用水平奠定理论基础的学科。

功能性食品化学是研究功能性食品中真正起生理作用成分对人体具有免疫功能、调节机体生理节律、预防疾病、促进健康或抗衰老的新型学科。生理活性物质成分是指功能性食品中起生理作用的成分。富含生理活性物质成分的物质称为功能性食品基料或生理活性物质。

具有生理活性的物质主要有以下几类。

① 活性多糖：膳食多糖、抗肿瘤多糖、调节免疫多糖、调节血糖水平多糖等；

② 功能性甜味剂：功能性单糖、功能性低聚糖、多元糖醇等；

③ 功能性油脂：ω-3 多不饱和脂肪酸、必需脂肪酸、复合脂肪酸等；

④ 氨基酸、肽和蛋白质：牛磺酸、酪蛋白磷酸肽、高 F 值低聚肽、乳铁蛋白、金属硫蛋白及免疫球蛋白等；

⑤ 维生素：维生素 A、B 族维生素、维生素 C、维生素 E、维生素 D 等；

⑥ 矿物质：常量矿物元素 Ca、P 等及微量元素 Fe、Zn、I 等；

⑦ 微生态调节剂：乳酸菌类，尤其是双歧杆菌；

⑧ 自由基清除剂：酶类与非酶类清除剂；

⑨ 醇、酮、酚与酸类：黄酮类化合物、二十八醇、谷维素、茶多酚、L-肉碱及潘氨酸等；

⑩ 低能量或无能量及其他基料：油脂替代品与强力甜味剂、褪黑素、皂苷素、叶绿素等。

3.4　功能性食品发展的前景

（1）国际发展概况

全球第三代功能性食品市场年销售总额大约在 2000 亿美元，欧美国家的消费者平均用于功能性食品方面的花费占总支出的 25%；美国功能性食品销售额为 750 亿美元，占食品销售额的 1/3。欧洲的功能性食品有 2000 多种，销售额以每年 17% 的速度增长。

国外功能性食品市场呈现以下特点：一是低脂肪、低热量、低胆固醇的保健食品品种多，销售量最大；二是植物性食品受宠，保健茶、中草药在国外崛起，销路看好；三是工艺先进、高科技制作，产品纯度高、性能好，多为软胶囊、片样造型，或制成运动饮料，易于吸收。

美国第三代功能性食品具体品种主要有维生素类和矿物质类，天然产品（提取浓缩）类、鱼油类、合成单体类、医药类及蜂产品，较国内第三代功能性食品科技含量高、品种丰富，产品功效成分含量准确，价格便宜。日本功能性食品企业在饮料中添加活性菌、原生物体、膳食纤维等，制成特殊的饮品。另一类是强化食品如强化婴儿配方食品。欧洲功能性食品主要集中于奶制品，近年来具有降低胆固醇功能性人造奶油也不断在市场上出现，饮料市场向高咖啡因含量和添加稀有氨基酸的方向发展。

（2）国内发展概况

目前我国比较规范的功能性食品厂家有 4000 多家，其中 2/3 以上属于中小企业。上市公司不超过 6 家，年销售额达到 1 亿元的不超过 18 家，在国际市场上功能性食品市场占有份额过低，仅占全球市场的 4% 左右。据资料统计，北京、上海、广州、天津几大城市中有

93％的少年儿童，98％的老人，50％中青年都在用各类功能性食品。

产品功能集中在免疫调节、抗疲劳和调节血脂上，主要以胶囊、口服液、片剂等类型为主。在使用原料方面，我国应用最多的矿物元素是 Ca、Fe、Zn；应用最多的维生素是维生素 C、维生素 D、维生素 E；应用最多的植物提取物是大豆异黄酮、原花青素、银杏提取物；采用的主要中药材有西洋参、虫草、当归、枸杞子、首乌、阿胶、绞股蓝、枇杷叶等。银杏、红景天、人参、林蛙、鹿茸等为具有中国特色的基础原料。我国不同类型的功能性食品消费群体将逐步形成。

（3）我国功能性食品的展望

目前，美国的功能性食品重点发展的是婴幼儿食品、老年食品和传统食品。日本重点发展的是降血压、改善动脉硬化、降低胆固醇等调节循环器官的食品，降低血糖和预防糖尿病等调节血糖的食品以及抗衰老食品，整肠、减肥的低热量食品。我国应加强基础研究，规范法规，提高产品的技术含量，加快产品开发，使中国功能性食品的发展走具有中国特色的健康发展道路。因此，21 世纪我国功能性食品的发展趋势为以下几点。

① 大力发展第三代功能性食品　目前中国功能性食品的特点是建立在食疗基础上，一般都采用多种既是药品又是食品的中药配制产品。它的好处是经过了前人的大量实践，证实是有效的。现代功能性食品应在基础研究的基础上，开发出具有明确量效和构效的第三代功能性食品，与国际接轨，参与国际竞争。

② 高新技术在功能性食品中应用　采用现代高新技术，如膜分离技术、微胶囊技术、超临界流体萃取技术、生物技术、超微粉碎技术、分子蒸馏技术、无菌包装技术、现代分析检测技术、干燥技术（如冷冻干燥、喷雾干燥和升华干燥）等，实现从原料中提取有效成分，剔除有害成分的加工过程。再以各种有效成分为原料，根据不同的科学配方和产品要求，确定合理的加工工艺，进行科学配制、重组、调味等加工处理，生产出一系列名副其实的科学、营养、健康、方便的功能性食品。

③ 开发具有知识产权的功能性食品　功能性食品的功能在于本身的活性成分对人体生理节律的调节，因此，功能性食品的研究与生理学、生物化学、营养学及中医药学等多种学科的基本理论相关。功能性食品的应用基础研究应是多学科的交叉，用多学科的知识、采用现代科学仪器和实验手段，从分子、细胞等生物学水平上研究功能性食品的功效及功能因子的稳定性，开发出具有知识产权的功能性食品。

第二篇
功能性食品化学

第4章
氨基酸、活性肽和蛋白质化学

生物体中主要含有碳、氢、氧、氮、硫、磷等 6 种元素，它们组成了人体中重要的生命分子如氨基酸、蛋白质、碳水化合物、脂肪、维生素、酶和核酸等。

4.1 氨基酸

氨基酸是醋酸分子中甲基上的氢被氨基取代所形成的化合物。根据氨基酸中的氨基和羧基的相对位置的不同可分为 α-氨基酸、β-氨基酸、γ-氨基酸等。

$$
\begin{array}{cc}
\text{COOH} & \text{COOH} \\
| & | \\
\text{H—C—NH}_2 & \text{NH}_2\text{—C—H} \\
| & | \\
\text{R} & \text{R}
\end{array}
$$

α-氨基酸的通式

4.1.1 氨基酸的性质

各种氨基酸均为无色结晶，结晶形状因氨基酸的结构而异，如 L-谷氨酸为四角柱形结晶，D-谷氨酸为棱片状结晶。氨基酸的熔点较高，一般在 $200 \sim 300℃$ 之间。氨基酸一般溶于水，微溶于醇，不溶于乙醚。赖氨酸和精氨酸的溶解度最大，有环氨基酸的水溶解性很小，以至于脯氨酸与羟脯氨酸只能溶于乙醇和乙醚中。所有的氨基酸都溶于强酸和强碱中，因此氨基酸是两性物质。

（1）氨基酸的味感

氨基酸及某些衍生物具有一定的味感，味感与氨基酸的种类和立体结构有关。一般来讲，D-氨基酸多数带有甜味（其中 D-色氨酸的甜度可达到蔗糖的 40 倍），L-氨基酸具有甜、苦、鲜、酸等 4 种不同味感。

（2）羧氨反应

羧氨反应，又称美拉德反应，是指具有羰基的化合物与具有氨基的化合物发生一系列复杂反应，最后形成黑色素的过程。食品中主要的羧氨反应发生在还原糖与氨基酸及蛋白质之间，脂肪受热氧化产生的醛也可以参与反应，但是次要的反应。羧氨反应是食品加工过程中常见的化学反应，其反应速度与温度、时间、水分和酸度有关。若美拉德反应过度，就会产生大量的黑色素，造成食品焦黑而发苦。

（3）脱羧反应

食品中氨基酸的脱羧反应是指氨基酸在高温或细菌作用下失去羧基而生成相应的胺，并

释放 CO_2 的反应。它是食品中胺的主要来源，尤其是腐胺、尸胺等有毒性和臭味的胺类产生，是食品腐败的标志。

（4）与金属离子的作用

许多重金属离子如 Cu^{2+}、Co^{2+}、Mn^{2+}、Fe^{2+} 等均可以与氨基酸作用生成螯合物。

（5）成肽反应

肽是指一个 α-氨基酸分子中的氨基与另一个 α-氨基酸分子中的羧基脱水缩合形成的化合物。由两个氨基酸分子缩合形成的肽称为二肽，由多个氨基酸分子缩合形成的肽称为多肽。多肽通常是直线状，分子量一般在 10000 以下，每条肽链的两端分别有一个羧基和氨基。有的低分子肽也有味感属于风味物质，如 L-天冬氨酸与某些氨基酸酯组成的二肽衍生物是具有甜味的。

4.1.2　氨基酸的生理功能

氨基酸通过肽键连接起来形成肽与蛋白质。氨基酸、肽与蛋白质均是有机生命体组织细胞的基本组成成分，对生命活动发挥着举足轻重的作用。某些氨基酸除可形成蛋白质外，还参与一些特殊的代谢反应，表现出某些重要特性。

（1）赖氨酸

赖氨酸为碱性必需氨基酸。由于谷物食品中的赖氨酸含量甚低，且在加工过程中易被破坏而缺乏，故称为第一必需氨基酸。

赖氨酸可以调节人体代谢平衡，为合成肉碱提供结构组分，而肉碱会促使细胞中脂肪酸的合成。向食物中添加少量的赖氨酸，可以刺激胃蛋白酶与胃酸的分泌，提高胃液分泌，起到增进食欲、促进幼儿生长与发育的作用。赖氨酸还能提高钙的吸收及其在体内的积累，加速骨骼生长。如缺乏赖氨酸，会造成胃液分泌不足而出现厌食、营养性贫血，致使中枢神经受阻、发育不良。

长期服用赖氨酸可拮抗另一个氨基酸即精氨酸，而精氨酸能促进疱疹病毒的生长。

（2）蛋氨酸

蛋氨酸是含硫的必需氨基酸，与生物体内各种含硫化合物的代谢密切相关。当缺乏蛋氨酸时，会引起食欲减退、生长减缓或体重不增加、肾脏肿大和肝脏铁堆积等现象，最后导致肝衰竭或纤维化。

（3）色氨酸

色氨酸可转化生成人体大脑中的一种重要神经传递物质即 5-羟色胺，而 5-羟色胺有中和肾上腺素与去甲肾上腺素的作用，并可改善睡眠的持续时间。当动物大脑中的 5-羟色胺含量降低时，表现出异常的行为，出现神经错乱的幻觉以及失眠等。此外，5-羟色胺有很强的血管收缩作用，可存在于许多组织，包括血小板和肠黏膜细胞中，受伤后的机体会通过释放 5-羟色胺来止血。医药上常将色氨酸用作抗闷剂、抗痉挛剂、胃分泌调节剂、胃黏膜保护剂和强抗昏迷剂等。

（4）缬氨酸、亮氨酸、异亮氨酸和苏氨酸

缬氨酸、亮氨酸、异亮氨酸和苏氨酸均属支链氨基酸，同时都是必需氨基酸。

当缬氨酸不足时，中枢神经系统功能会发生紊乱、共济失调而出现四肢震颤。通过解剖切片脑组织，发现有红核细胞变性现象，晚期肝硬化病人因肝功能损害，易形成高胰岛素血症，致使血中支链氨基酸减少，支链氨基酸和芳香族氨基酸的比值由正常人的 3.0～3.5 降至 1.0～1.5，故常用缬氨酸等支链氨基酸的注射液治疗肝功能衰竭等疾病。此外，它也可作为加快创伤愈合的治疗剂。

亮氨酸可用于诊断和治疗小儿的突发性高血糖症，也可用作头晕治疗剂及营养滋补剂。

异亮氨酸能治疗精神障碍、食欲减退和贫血，在肌肉蛋白质代谢中也极为重要。

苏氨酸是必需氨基酸之一，参与脂肪代谢，缺乏苏氨酸时会出现脂肪肝病变。

（5）天冬氨酸、天冬酰胺

天冬氨酸通过脱氨生成草酰乙酸而促进三羧酸循环，故是三羧酸循环中的重要成分。天冬氨酸也与鸟氨酸循环密切相关，可使血液中的氨转变为尿素排出体外。同时，天冬氨酸还是合成乳清酸等核酸前体物质的原料。

通常将天冬氨酸制成钙、镁、钾或铁等盐类后使用。因为这些金属在与天冬氨酸结合后，能通过主动运输途径透过细胞膜进入细胞内发挥作用。天冬氨酸钾盐与镁盐的混合物，主要用于消除疲劳，临床上用来治疗心脏病、肝病、糖尿病等疾病。天冬氨酸钾盐可用于治疗低钾血症，天冬氨酸铁盐可治疗贫血。天冬氨酸也可用于治疗缺铁性贫血，其原因是天冬氨酸与铁形成螯合物以增加肠道对铁的吸收。

（6）胱氨酸、半胱氨酸

胱氨酸、半胱氨酸是含硫的非必需氨基酸，可降低人体对蛋氨酸的需要量。

胱氨酸是形成皮肤不可缺少的物质，能加速烧伤伤口的康复及对放射性损伤进行化学保护，刺激红细胞、白细胞的增加。

（7）甘氨酸

甘氨酸是最简单的氨基酸，它可由丝氨酸失去一个碳而生成。甘氨酸参与嘌呤类、卟啉类、肌酸和乙醛酸的合成，乙醛酸因其氧化产生草酸而促使遗传病高草酸尿的发生。此外，甘氨酸可与种类繁多的物质结合，使之由胆汁或尿排出。此外，甘氨酸可提供非必需氨基酸的氮源，改进氨基酸注射液在体内的耐受性。将甘氨酸与谷氨酸、丙氨酸一起使用，对防治前列腺肥大并发症、排尿障碍、尿频、残尿等症状颇有效果。

（8）组氨酸

组氨酸对成人为非必需氨酸，但对幼儿却为必需氨基酸。在慢性尿毒症患者的膳食中添加少量的组氨酸，氨基酸结合进入血红蛋白的速度增加，肾性贫血减轻，所以组氨酸也是尿毒症患者的必需氨基酸。

组氨酸的咪唑基能与 Fe^{2+} 或其他金属离子形成配位化合物，促进铁的吸收，因而可用于防治贫血。组氨酸能降低胃液酸度，缓和胃肠手术的疼痛，减轻妊娠期呕吐及胃部灼热感，抑制由植物神经紧张而引起的消化道溃烂，对过敏性疾病，如哮喘等也有功效。

（9）谷氨酸

谷氨酸、天冬氨酸是中枢神经系统的兴奋性神经递质，它们是哺乳动物中枢神经系统中含量最高的氨基酸，其兴奋作用仅限于中枢。因此，谷氨酸对改进和维持脑功能必不可少。谷氨酸经谷氨酸脱羧酶的脱羧作用而形成 γ-氨基丁酸，后者是存在于脑组织中的一种具有抑制中枢神经兴奋作用的物质，当 γ-氨基丁酸含量降低时，会影响细胞代谢与细胞功能。

（10）丝氨酸、丙氨酸与脯氨酸

丝氨酸是合成嘌呤、胸腺嘧啶与胆碱的前体。丙氨酸对体内蛋白质合成过程起重要作用，它在体内代谢时通过脱氨生成酮酸，按照葡萄糖代谢途径生成糖。脯氨酸分子中吡咯环在结构上与血红蛋白密切相关。羟脯氨酸是胶原的组成成分之一。体内脯氨酸、羟脯氨酸浓度不平衡会造成牙齿、骨骼中的软骨及韧带组织的韧性减弱。脯氨酸衍生物和利尿剂配合，具有抗高血压作用。

（11）精氨酸

精氨酸是鸟氨酸循环中的一个组成成分，具有极其重要的生理功能。多吃精氨酸，可以增加肝脏中精氨酸酶的活性，有助于将血液中的氨转变为尿素排泄出去。所以，精氨酸对高氨血症、肝脏机能障碍等疾病颇有效果。

精氨酸的重要代谢功能是促进伤口周围的微循环从而促进伤口早日痊愈，它可促进胶原组织的合成，故能修复伤口。在伤口分泌液中可观察到精氨酸酶活性的升高，这也表明伤口附近的精氨酸需要量大增。

精氨酸的免疫调节功能可防止胸腺的退化（尤其是受伤后的退化），补充精氨酸能增加胸腺的质量，促进胸腺中淋巴细胞的生长；补充精氨酸还能减少患肿瘤动物肿瘤的体积，降低肿瘤的转移率，提高动物的存活时间与存活率。在免疫系统中，除淋巴细胞外，吞噬细胞的活力也与精氨酸有关。加入精氨酸后，可活化其酶系，使之更能杀死肿瘤细胞或细菌等靶细胞。

（12）牛磺酸

牛磺酸（α-氨基乙磺酸）是牛黄的组成成分。牛磺酸普遍存在于动物乳汁、脑与心脏中，在肌肉中含量最高，以游离形式存在，不参与蛋白质代谢。植物中仅存在于藻类，高等植物中尚未发现。

人体牛磺酸的来源一是自身合成，二是从膳食中摄取。牛磺酸的生物合成由蛋氨酸经硫化作用转化成胱氨酸，并由胱氨酸合成，其中经过一系列的酶促反应。许多高等动物包括人已失去了合成足够牛磺酸以维持体内牛磺酸整体水平的能力，需从膳食中摄取牛磺酸以满足机体的需要。

牛磺酸在中枢神经系统衰老中具有重要作用。老年期神经系统退行性变化是全身各系统最复杂而深奥的过程之一，中枢神经系统衰老在形态上或生化水平上都有明显的改变，单胺类和氨基酸类神经递质的合成、释放、重吸收及运输机制方面出现增年性变化。

牛磺酸的缺乏会影响到身体生长、视力发育、心脏与脑的正常生长。被细菌感染的病人，由于细菌的大量繁殖消耗了体内的牛磺酸，也会造成牛磺酸缺乏，发生眼底视网膜电流图的变化，而补充牛磺酸后会使眼底的病变好转。人类只能有限地合成牛磺酸，因此膳食中的牛磺酸就显得非常重要。

4.1.3 氨基酸与人类健康

（1）氨基酸营养作用

① 蛋白质在机体内的消化和吸收 作为机体内第一营养要素的蛋白质，它在食物营养中的作用是显而易见的，但它在人体内并不能直接被利用，而是通过变成氨基酸小分子后被利用的。即它在人体的胃肠道内并不直接被人体所吸收，而是在胃肠道中经过多种消化酶的

作用，将高分子蛋白质分解为低分子的多肽或氨基酸后，在小肠内被吸收，沿着肝门静脉进入肝脏。一部分氨基酸在肝脏内进行分解或合成蛋白质；另一部分氨基酸继续随血液分布到各个组织器官，任其选用，合成各种特异性的组织蛋白质。

② 氮平衡作用　当每日膳食中蛋白质的质与量适宜时，摄入的氮量与由粪、尿和皮肤排出的氮量相等，称之为氮的总平衡。实际上是蛋白质和氨基酸之间不断合成与分解之间的平衡。正常人每日进食的蛋白质应保持在一定范围内，突然增减食入量时，机体尚能调节蛋白质的代谢量维持氮平衡。食入过量蛋白质，超出机体调节能力，平衡机制就会被破坏。完全不吃蛋白质，体内组织蛋白质依然分解，持续出现负氮平衡，如不及时采取措施纠正，终将导致机体死亡。

③ 转变为糖或脂肪　氨基酸分解代谢所产生的 α-酮酸，根据不同特性，循糖或脂的代谢途径进行代谢。α-酮酸可再合成新的氨基酸，或转变为糖或脂肪，或进入三羧酸循环氧化分解成 CO_2 和 H_2O，并释放能量。

④ 参与构成酶、激素、部分维生素　酶的化学本质是蛋白质（氨基酸分子构成），如淀粉酶、胃蛋白酶、胆碱酯酶、碳酸酐酶、转氨酶等。含氮激素的成分是蛋白质或其衍生物，如生长激素、促甲状腺激素、肾上腺素、胰岛素、促肠液激素等。有的维生素是由氨基酸转变或与蛋白质结合存在。酶、激素、维生素在调节生理机能、催化代谢过程中起着十分重要的作用。

⑤ 人体必需氨基酸的需要　成人必需氨基酸的需要量约为蛋白质需要量的 20%～37%。

（2）氨基酸在医疗中的应用

氨基酸在医药上主要用来制备复方氨基酸注射液，也用作治疗药物和用于合成多肽药物。目前用作药物的氨基酸包括构成蛋白质的氨基酸 20 种和构成非蛋白质的氨基酸 100多种。

由多种氨基酸组成的复方制剂在现代静脉营养输液以及"要素饮食"疗法中占有非常重要的地位，对维持危重病人的营养、抢救患者生命起积极作用，成为现代医疗中不可缺少的医药品种之一。

谷氨酸、精氨酸、天冬氨酸、胱氨酸、L-多巴等氨基酸单独作用治疗一些疾病，主要用于治疗肝病、消化道疾病、脑病、心血管病、呼吸道疾病以及用于提高肌肉活力、儿童营养和解毒等。此外氨基酸衍生物有希望用于癌症治疗。

4.2　蛋白质类生物活性

蛋白质主要含 C、H、O、N、S 等元素（有些蛋白质中含有 P、Cu、Fe、Mn、Zn、Mg、Ca 等矿物元素），一般由几百个乃至几千个氨基酸所构成。蛋白质是生物体内最重要的生命有机化合物之一，它是生物体中一切组织的基础物质，并在生命现象和生命过程中起着决定作用。

4.2.1　蛋白质的分类

按化学组成分类，可将蛋白质分为单纯蛋白质和结合蛋白质。

单纯蛋白质是指蛋白质完全水解后只生成 α-氨基酸，结合蛋白质是指由单纯蛋白质和耐热的非蛋白质物质而成的，其非蛋白质部分称为辅基。表 4-1 为各类蛋白质的特点。

表 4-1 各类蛋白质的特点

类别		特点及分布	举例
单纯蛋白质	清蛋白	溶于水,需饱和硫酸铵才能沉淀,广泛分布于一切生物体中	血清清蛋白、乳清蛋白
	球蛋白	微溶于水,溶于稀盐酸溶液,需半饱和硫酸铵才能沉淀,分布普遍	血清球蛋白、肌红蛋白、大豆球蛋白等
	谷蛋白	不溶于水、醇及中性盐溶液,易溶于稀酸或稀碱,各种谷物中均含有	米谷蛋白、麦谷蛋白
	醇溶谷蛋白	不溶于水和无水乙醇,溶于70%~80%乙醇	玉米蛋白
	精蛋白	溶于水及稀酸,不溶于稀氨水,碱性蛋白,His、Arg含量多	蛙精蛋白
	组蛋白	溶于水及稀酸,能溶于稀氨水,碱性蛋白,Arg、Lys含量多	小牛胸腺蛋白
	硬蛋白	不溶于水、盐、稀酸或碱溶液,分布于动物体内结缔组织、毛、发、蹄、角、甲壳、蚕丝等	角蛋白、胶原、弹性蛋白、丝蛋白等
结合蛋白质	核蛋白	辅基是核酸,存在于一切细胞中	核糖体、脱氧核糖核蛋白体
	脂蛋白	与脂类结合而成,广泛分布于一切细胞中	卵黄脂蛋白、血清β-脂蛋白
	糖蛋白	与糖类结合而成	黏蛋白、γ-球蛋白
	磷蛋白	以丝、苏氨酸残基的羟基与磷酸成酯键结合而成,乳、蛋等生物材料中含有	酪蛋白、卵黄蛋白
	血红素蛋白	辅基为血红素,存在于一切生物中	血红蛋白、细胞色素、叶绿蛋白
	黄素蛋白	辅基为FMN(磷酸核黄素)或FAD(黄素腺嘌呤二核苷酸),存在于一切生物体中	琥珀酸脱氢酶、D-氨基酸氧化酶等
	金属蛋白	与金属元素直接结合	铁蛋白、乙醇脱氢酶(含锌)、黄嘌呤氧化酶(含钼、铁)

4.2.2 蛋白质的结构

蛋白质是由天然氨基酸通过肽键连接而成的生物大分子。但是,蛋白质分子的结构非常复杂,需要分层次描述,即所谓的一级、二级、三级、四级结构。有些蛋白质的分子三级结构是其最高结构形式,有些蛋白质分子还需要由两个以上的三级结构单位缔合在一起,才形成具有完整生物功能的分子。每种蛋白质分子的结构都有其特性,这种特性表现在分子结构的各个层次上。

4.2.3 蛋白质的性质

(1) 变性

蛋白质分子的天然状态是在生理条件下最稳定的状态,当蛋白质分子所处的环境如温度、辐射、pH值等变化到一定程度时,会使蛋白质分子的结构发生大的变化,从而导致某些性质的变化,这种现象称为蛋白质的变性。变性主要包括物理因素和化学因素。

(2) 胶体性质

蛋白质溶胶是指蛋白质分子的直径在1~100nm之间,故其溶于水后形成稳定的亲水胶体,如豆浆、鸡蛋清、牛奶、肉冻汤等均为蛋白质溶胶。

蛋白质凝胶是指一定条件下,蛋白质分子溶胶的黏度逐渐增大,最后失去流动性,形成立体网状结构的半固态物质,如琼脂、明胶、动物胶等。

（3）沉淀作用

① 盐析 盐析是指蛋白质溶液中加入足够量的中性盐，使蛋白质分子絮结，形成沉淀析出。盐析的实质是中性盐夺取溶解蛋白质的水，使蛋白质失水而沉淀析出。

② 有机溶剂 当向蛋白质水溶液中加入适量的水溶性有机溶剂（如乙醇、丙酮等）时，它能夺取蛋白质颗粒表面的水化膜，导致蛋白质分子聚集絮结沉淀。若有机溶剂长时间作用蛋白质会引起变性。

③ 重金属盐 当蛋白质溶液 pH 值大于等电点时，蛋白质颗粒带负电荷，易与重金属离子如 Hg^{2+}、Pb^{2+}、Cu^{2+}、Ag^+ 等结合，生成不溶性盐类，析出沉淀。若人误服了重金属盐可以饮用牛奶、豆浆或蛋清解毒。

④ 生物碱试剂 当蛋白质溶液 pH 值小于等电点时，蛋白质分子以阳离子形式存在，易与生物碱如苦味酸、鞣酸等作用，生成不溶性盐沉淀，并伴随着蛋白质分子变性。

⑤ 热凝固 蛋白质受热变性后，加入少量的盐或将 pH 值调至等电点，则很容易发生凝固沉淀。如豆浆煮沸点入少量的盐卤、石膏、酸浆或葡萄糖酸内酯，会很快絮结凝固。

（4）水解和分解

蛋白质能在酸、碱、酶作用下发生水解作用。变性的蛋白质更易发生水解反应，加热亦可以发生水解。单纯蛋白质水解的最终产物是 α-氨基酸，结合蛋白质水解的最终产物有 α-氨基酸和相应的非蛋白质物质。水解生成的低肽和氨基酸增加了食物的风味。

蛋白质加热水解，也可以发生分解，其产物能够形成一定风味物质。但过度加热可使蛋白质分解产生有毒物质，甚至产生致癌物质，对人体健康有害。

（5）颜色反应

蛋白质分子的某些特殊化学结构和许多侧链上的官能团，能与多种化合物发生特异的化学反应，生成具有特定色泽的产物如双缩脲反应。此反应可以作为蛋白质的定性、定量和水解进程鉴定。

4.2.4 蛋白质的功能性质

（1）水化性和持水性

蛋白质的水化性是指干燥蛋白质遇水后逐步水化，包括水吸收、溶胀、润湿性、持水力、黏着性、溶解度、速溶性、黏度。蛋白质中水的存在和存在方式直接影响着食物的质构和口感。

蛋白质的持水性是指水化了的蛋白质胶体牢固束缚住水不丢失的能力。蛋白质持水能力与许多食品的质量尤其是肉类菜肴有重要关系。一般来说，加工过程中肌肉蛋白质持水性越好，制作出的食品口味越好。

（2）膨润

蛋白质的膨润是指蛋白质吸水后不溶解，在保持水分的同时赋予制品强度和黏度的一种重要功能。加工中有大量的蛋白质膨润如干凝胶保存的干明胶、鱿鱼、海参、蹄筋的发制等。

（3）乳化性和发泡性

蛋白质是既含有疏水基团又含有亲水基团，甚至是带有电荷的大分子物质。蛋白质有良好的亲水性，因此蛋白质适宜乳化成油/水（O/W）型乳状液。蛋白质稳定的食品乳状液体系很多，如乳、奶油、冰淇淋、蛋黄酱、肉糜等。蛋白质的发泡性是气泡如空气、二氧化碳气体分散在含有水和蛋白质形成的连续液态或半固体相中的分散体系，表面活性剂起稳定泡沫的作用。常见的食品泡沫有蛋糕、啤酒泡沫、面包、冰淇淋等。

（4）风味结合

蛋白质本身是没有风味的，然而它们能结合风味化合物，改变食品的感官品质。蛋白质可以作为风味物的载体和改良剂，如加工含植物蛋白质的仿真肉制品，就是利用此性质可制造出肉类风味的食物。

4.2.5 蛋白质在体内的多种生理功能

（1）构成和修补人体组织

蛋白质是构成细胞、组织和器官的主要材料。婴幼儿、儿童和青少年的生长发育都离不开蛋白质。即使成年人，其身体组织也在不断地分解和合成进行更新，例如，小肠黏膜细胞每1~2天更新一次，血液红细胞每120天更新一次，头发和指甲也在不断推陈出新，身体受伤后的修复也需要依靠蛋白质的补充。

（2）调节身体功能

体内新陈代谢过程中起催化作用的酶，调节生长、代谢的各种激素以及有免疫功能的抗体都是由蛋白质构成的。此外，蛋白质对维持体内酸碱平衡和水分的正常分布也都有重要作用。

（3）供给能量

虽然蛋白质的主要功能不是供给能量，但当食物中蛋白质的氨基酸组成和比例不符合人体的需要，或摄入蛋白质过多，超过身体合成蛋白质的需要时，多余的蛋白质就会被当作能量来源氧化分解放出热能。此外，在正常代谢过程中，陈旧破损的组织和细胞中的蛋白质也会被分解释放出能量。每克蛋白质可产生16.7kJ热能。

4.2.6 免疫球蛋白

免疫球蛋白是具有抗体活性的动物蛋白，主要存在于血浆中，也见于其他体液、组织和一些分泌液中。

（1）免疫球蛋白分类

人血浆内的免疫球蛋白大多数存在于丙种球蛋白（γ-球蛋白）中，可分为五类，即免疫球蛋白G（IgG）、免疫球蛋白A（IgA）、免疫球蛋白M（IgM）、免疫球蛋白D（IgD）和免疫球蛋白E（IgE）。其中IgG是最主要的免疫球蛋白，约占人血浆丙种球蛋白的70%，分子量约15万，含糖2%~3%，IgG分子由4条肽链组成。其中分子量为2.5万的肽链，称轻链；分子量为5万的肽链，称重链。轻链与重链之间通过二硫键（—S—S—）相连接。

（2）免疫球蛋白的作用

免疫球蛋白是机体受抗原（如病原体）刺激后产生的，其主要作用是与抗原起免疫反应，生成抗原-抗体复合物，从而阻断病原体对机体的危害，使病原体失去致病作用。另一方面，免疫球蛋白有时也有致病作用。临床上的过敏症状如花粉引起的支气管痉挛、青霉素导致全身过敏反应、皮肤荨麻疹（俗称风团）等都是。免疫球蛋白制剂可能增强机体抗病毒的能力，可作药用。如注射人血清或从人胎盘中提取的丙种球蛋白（γ-球蛋白）制剂可防治麻疹、传染性肝炎等传染病。

通俗地说，当某种病原体侵入人体后，其表面抗原可作为异种物质刺激人体的免疫系

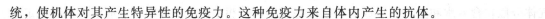

统，使机体对其产生特异性的免疫力。这种免疫力来自体内产生的抗体。

抗原、抗原呈递细胞（巨噬细胞等）、T细胞、B细胞联合作用产生抗体。也就是说，首先由抗原呈递细胞得到抗原，进行识别，是否是自身以外的物质，把结果传递给T细胞，并使其活化。活化的T细胞再刺激B细胞增殖分化为浆细胞而产生抗体。该种抗体会和对应的抗原发生特异性结合，发挥免疫作用。

当病人痊愈后，体内会留下对应的记忆T细胞和记忆B细胞，人体获得了特异性的免疫能力。当这种带有相同表面抗原的病原体再次进入机体后，由于记忆细胞的作用，可被机体的免疫系统迅速识别并将其消灭，从而避免疾病的再次发生。

（3）免疫球蛋白的水平及其临床意义

① 血清中免疫球蛋白的正常水平　正常人血清中免疫球蛋白含量波动范围较大，随年龄、性别、血型、人种等因素而波动，但在正常成人血清中含量还是相对恒定的。当患某些疾病时，血中Ig含量可发生变化，Ig含量超出正常值范围时，称高免疫球蛋白血症，低于正常范围者称低免疫球蛋白血症。

血清免疫球蛋白生理性波动可见于下列情况：a. 新生儿通过胎盘从母体获得IgG，所以血清含量较高，与成人水平相近，出生以后逐渐减少，至出生三个月时降低到最低值，以后随着自己合成IgG能力增强，IgG水平又逐渐增加，5岁左右达成人水平；b. 新生儿血清中仅含微量IgA，以后逐渐增加，在4~12岁达到成人水平；c. IgM在新生儿血清中仅有10mg/100mL，出生后迅速上升，到6个月~1岁即可达到成人水平。

② 免疫球蛋白含量异常与疾病　免疫球蛋白含量降低，原发性免疫球蛋白缺陷，由于遗传因素或先天因素使B细胞缺陷或分化受阻，机体内无浆细胞，血液中无免疫球蛋白，如先天性丙种球蛋白缺乏症等。

继发性免疫球蛋白低下，其他疾病使免疫球蛋白合成不足或大量消耗，导致继发性免疫球蛋白低下，主要分为以下三类：a. 淋巴组织疾病，如恶性淋巴瘤、霍奇金病（何杰金病）、慢性淋巴细胞白血病等；b. 蛋白丧失性疾病，如肾病综合征，从肾脏排出大量Ig而导致免疫球蛋白低下，蛋白丧失性胃肠病则是大量Ig进入消化道而导致低Ig血症，如小肠淋巴管扩张症，并发淋巴管破裂；c. 在肿瘤、糖尿病、再生障碍性贫血、应用免疫抑制剂、电离辐射、脾切除术后等情况下亦可发生血液中Ig降低。

4.2.7　乳铁蛋白及其生物学功能

4.2.7.1　乳铁蛋白及分子结构

（1）乳铁蛋白的概念

乳铁蛋白（简称LF）是一种铁结合性糖蛋白，1960年首先由Groves从牛乳中分离获得。各种哺乳动物都能产生LF，但其浓度因物种而异。

人乳中LF含量特别丰富，初乳中高达7g/L，常乳中为1g/L。在缺铁母体中，LF浓度正常，而在蛋白质营养不良的母体中，LF浓度降低。牛乳中LF含量要比人少得多，初乳中为1g/L，随着泌乳的进行，浓度迅速下降。山羊、马、猪、小鼠和天竺鼠乳中LF的浓度也很低，如猪的变化范围是1.2（初乳）~0.3g/L（常乳）。

LF是一种分泌性蛋白质，它不仅合成于乳腺，在浸润黏膜表面的多数主要分泌液中都可检测到这种蛋白质，如唾液、泪液、精液、气管和鼻腔分泌物以及胰液等。

（2）乳铁蛋白的分子结构

人和牛LF的一级结构是一条多肽链，分子质量为70~80kDa，二者氨基酸顺序同源性高达69%。它们以α螺旋和β结构为主，二者沿蛋白质的氨基酸顺序交替排列，而且α螺旋大大多于β结构。LF上结合有两条糖链，其组成包括半乳糖、甘露糖、N-乙酰半乳糖胺、岩藻糖以及唾液酸等。

4.2.7.2 乳铁蛋白的主要功能

LF可以与许多物质以弱键和可逆的方式结合，包括金属离子、蛋白质、细胞以及DNA。LF的这种广泛的结合能力可能是其多样化生物学功能的基础。

（1）促进铁吸收

LF可提高肠细胞对铁的生物可利用性，人乳中铁的生物利用率要远远高于牛乳或是婴儿配方食品中铁的生物利用率。给贫血的小鼠饲喂Fe-LF或$FeSO_4$，要达到同样的治疗效果，后者的摄入量需是前者的4倍。

转铁蛋白（运铁蛋白）和LF是体内运送铁的主要蛋白质。前者主要在血液中将铁运送到合成各种含铁蛋白质的地方，而LF主要在肠道中运送铁，因此对于哺乳动物从肠道中吸收铁起重要作用。LF与铁的亲和力是转铁蛋白的250～300倍，而且能在较广的pH范围内发挥作用，即使pH仅2.2的情况下，也可以不受损地载铁通过胃。

（2）抗菌作用

① 抑菌作用　除乳酸杆菌外几乎所有的细菌都需要铁来维持生长，Apo-LF通过与需铁细菌争夺可利用铁而起到抑菌作用。母乳喂养的婴儿和哺乳仔畜肠道中需铁细菌减少，使乳酸杆菌能在其中集群，进而引起肠道pH下降，由此阻止了大肠杆菌的生长，减少传染性胃肠炎的发生率。

② 灭菌作用　LF还可直接与细菌细胞壁结合造成细胞壁损伤，该作用可能和其与钙、镁的结合有关，或者是LF导致革兰氏阴性菌外层膜中释放的脂多糖而改变了渗透性的结果。LF灭菌作用的基础可能是该蛋白质与微生物细胞的结合功能。用添加LF调制奶粉哺育婴儿，其粪便中双歧杆菌明显增多，粪便的pH降低，溶菌酶活性和有机酸含量呈上升趋势。

（3）免疫调节活性

LF通过抑制巨噬细胞产生集落刺激因子（CSF）而抑制粒-单系祖细胞，这种抑制作用与分子中的铁饱和程度有关，铁完全饱和的LF抑制作用最强。LF浓度为10～16mol/L就有抑制粒-单系祖细胞生长的活性。LF对抗体生成、T细胞成熟、自然杀伤细胞（NK细胞）活性、某些细胞因子生成及前列腺素生成等都有调节作用。

另外乳铁蛋白还具有抗感染活性、抗氧化功能等。

4.2.8 大豆蛋白

大豆中蛋白质含量约为40%，脂肪含量约为20%，碳水化合物含量约为25%，纤维素及灰分含量等约占5%，水分及其他成分约占10%，蛋白质营养价值较高。大豆加工中的关键技术是去除豆腥味，大豆挤压后的产品豆腥味明显减少。大豆中含有干扰蛋白质消化或影响健康的抗营养因子，挤压也可以减少这类化合物的数量或降低其活性。

（1）大豆蛋白的性质

大豆蛋白的主要成分是球蛋白，球蛋白约占蛋白质总量的90%，直接使用这种球蛋白的缺点是产品强度低，缺乏应有的组织化结构，感官质量很难达到要求。经过组织化处理后，无定形的球蛋白充分伸展并在强剪切、高温、高压的作用下发生取向排列，形成了一种类似于动物肌蛋白特有的结构和纤维组织的物质，这种物质复水后即成为具有一定的强度、弹性和质构的新型大豆蛋白制品，具有一定的咀嚼感，具有适当的膨化度，有利于吸水软化，提高蛋白质的消化吸收性和营养价值。

（2）大豆蛋白生理功能

① 易于消化吸收 用大豆球蛋白和大豆多肽分别对大鼠做不同的试验，表明：大豆球蛋白不能通过小肠黏膜，而大豆多肽以及同样组成的氨基酸混合物能够通过小肠黏膜。用大豆多肽、乳清蛋白、氨基酸混合物喂养大鼠，经1h后测定消化道内的食物残留量，大豆多肽的吸收率最高。

② 促进脂肪代谢 大鼠摄取大豆多肽后，促使交感神经的活化，诱发褐色脂肪组织功能的激活，因而促进了能量的代谢。以肥胖动物模型做试验，发现大豆多肽既能有效地使体脂减少，同时又能保持骨骼肌质量不变。

③ 增强肌肉运动，加速肌红细胞的恢复 要使运动员的肌肉有所增加，必须要有适当的运动刺激和充分的蛋白质补充。通常，刺激蛋白质合成的成长激素的分泌，在运动后15～30min之间以及睡眠后30min时达到顶峰。若能在这段时间内适时提供消化吸收性良好的多肽作肌肉蛋白质的原料，将是非常有效。

④ 降血脂作用 大豆蛋白具有降低血浆低密度脂蛋白（LDL）及提高高密度脂蛋白（HDL）的作用。在不同人群应用中，也证实了大豆蛋白对高胆固醇血症、高脂蛋白血症等人群的血脂有降低作用。日本小松龙夫等给患肥胖症儿童低能量饮食，并以大豆多肽作为补充食品，发现比单用低能量饮食的儿童皮上脂肪减少速度快。日本报道大豆蛋白的胰蛋白酶分解产物有降低胆固醇的作用。国内外研究工作充分证实了大豆蛋白特别是大豆多肽在降低血脂方面的功能。

4.3 生物活性肽

生物活性肽（BAP）指的是一类分子质量小于6000Da，具有多种生物学功能的多肽。其分子结构复杂程度不一，可从简单的二肽到环形大分子多肽，而且这些多肽可通过磷酸化、糖基化或酰基化而被修饰。

传统观点认为，蛋白质营养实质上是氨基酸营养，蛋白质必须被消化成为游离氨基酸之后才可被吸收利用。最近研究表明，以氨基酸代替粗蛋白的量是有限的，直接吸收较大分子的肽也是非常重要和必要的。因此，添加合成氨基酸很难获得最佳的生长效果。肽与氨基酸的吸收，存在两种独立的转运机制。小肽吸收具有转运快、耗能低、不易饱和等特点；而氨基酸则吸收慢、耗能高、载体易饱和，从而限制了其在肠道中的吸收量。动物从胃肠部位吸收二肽或三肽是一种重要的生理现象，且循环中相当数量的氨基酸是以寡肽形式被吸收的。

4.3.1 生理活性肽

（1）抗菌肽

抗菌活性肽通常与由细菌和真菌产生的抗生素肽和抗病毒肽相连，包括环形肽、糖肽和脂肽，如短杆菌肽、杆菌肽、多黏菌素、恩拉霉素、阿伏霉素、维吉尼亚霉素、万古霉素、乳酸杀菌素、枯草菌素和乳酸链球菌肽。抗菌肽一般都有很高的热稳定性，是动物饲料理想的防腐剂替代品。

乳酸链球菌肽是由乳球菌产生的，含 34 个氨基酸残基的多肽。乳酸链球菌肽是一种酸性物质，在低 pH 值的胃中表现出很高的稳定性，能抑制革兰氏阳性菌的活性，也具有抑制梭状芽孢杆菌和杆菌类菌属形成芽孢的能力。

食物蛋白质经酶解得到有效的抗菌肽，从乳蛋白中可获得抗菌肽。利用胃蛋白酶分解乳铁蛋白，提纯出三种抗菌肽，它们可作用于产肠毒素的大肠杆菌，均呈阳离子形式，其中两种肽可抑制致病菌和食物腐败菌，第三种肽可抑制单核细胞增生性李斯特杆菌的生长。研究发现，这些生物活性肽与碱基团和微生物的细胞膜存在高度的亲和性，通过增加细胞膜的通透性而杀死微生物。因此，它们是良好的抗生素替代品。

（2）神经活性肽

神经活性肽包括内源性类阿片、内啡肽、脑啡肽和其他调控肽。生长激素抑制因子和促甲状腺激素释放激素等能够作为激素和神经递质与体内的 μ-、δ-、γ-受体相互作用，可起到镇痛、调节呼吸及体温等功能。内啡肽能显著影响胃、胰的分泌；脑啡肽可抑制促胰液素和缩胆囊素的释放，降低胰液中水、酶和电解质的分泌。

研究发现，某些肽对反刍动物消化功能及采食量具有重要的调节作用，指出反刍动物瘤胃活力除受肾上腺调节以外，还受类阿片生物活性肽的影响，这些肽可向中枢神经系统传递养分及消化效率的有关信息。

（3）激素类肽

激素类肽包括生长激素释放肽（GHRPs）、催产素等。它们通过自身作为激素或调节激素反应而产生多种生理作用。GHRPs 是一类新合成的生物活性肽，有四种形式：GHRP-6、GHRP-2、GHRP-1 和海沙瑞林。它们均具有 Ala-Trp-D-Phe-Lys-NH$_2$ 的氨基酸序列。催产素由下丘脑视上核和室旁核合成并释放，催产素对于母猪的繁殖具有重要的作用，能使子宫平滑肌强烈收缩，促进子宫把仔猪排出；同时能刺激肌上皮细胞的强烈收缩，而引起泌乳反应。

（4）酶调节剂和抑制剂

酶调节剂和抑制剂这类肽包括谷胱甘肽、肠促胰酶肽（胆囊收缩素）等。谷胱甘肽在小肠内能被完全吸收，能维持红细胞膜的完整性，对于需要巯基的酶有保护和恢复活性的功能，是多种酶的辅酶或辅基，参与氨基酸的吸收及转运，参与高铁血红蛋白的还原作用及促进铁的吸收。

（5）免疫活性肽

① 分类　免疫活性肽有内源性和外源性两种。

内源性免疫活性肽包括干扰素、白细胞介素和 β-内啡肽，它们是激活和调节机体免疫应答的中心。研究表明，免疫细胞上不仅有 β-内啡肽的受体，而且免疫细胞内还有免疫反应阳性的 β-内啡肽。β-内啡肽可以影响抗体的合成、淋巴细胞的增殖以及 NK 细胞的细胞毒素作用。

外源性免疫活性肽主要来自人乳和牛乳中的酪蛋白，酪蛋白来源的免疫活性肽主要有以下几种：αs1-酪激肽，它是从 αs1-酪蛋白的酶解产物中获得的一种具有免疫活性的短肽，氨基酸组成和排列与 αs1-酪蛋白的 194～199 残基序列相当；β-酪激肽，对应于 β-酪蛋白的 193～202 的氨基酸残基序列；具免疫活性的 β-酪蛋白片段，它们的氨基酸排列顺序分别与牛 β-酪蛋白的 63～68 残基序列、191～193 残基序列相同。

② 生理功能　免疫活性肽能增强机体的免疫能力，在动物体内起重要的免疫调节作用；

能刺激机体淋巴细胞的增殖和增强巨噬细胞的吞噬能力，提高机体对外界病原物质的抵抗能力。外源阿片肽中的内啡肽、脑啡肽和强啡肽也具有免疫刺激的作用，能刺激淋巴细胞的增殖。

（6）矿物元素结合肽

研究证实，矿物元素结合肽主要集中于酶解酪蛋白获得的肽来结合和运输二价矿物质阳离子，乳、鱼、大豆和谷物蛋白可作为结合矿物质活性肽的前体物质。与矿物质结合的酪蛋白磷酸肽（CPP）已从 α-和 β-酪蛋白的酶解液中分离出来。

CPP 是目前研究最多的矿物元素结合肽，CPP 能与多种矿物元素结合形成可溶性的有机磷酸盐，充当许多矿物元素如 Fe^{2+}、Mn^{2+}、Cu^{2+}、Se^{2+}，特别是 Ca^{2+} 在体内运输的载体，能够促进小肠对 Ca^{2+} 和其他矿物元素的吸收。CPP 有助于动物对含植酸磷较多日粮中 Zn^{2+} 的吸收。因此，CPP 是一种良好的金属离子结合肽，且 CPP 的原料酪蛋白为天然蛋白质，作为饲料添加剂使用时不存在安全问题。

4.3.2 抗氧化肽

抗氧化肽来源某些食物的肽，具有抗氧化作用的肽称为抗氧化肽。

存在于动物肌肉中天然二肽——肌肽，可抑制体内由铁离子、血红蛋白、脂氧合酶和体外单线态氧催化的脂肪酸败作用。从蘑菇、马铃薯和蜂蜜中分离出的几种低分子量的抗氧化肽，可抑制多酚氧化酶（PPO）的活性，并且还可直接与 PPO 催化后的醌式产物发生反应，阻止聚合化合物的形成，从而防止食品的棕色反应。通过清除重金属离子以及促进可能成为自由基的过氧化物的分解，一些抗氧化肽和蛋白水解酶能降低自动氧化速率和脂肪的过氧化物含量。抗氧化肽作为天然防腐剂具有很大的发展潜力。

4.3.3 调味肽

（1）酸味肽

酸味肽与酸味和 Umami 味（鲜味）有关。Umami 味是由含有谷氨酸钠盐和天冬氨酸钠盐的二肽或三肽组成，具有谷氨酸钠的味道。经木瓜蛋白酶处理的从牛肉提取物中分离出来的八肽称为"美味肽"，美味肽具有典型的牛肉汤味道，主要归因于 N-末端二肽 Lys-Gly、中心酸性三肽 Asp-Glu-Glu 和 C-末端三肽 Ser-Leu-Ala 的协同效应。

（2）甜味肽

甜味肽典型的代表是二肽甜味素和阿力甜素，其特点是味质佳、安全性高、热量低等。在 70 余个国家中，二肽甜味素不仅在 500 余种食品和药品中应用，而且用于增强饲料的甜度，调节风味。实验证明，赖氨酸二肽是二肽甜味素有效的替代品，因其结构中不含酯，在食品加工和贮藏过程中更加稳定。植物蛋白、非洲甜果素、蒙那灵等多肽类作为人类食品天然甜味剂的可行性正在研究中。

（3）苦味肽

有些食品如啤酒、咖啡、奶酪等的苦味主要来自苦味肽。饲料应尽量掩盖苦味，增加饲料的适口性。碱性二肽如鸟氨酸-β-丙氨酸呈现出强烈的苦味，谷氨酸低聚物常常被用作很多食品的苦味包装成分。

（4）咸味肽

某些碱性二肽如鸟氨酰牛磺酸-氢氯化物、鸟氨酰基-β-丙氨酸（OBA）-氢氯化物表现出强烈的咸味，有时伴随着 Umami 风味，有望发展成为高钠调味品的替代品。

4.3.4 营养肽

蛋白质在肠道内酶解消化可释放游离的氨基酸和肽。蛋白质和肽可直接供给人体对氨基酸的需要。

蛋白质和肽提供除氨基酸外，对动物生长有一些特殊的作用。游离氨基酸代替完整蛋白质的数量是有限的，低蛋白质日粮无论如何平衡其所含氨基酸都无法达到高蛋白质日粮的营养水平。动物日粮中蛋白质的重要性部分体现在动物小肠部位产生具有生物活性的肽类。比较小肽和游离氨基酸混合物在肠道中吸收特点的不同，肽类营养价值高于游离氨基酸和完整蛋白质。其原因为机体转运小肽通过小肠壁的速度比转运游离氨基酸更快；肽类的渗透压低于游离氨基酸的渗透压，可提高小肽的吸收效率，减少渗透问题；许多情况下小肽的抗原性要比大的多肽或原型蛋白质的抗原性低；小肽还具有良好的味觉效应。

第5章 活性多糖化学

活性多糖是指具有某种特殊生理活性的多糖化合物，包括纤维多糖、真菌多糖、降血糖多糖等，是一类重要的碳水化合物功能性食品基料。

5.1 膳食纤维

膳食纤维是指不被人体消化吸收的多糖类碳水化合物和木质素，以及植物体内含量较少的成分如糖蛋白、角质、蜡及多酚酯等。

5.1.1 膳食纤维的化学组成

膳食纤维 $\begin{cases}$ 纤维状碳水化合物（纤维素） \\ 基料碳水化合物（果胶类物质、半纤维素、糖蛋白等） $\end{cases}$ → 构成细胞壁的初级成分，随着细胞的生长而生长

填充类化合物（木质素）——→ 细胞壁的次级成分，死组织，没有生理活性

应用于功能性食品时，膳食纤维可分为：

膳食纤维 $\begin{cases}$ 普通膳食纤维：无能量填充剂的膳食纤维 \\ 高品质膳食纤维：具有生理活性物质的膳食纤维 $\end{cases}$

开发膳食纤维时，应尽可能选择本身生理功能较好的膳食原料，对具有特定用途的膳食纤维可以通过高新技术如物理或化学方法处理来强化它在促进机体健康方面的营养功能。

5.1.2 膳食纤维的理化特性

（1）具有较高的持水力

膳食纤维化学结构中含有很多的亲水基团如羟基（—OH），因此具有很强的持水力。膳食纤维的持水力根据其来源和分析方法的不同，变化范围在自身质量的 1.5～25 倍。膳食纤维的持水性可以增加人体排便体积和速度，同时减轻了泌尿系统的压力，缓解了诸如膀胱炎、膀胱结石、肾结石等泌尿系统疾病的症状，并能使体内的毒物迅速排出体外。

（2）对阳离子的结合和交换能力

膳食纤维化学结构中包含一些羧基和羟基类侧链基团，呈弱酸性阳离子交换树脂的性质，可与阳离子特别是有机阳离子进行交换。膳食纤维对阳离子的作用是可逆性的交换，它不是单纯结合而减少机体对离子的吸收而是改变离子的瞬时速度，一般是起稀释作用并延长它们的交换时间，从而对消化道的 pH 值、渗透压以及氧化还原电位产生影响，起到缓冲作用，使机体内的环境有利于消化吸收。膳食纤维会影响人体对某些矿物质元素的代谢。

（3）对有机化合物的吸附螯合作用

膳食纤维表面含有很多的活性基团，可以螯合胆固醇、胆汁酸之类的有机分子，进而抑制了人体对它们的吸收，因此膳食纤维能够影响体内胆固醇类物质的代谢。同时膳食纤维还能够吸附肠道内的有毒物质（内源性有毒物质）、化学药品和有毒医药品（外源性有毒物质）等，并促进它们排出体外。

（4）容积作用

膳食纤维的体积较大，缚水后的体积更大，对肠道产生容积作用，易引起饱腹感。同时，由于膳食纤维的存在，影响了机体对食物成分的消化吸收，不易产生饥饿感，所以膳食纤维对预防肥胖大有益处。

（5）改变肠道系统中的微生物群系组成

肠道系统中流动的汁液和寄生菌群对肠道蠕动和消化有重要作用，肠道内膳食纤维含量多时，会诱导出大量好气菌（很少产生致癌物）来代替原来存在的厌气菌（产生较多的致癌物），因此膳食纤维可以预防结肠癌的产生。

5.1.3 膳食纤维的生理功能

膳食纤维具有重要的生理功能，是人们继碳水化合物、脂肪、蛋白质、维生素、矿物质、水之后的第七大营养素，它在人体中有着不可替代的作用。

（1）膳食纤维与结肠癌和便秘

结肠癌产生的原因是某种刺激性物质或有毒物质在结肠内停留时间过长引起的。若食物中膳食纤维含量少，有毒物质在肠道中停留时间过长，就会对肠壁发生毒害作用，并且被肠壁所吸收。

膳食纤维能够预防结肠癌和便秘。食用膳食纤维（尤其是高品质膳食纤维）含量高的食物后，进入大肠内的纤维被肠内细菌部分选择性分解和发酵，从而改变了肠内菌群的构成和数量，诱导大量好气菌的繁殖。水溶性膳食纤维较多地被分解成菌体的养分，还对粪便保持一定的水分和体积。微生物发酵生成的低级脂肪酸降低了肠道内 pH 值，促进了有益菌的大量繁殖，刺激了肠道黏膜并加快了粪便的排泄。水不溶性膳食纤维被细菌分解的数量较少，但对肠道黏膜具有刺激作用，能够促进肠道功能正常化。

膳食纤维的通便作用有益于肠道内压的下降，因此可以预防肠憩室症和便秘，也可以预防长时间的便秘引起的痔疮和下肢静脉曲张。肠道内代谢产物以及由一次性胆汁酸转换成的致癌性脱氧胆汁酸、石胆酸和突变异原物质，会随膳食纤维排出体外。因此，膳食纤维的存在明显缩短了毒物与肠道黏膜接触的时间，从而起到了预防癌症的功效。

（2）膳食纤维与冠心病

膳食纤维促进了体内血脂和脂蛋白代谢的正常进行，因此具有预防和改善冠状动脉硬化造成的心脏病的功能。膳食纤维能够阻止机体对脂肪的吸收，原因在于膳食纤维能够缩短脂肪在肠道的停留时间，同时吸收体内的胆汁酸并降低胆固醇和甘油三酯消化产物分子团的溶解性。具有黏性的膳食纤维会阻止分子团向小肠吸收细胞表面转移，促使小肠细胞的生理功能和消化酶分泌机能发生变化。胆固醇的主要代谢途径是通过粪便来进行的，而胆汁酸又是胆固醇的代谢产物，为了补充被膳食纤维吸收而排出体外的胆汁酸，就需要有更多的胆固醇进行代谢，体内的胆固醇含量会显著下降（水溶性膳食纤维如燕麦纤维能够显著降低胆固醇，而水不溶性膳食纤维如小麦麸皮纤维对胆固醇的影响较小或没有）。通常情况下，适当增加膳食纤维的摄入量同时减少脂肪的摄入量，就可减少对胆固醇的吸收量，降低体内胆固醇水平，达到预防与治疗动脉粥样硬化和冠心病的目的。

（3）膳食纤维与糖尿病

增加膳食中膳食纤维的摄入量，可以改善末梢组织对胰岛素的感受性，降低对胰岛素的需求，从而调节糖尿病患者的血糖水平。可溶性膳食纤维能够治疗胰岛素依赖型（1型）糖尿病，而非胰岛素依赖型（2型）糖尿病的情况较为复杂，尚需进一步证实。

（4）膳食纤维与肥胖

大多数富含膳食纤维的食物，仅含有少量的脂肪。因此，在控制能量摄入的同时，摄入富含膳食纤维的膳食会起到减肥的作用。黏性纤维使碳水化合物的吸收减慢，防止餐后血糖的迅速上升并影响氨基酸代谢，对肥胖病人起到减轻体重的作用。膳食纤维能增加胃部饱腹感，减少食物的摄入量，具有预防肥胖症的作用；膳食纤维能与部分脂肪酸结合，使脂肪酸通过消化道时不被吸收，因此对控制肥胖症有一定的作用。

（5）其他生理功能

膳食纤维可减少胆汁酸的再吸收量，改变食物消化速度和消化道分泌物的分泌量，可预防胆结石；膳食纤维对乳腺癌具有预防作用，其原因可能是膳食纤维可降低血液中能诱导乳腺癌的雌性激素的比例。膳食纤维还可以防止间歇式疝、阑尾炎、静脉血管曲张、肾结石、膀胱结石、十二指肠溃疡、痔疮、溃疡性结肠炎、深静脉管血栓形成等疾病的侵害。

5.1.4 膳食纤维的品种和特性及其生产方法

（1）谷物、果蔬等膳食纤维

① 谷物纤维　小麦纤维是食品的天然纤维源，在焙烤食品中能改善食品质构，提高产品的持水性和延长货架期；在肉类食品中，能提高持水性并降低产品的脂肪含量和热量。

小麦纤维的生产方法如下。

小麦 { 面粉 / 麸皮（副产品） } $\xrightarrow[\text{搅拌, pH=5.0, } t=6.0h]{50\sim60℃, \text{水 [麸皮: 水=(0.1\sim0.15):1]}}$ $\xrightarrow[\text{pH=6.0}]{\text{NaOH 调节}}$

$\xrightarrow[\text{分解麸皮蛋白质, } t \text{ 为 } 2\sim4h]{\text{保持水温 55℃　适量中性或碱性蛋白质}}$ $\xrightarrow[t \text{ 为 } 0.5\sim3h, \text{除去淀粉类物质}]{\text{水温升至 } 70\sim75℃, \text{加入 } \alpha\text{-淀粉酶}}$

$\xrightarrow[t=0.5h, \text{灭酶、杀菌}]{\text{水温升至 } 95\sim100℃}$ 清洗 → 过滤 → 压榨脱水 → 烘干 → 小麦纤维（膳食纤维含量 80% 以上）

黑麦纤维是食品的天然纤维源，能赋予食品特殊风味。在焙烤食品中常常作为食品风味剂。

燕麦纤维是高级纤维，水溶性燕麦纤维对降低胆固醇和预防心血管疾病效果特别明显。

玉米纤维味淡而清香，可添加到糕点、饼干、面包、膨化食品中，以增加味感；玉米纤维可以作为汤料，也可以作为卤汁的增稠剂和强化剂。

大麦纤维是以啤酒发酵的副产品制得，其产品含有 3% 的水溶性纤维和 67% 的不溶性纤维，适合于加工低能量焙烤食品。

② 豆类种子和种皮纤维　大豆纤维具有显著降低血液中胆固醇含量的作用，能促进肠胃的正常蠕动从而可以预防便秘和结肠癌；能促进血糖和胰岛素保持稳定水平，对防治糖尿病效果显著。大豆纤维适合于做低能量食品。

豌豆纤维色白味淡，是一种理想的食用纤维。

豆类种子纤维主要成分有瓜儿胶、古柯豆胶和洋槐豆胶等，它们都属于可溶性膳食纤维，具有良好的乳化性和悬浮增稠性。因此，豆类种子纤维加入食品中能提高持水性和保形性。

豆皮纤维制备方法如下。

$$\begin{array}{c}\text{豌豆}\\\text{大豆}\end{array}\Big\} \xrightarrow{} \text{外种皮} \xrightarrow[]{\text{粉碎（20～60目筛）}} \xrightarrow[\substack{\text{（防止果胶类物质和部分水溶性半纤维}\\\text{损失，而使蛋白质和糖类溶解）}}]{\text{20℃，水，搅拌打成浆（6～8min）}}$$

$$\xrightarrow[\substack{\text{（pH值过高，色泽加深）}}]{\text{浆液的pH为中性或偏酸性}} \xrightarrow[\text{滤饼}]{\text{过滤（325目筛）}} \xrightarrow[\substack{t=25min}]{\text{溶于25℃，pH＝6.5，水}} \xrightarrow{\text{漂白（H}_2\text{O}_2\text{）}}$$

$$\xrightarrow[\text{滤饼}]{\text{过滤}} \xrightarrow{\text{干燥至含水分8％左右}} \xrightarrow{\text{高速粉碎机粉碎并过80目筛}} \text{天然豆皮纤维}$$

（2）多功能纤维

① 多功能纤维添加剂的制备

$$\text{大豆湿加工所剩的新鲜不溶性残渣} \xrightarrow{\text{湿热处理，转化内部成分，活化纤维生理功能}} \text{脱腥}$$

$$\xrightarrow{\text{干燥}} \xrightarrow{\text{粉碎}} \xrightarrow{\text{过筛}} \text{得到外观呈乳白色、粒度如面粉的多功能纤维添加剂（MFA）}$$

（含有68％的总膳食纤维、20％的优质植物蛋白，因此MFA亦称"蛋白-纤维粉"）

② 多功能纤维添加剂的功能 MFA的持水性高，可吸收相当于自身质量7倍的水分，吸水率达到700％，因此，有利于形成产品的组织结构，以防脱水收缩。MFA使某些肉制品中的香味成分发生聚集作用而不逸散；MFA的高持水性有望明显提高某些加工食品的经济效益；在焙烤食品中它可以减少水分的损失而延长产品的货架期。MFA的持水力大，对防治便秘和预防结肠癌可能更有利。

MFA是中等或低筋面粉的品质改良剂。在中等或低筋面粉中加入少量的MFA，通过特殊的湿热处理调整了纤维内部的化学组成，能提高纤维中阿拉伯半乳糖复合物和阿拉伯木聚糖复合物等成分的含量。MFA中含有20％的优质蛋白，添加到食品中可以同时提高膳食纤维和蛋白质的含量。

（3）高活性蔗渣膳食纤维

① 高活性蔗渣膳食纤维添加剂的制备

$$\text{蔗渣} \xrightarrow{\text{筛选}} \xrightarrow{\text{粉碎}} \text{蔗渣粒（1～2mm以内，便于后续处理）} \xrightarrow{\text{浸泡、漂白、软化}}$$

$$\text{蔗渣纤维} \xrightarrow[\substack{\text{（不要搅拌，以利于糖分溶出）}}]{\text{洗涤可溶性糖分}} \xrightarrow[\substack{t\text{为8～10h}}]{40℃} \xrightarrow[\substack{\text{（如NaOH，浓度0.5％～2％，}t\text{为10～30min）}}]{\text{脱臭（加碱、蒸煮等，经碱煮后色泽深）}}$$

$$\xrightarrow[\substack{t\text{为30～100min，温度适宜}}]{\text{H}_2\text{O}_2\text{（10mg/kg）（或Cl}_2\text{）漂白脱色}} \xrightarrow[\text{浅色滤饼}]{\text{过滤}} \xrightarrow{\text{干燥}} \text{得到含水6％～8％的产品}$$

$$\xrightarrow{\text{功能活化处理}} \xrightarrow{\text{过滤}} \xrightarrow{\text{干燥}} \xrightarrow{\text{粉碎}} \xrightarrow{\text{过筛（120目）}} \text{高活性蔗渣膳食纤维添加剂（HABF）}$$

（功能活化处理是对纤维内部组成成分的优化和重组，纤维内部的某些基团的包埋，以免这些基团与矿物元素相结合，影响矿物元素的平衡）

② HABF的特性与功能 HABF具有较强的持水性和结合力，有利于添加到食品中形成组织结构，以防脱水收缩，能够保持肉汁中香味成分发生聚集作用而不逸散。HABF的高持水性有望明显提高某些加工食品的经济效益。在焙烤食品中它可以减少水分的损失而延长产品的货架寿命。HABF在早餐食品、小吃食品、面条制品、焙烤食品、酸奶、饮料、肉制品、冷冻食品等得到应用，并获得了附加的经济效益。

（4）壳聚糖

壳聚糖是以甲壳类物质为原料，脱去 Ca、P、蛋白质、色素等制备成甲壳素（chitin），进一步脱去分子中的乙酰基而获得的一种天然高分子化合物。其化学结构是 β-1,4-D-葡糖胺的聚合物，在结构上与纤维素很相似。这种特殊的化学结构，致使壳聚糖有高分子化合物的性能，如成膜性、保湿性、吸附性、抗辐射性和抑菌防霉作用，对人体安全无毒，且具备可吸收性能。

壳聚糖不仅具有一般膳食纤维的生理功能，且更具有一般膳食纤维所不具备的特性，如它是地球上至今为止发现的膳食纤维中唯一阳离子高分子基团。这些特性使壳聚糖作为膳食纤维具备更优越的生理功能。

5.2 真菌多糖

香菇、金针菇、银耳、灵芝、黑木耳、虫草、茯苓、猴头菇等或药用真菌中的香菇多糖、金针菇多糖、灵芝多糖、银耳多糖、黑木耳多糖、虫草多糖、茯苓多糖、猴头菇多糖等，具有通过活化巨噬细胞刺激抗体产生而达到提高免疫能力的生理功能，其中大部分具有强烈的抗肿瘤、免疫调节、抗突变、抗病毒、降血脂、降血糖等活性。

5.2.1 真菌多糖的物理性质

（1）溶解度

多糖具有生物学活性的首要条件是水溶性。茯苓多糖组分中不溶于水的组分不具有生物学活性，水溶性组分则具有突出的抗肿瘤活性。通过降低分子质量提高多糖水溶性，增加其活性。向多糖引入基团可削弱分子间氢键作用力，从而增加其水溶性，具有 α-葡聚糖结构的灵芝多糖不溶于水，羧甲基化后溶解性提高，体外试验有一定的抗肿瘤活性。有些含有疏水基团的多糖不溶于水，通过氧化还原成羟基多糖后溶于水，从而产生生物学活性。由此可见，降低分子质量、引入支链或对支链进行适当修饰，均可提高多糖溶解度，从而增强其活性。

（2）分子质量

真菌多糖的抗肿瘤活性与分子质量大小有关。分子质量大于 16kDa 时才有抗肿瘤活性。虫草多糖（分子质量为 16kDa）有促进小鼠巨噬细胞吞噬作用的活性，而虫草多糖（分子质量为 12kDa）无活性。

大分子多糖免疫活性较强，但水溶性较差。分子质量介于 $10\sim50$kDa 的高分子组分的真菌多糖属于大分子多糖，呈现较强的免疫活性。分子质量越大其结构功能单位越多，抗癌活性越强。

（3）黏度

多糖的黏度与多糖分子间的氢键和分子质量大小有关。其黏度一定程度上与其溶解度呈正相关，还与临床药效作用有关。若黏度过高，则不利于多糖药物的扩散与吸收。通过引入支链破坏氢键和对主链进行降解的方法可降低多糖黏度，提高其活性。

5.2.2 真菌多糖的生理功能

（1）免疫调节功能

免疫调节作用是大多数活性多糖的共同作用，也是它们发挥生理和/或药理作用（抗肿瘤）的基础。真菌多糖可通过多条途径、多个层面对免疫系统发挥调节作用。大量免疫实验证明，真菌多糖不仅能激活 T 淋巴细胞、B 淋巴细胞、巨噬细胞和自然杀伤细胞（NK）等免疫细胞，还能活化补体，促进细胞因子的生成，对免疫系统发挥多方面的调节作用。

（2）抗肿瘤的功能

真菌提取物具有抑制 S180 肉瘤及艾氏腹水瘤等细胞的生长功能，明显促进肝脏蛋白质及核酸的合成及骨髓造血功能，促进体细胞免疫和体液免疫功能。

（3）抗突变作用

在细胞分裂时，由于遗传因素或非遗传因素的作用，会产生基因突变。突变是癌变的前提，但并非所有突变都会导致癌变，只有那些导致细胞产生恶性行为的突变才会引起癌变，但可以肯定，抑制突变的发生有利于癌症的预防。多种真菌多糖表现出较强的抗突变作用。

（4）降血压、降血脂、降血糖

虫草多糖对心律失常、房性早搏有疗效；灵芝多糖对心血管系统具有调节作用，可强心、降血压、降胆固醇、降血糖等。

蜜环菌多糖（AMP）能使正常小鼠的糖耐量增强，能抑制四氧嘧啶糖尿病小鼠血糖升高。

蘑菇、香菇、金针菇、木耳、银耳和滑菇等 13 种食用菌的子实体具有降低胆固醇的作用，其中以金针菇为最强。

腹腔给予虫草多糖，对正常小鼠、四氧嘧啶糖尿病小鼠均有显著的降血糖作用，且呈现一定的量效关系。

云芝多糖、灵芝多糖、猴头菇多糖等也具降血糖或降血脂等活性。

真菌多糖可降血脂，预防动脉粥样硬化斑块的形成。

（5）抗病毒作用

真菌多糖对多种病毒，如艾滋病病毒（HIV-1）、单纯疱疹病毒（HSV-1、HSV-2）、巨细胞病毒（CMV）、流感病毒、囊状胃炎病毒（VSV）、劳斯肉瘤病毒（RSV）和反转录病毒等有抑制作用。

香菇多糖对中东呼吸综合征冠状病毒（MERS）和 12 型腺病毒有较强的抑制作用。

（6）抗氧化作用

许多真菌多糖能够清除自由基、提高抗氧化酶活性和抑制脂质的过氧化，起到保护生物膜和延缓衰老的作用。

（7）其他功能

真菌多糖还具有抗辐射、抗溃疡和抗衰老等功能。

具有抗辐射作用的真菌多糖有灵芝多糖和猴头菇多糖。具有抗溃疡作用的真菌多糖有猴头菇多糖和香菇多糖。具有抗衰老作用的真菌多糖有香菇多糖、虫草多糖、灵芝多糖、云芝多糖和猴头菇多糖等。

5.2.3 真菌多糖的制备

香菇多糖制备

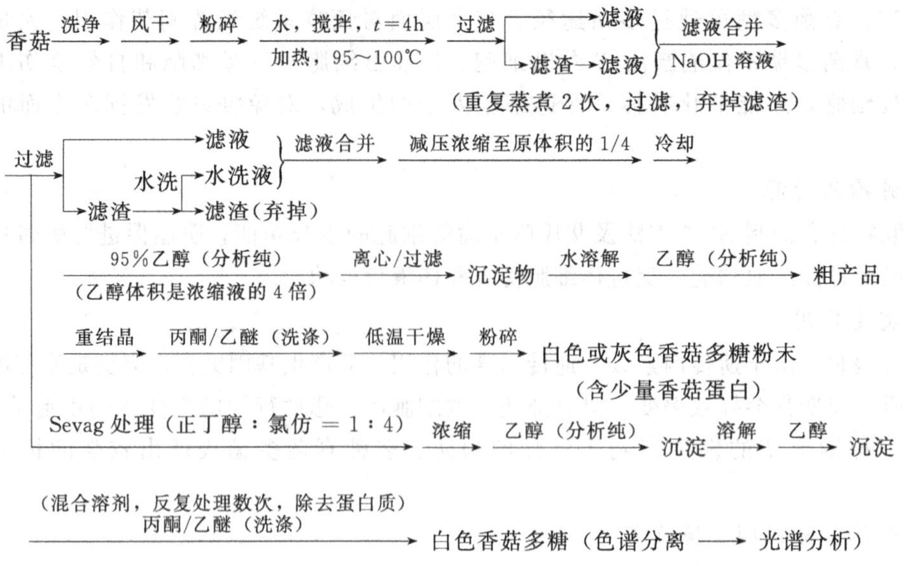

香菇 →洗净→ 风干 →粉碎→ 水，搅拌，$t=4h$／加热，95～100℃ →过滤→ →滤液／→滤渣→滤液 →滤液合并／NaOH 溶液

（重复蒸煮 2 次，过滤，弃掉滤渣）

过滤 →→滤液／水洗→水洗液／→滤渣→→滤渣（弃掉）→滤液合并→ 减压浓缩至原体积的 1/4 →冷却→

95％乙醇（分析纯）／（乙醇体积是浓缩液的 4 倍）→离心/过滤→ 沉淀物 →水溶解→ 乙醇（分析纯）→ 粗产品

重结晶→ 丙酮/乙醚（洗涤）→ 低温干燥→ 粉碎→ 白色或灰色香菇多糖粉末

（含少量香菇蛋白）

Sevag 处理（正丁醇∶氯仿 = 1∶4）→ 浓缩→ 乙醇（分析纯）→ 沉淀→溶解→ 乙醇 →沉淀

（混合溶剂，反复处理数次，除去蛋白质）／丙酮/乙醚（洗涤）→ 白色香菇多糖（色谱分离 → 光谱分析）

第6章
功能性甜味剂化学

6.1 甜味

近代生理科学的研究指出,食品的各种滋味(口味)都是由食品中可溶性成分溶于唾液或食品溶液刺激舌头表面上的味蕾,再经过味觉神经纤维传达到大脑的味觉中枢,经过大脑的识别而感知的。

6.1.1 味觉及生理基础

(1)人的味觉和舌面味感区域

① 人的味觉　人的味觉与舌头密切相关。人的舌面上有众多的凸起物称为乳头(包括四种即丝状乳头、轮廓乳头、菌状乳头和叶状乳头),舌面上共有约 50 万个香蕉形味细胞(味细胞顶端有绒毛),每 40~60 个味细胞组成一个味蕾,一般成年人约有 9000 个味蕾,而婴儿的味蕾数可能超过 1 万个。人的味蕾除小部分分布在软腭、咽喉和会厌等处外,大部分都分布在舌头表面的乳头中,尤其是舌黏膜褶皱处的乳头侧面更为稠密。人的味受体(即味孔口)位于舌面上味蕾尖端的小孔道内,由手指形的微绒毛(0.2μm×0.2μm)组成。味孔口与口腔内表面相通,并紧连着味神经纤维,味神经组成的小束直通大脑。当用舌头向硬腭上研磨食物时,味感受器最容易兴奋起来,加上唾液溶解呈味物质的作用,呈味物质则随唾液流入味蕾孔穴中,吸附于受体表面而产生味感。

② 舌面味感区域　呈味物在受体上有不同的结合位置,而且有严格的空间专一性。根据实验的结果,舌面上不同的味蕾,对不同味道的敏感程度不同。一般来说,舌面的前半部分对甜味最敏感,舌尖和舌的边缘对咸味敏感,靠腮帮两侧的舌面对酸味最敏感,舌根部对苦味敏感。

(2)味的生理基础

味包括基本味(酸、甜、苦、辣、咸)和复合味。味细胞膜的主要成分是脂质、蛋白质、无机盐和少量的核酸。甜受体的物质基础是蛋白质,苦受体可能与蛋白质也有关系。

试验证明,味觉从刺激味感受器开始到感觉有味道,仅需 0.5~4.0ms,其中咸味感觉最快,苦味最慢(苦味一般总是在最后才有感觉),甜味适中。

6.1.2 甜味的机理和分子基础

甜味能使人产生好感,但这种味觉的强度与呈味物质的化学结构有关。产生甜味的原因是甜味分子上的氢键给予体(供体)和接受体(受体)与味觉感受器上的相应的受体和供体形成氢键的缘故，呈味物质分子内的氢键供体和受体之间的距离在 30nm 左右。

如糖精和 β-D-吡喃果糖，其结构式如下所示。

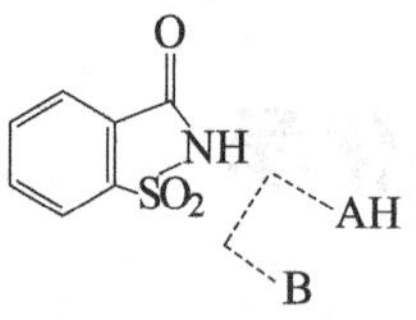

糖精 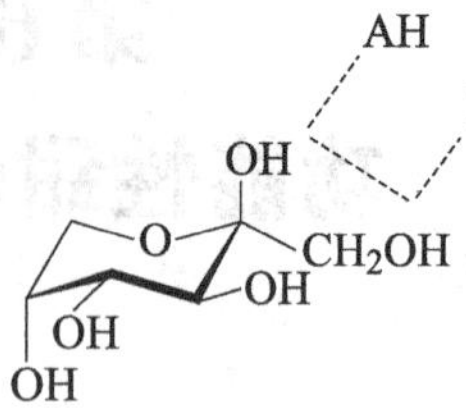　　　　　　　　　　　β-D-吡喃果糖

根据酸碱质子理论，A 含有一个带正电的质子，可以认为是酸，B 为质子接受体，可认为是碱。一个甜味分子中的 AH、B 系统可与位于味蕾蛋白质受体上另一合适的 AH、B 系统进行氢键结合，形成双氢键复合结构而产生甜味刺激，而两者间的复合强度决定了甜味刺激强度即甜度。甜味化合物和受体之间的氢键结合示意图如图 6-1 所示。

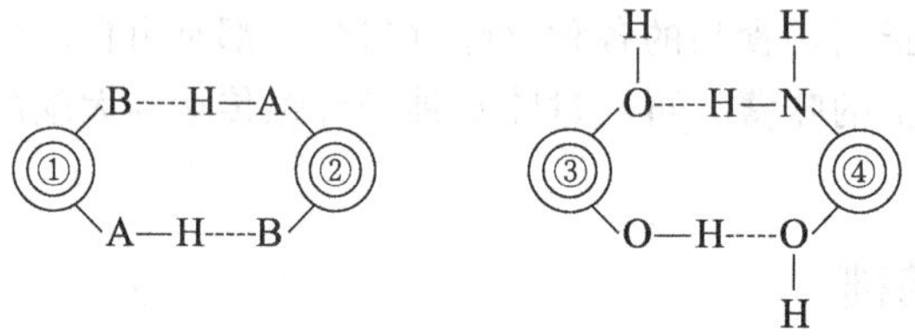

①甜味化合物　②甜受体　③甜味碳水化合物　④味蕾蛋白质的羟基、氨基酸

图 6-1　甜味化合物和受体之间的氢键结合

6.1.3　碳水化合物的甜味及甜味强度

目前普遍以蔗糖作为甜度比较的相对标准，即以 5％或 10％蔗糖溶液在 20℃时甜度为 1°，然后其他物质在同样浓度条件下，用一批人的几次品尝结果的统计方法获得相对甜度数值。如表 6-1 所示。

表 6-1　各类甜味剂的相对甜度

甜味剂	相对甜度/(°)	甜味剂	相对甜度/(°)
蔗糖	1	棉子糖	0.23
葡萄糖	0.69	木糖	0.67
果糖	1.15～1.5	木糖醇	1.25
鼠李糖	0.33	麦芽糖	0.46
甘乳糖	0.59	麦芽糖醇	0.95
半乳糖	0.53	山梨糖	0.51
乳糖	0.39	甘露醇	0.69

6.2　功能性单糖化学

甜味剂是指能赋予食品甜味的一种调味剂。蔗糖是食品工业中的常用原料，是用量最大的甜味剂，能够提供纯正的甜味，能量为 16.7kJ/g，同时提供适宜的黏度、质构和体积。但是，蔗糖摄入量多时则被认为是一个重要的不健康因子，是肥胖症的直接起因，还与糖尿病、冠心病等有间接关系。

功能性甜味剂是指具有特殊生理功能或特殊用途的食品甜味剂，可理解为可替代蔗糖应用在功能性食品中的甜味剂，它对人体健康起到有益的调节作用或促进作用，解决了多吃蔗糖无益于身体健康的问题。

功能性甜味剂化学是指研究功能性甜味剂的化学结构、性质及其特殊的生理功能，以满足人们对甜食喜爱的同时又不会对身体有副作用，并且对糖尿病和肝病患者有一定的辅助医疗作用。

6.2.1 功能性果糖

6.2.1.1 功能性果糖的结构、性质及其制备

（1）果糖的结构

果糖是己酮糖，其分子式为 $C_6H_{12}O_6$，分子量为 180，相对密度为 1.60（20℃），熔点为 103～105℃。水溶液中果糖主要以吡喃结构存在，有 α-、β-异构体，与开链结构呈动态平衡，其互变异构体如下所示。

β-D-吡喃果糖　　　　　β-D-呋喃果糖　　　　　α-D-呋喃果糖

（2）果糖的性质

① 物理性质　纯净的果糖呈无色针状或三棱形结晶，故称结晶果糖，能够使偏振光面左旋，水溶液有变旋光现象，吸湿性强并且吸湿后呈黏稠状。果糖结晶在 pH＝3.3 最稳定，热稳定性较蔗糖、葡萄糖低。

② 化学性质　果糖具有还原性，能与可溶性氨基酸或氨基化合物发生美拉德褐变，可被酵母发酵利用；果糖不是口腔微生物的合适底物，不易造成龋齿；果糖净能量值为 15.5kJ/g，等甜度下的能量值较低，加上它的优越的代谢特性，因此果糖是重要的低能量功能性甜味剂。

③ 甜味特性　果糖的相对甜度大约是蔗糖的 1.15～1.5 倍。在结晶状态下，只存在 β-D-吡喃果糖。当溶于水后，则可存在三或四种互变异构体。实验证明，呋喃果糖几乎没有甜味，由吡喃果糖转化成呋喃果糖数量增加时，果糖的甜度有所下降。

（3）果糖的制备

① 功能性果糖的制备

淀粉 ⟶ 淀粉乳 --酶→ 液化 --糖化→ 糖化液 --活性炭脱色→ 离子交换树脂（精制）⟶ 葡萄糖浓度为 35%～

45% 的糖化液 --异构体酶柱／55～60℃→ 异构化糖浆 --调节 pH＝4.5，温度 50℃以下（以抑制糖分发生分解反应）→ 活性炭脱色 --离子交换树脂→

--浓缩→ 无色澄清的 42% 高果糖浆（含果糖 42%，干基）--色谱分离技术→ 55% 的高果糖浆

② 结晶果糖的制备

42% 的高果糖浆 --模拟流动床色谱分离→ 高纯度果糖富集液（含果糖 97%，干基）

--单效蒸发器→ 浓缩 --加入晶种→ 冷却 --结晶→ 约有 50% 的果糖结晶析出

（果糖母液再回流）

--分离 洗涤 筛分→ 果糖结晶

6.2.1.2　功能性果糖的代谢特性

（1）果糖在人体中的代谢途径

人体对果糖的吸收始于胃肠道，吸收于肠上皮细胞内。果糖吸收途径以被动扩散形式的可能性要比以主动运输形式吸收大，它的吸收速度要比葡萄糖和蔗糖慢。果糖吸收后在肝脏中很快进入代谢过程，其主要特性是进入肝细胞内以及随后的磷酸化作用与胰岛素无关。在肝脏中被二磷酸果糖酶分解产生丙糖，丙糖可发生葡萄糖异生作用和糖原异生作用或用来合成甘油三酯，丙糖也可进入糖降解途径中，这些丙糖的利用情况取决于各自的代谢情况。

在正常的人体和受体良好的糖尿病人的机体中糖原异生作用占主要地位，只有数量很少的果糖碎片会转化成葡萄糖。最终肝糖原转变成葡萄糖释放至血液中，此时需要胰岛素来满足磷酸化作用的需要及随后四周组织中利用的需要。然而，这种转化和释放作用是在低血糖水平时才会发生，它不会导致血浆葡萄糖浓度的增加，低血糖通常与葡萄糖和血糖的摄取有关。实验证明，人体摄入 50g 果糖，20g 脂肪，20g 蛋白质的液态食品时，胰岛素水平和血糖值变化幅度小。

（2）果糖优越的代谢特性

随着人们对糖尿病患者的并发症及其血糖水平应保持接近正常人水平，以免引起严重的血糖过低症等情况的进一步认识，糖尿病学家及食品工艺学家一致认为果糖是适用于糖尿病患者较好的甜味剂。

山梨糖醇也广泛被用于糖尿病患者膳食中作为合适的替代甜味剂。人体吸收山梨糖醇后，通过山梨糖醇脱氢酶的作用很快转化成果糖，其代谢情况与果糖基本一致。但山梨糖醇的甜度只有果糖的 1/3，因此，在营养食品中，使用果糖比山梨糖醇更有效。另外，人摄取山梨糖醇量达 30g 以上，就会出现渗透性腹泻，而果糖则没有此方面的问题。在调制各种供特殊消费者如糖尿病人、低血糖病人及肥胖症人食用食品时，应注意他们对各种不同碳水化合物的生理反应差别。在各种特殊的营养食品中使用结晶果糖，可以生产出口感良好的食品，此种食品不会引起血糖水平和胰岛素水平的变化。

6.2.2　功能性果糖食品

① 果糖作为性能优越的功能性甜味剂主要用于低能量蛋糕、明胶点心、布丁、口香糖、冰冻点心、软饮料、餐桌甜味剂、固体粉末饮料等。结晶果糖用来生产高质量的巧克力或角豆糖衣，果糖约占糖衣总量的 35％。但果糖不易制造硬糖，其原因是果糖易吸湿而使硬糖不易贮藏。

② 运动饮料亦称"等渗饮料"，运动员在运动中流汗而造成水分、能量、糖分及矿物质的短缺。作为电解质成分的矿物质、糖分等都要在与人体体液相同渗透压浓度下即等渗状态下补充。使用果糖等渗饮料，饮用后能量转化速度快，但不会引起血糖升高，适用于人体疲劳后恢复体力并及时补给水分和矿物质等。

③ 低能量饮料，根据产品的质构、容积的要求，以果糖替代碳水化合物甜味剂，使用结晶果糖的饮料具有清爽明快的甜味和特有的风味，尤其是使柑橘和浆果型饮料风味变得更为纯正并且能量低。

6.3　功能性低聚糖

低聚糖（亦称寡糖）是由 2～10 个单糖通过糖苷键连接形成直链或支链的低度聚合物。低聚糖有普通性低聚糖和功能性低聚糖。普通性低聚糖可以被机体消化吸收，不是肠道有益菌双歧杆菌的增殖因子，如蔗糖、麦芽糖、乳糖、海藻糖及麦芽三糖等。功能性低聚糖，人的肠道不能水解功能性低聚糖，因此，它们不被消化吸收而直接进入大肠内优先被双歧杆菌所利用，是双歧杆菌的增殖因子，如水苏糖、棉子糖、帕拉金糖、低聚果糖、低聚木糖、低聚半乳糖、低聚乳果糖、低聚异麦芽糖、低聚龙胆糖等。这些糖除了低聚龙胆糖没有甜味反而具有苦味外，其他的糖均带有甜度不同的甜味，可以作为功能性甜味剂或部分替代食品中的蔗糖。

6.3.1　功能性低聚糖的主要生理功能及摄入量

（1）直接生理功能

① 热量低　功能性低聚糖的糖苷键不能被人体内的消化酶水解，人体摄取后难以消化吸收，因而能量值等于零或能量值很低。基本上不增加血糖，能有效防治肥胖、高血压、糖尿病等。

② 有利于保持口腔卫生　口腔微生物特别是突变链球菌侵蚀会引起龋齿。实验表明，突变链球菌产生的葡萄糖转移酶，不能将低聚糖分解成黏着性单糖如葡萄糖、果糖、半乳糖等，生成的乳酸也少，因此，功能性低聚糖不会引起牙齿龋变，是一种低龋齿性糖类。

③ 促进肠道中有益菌群双歧杆菌增殖　人体摄入的功能性低聚糖不被消化道的酸和酶分解，直接进入大肠内为双歧杆菌所利用，使得双歧杆菌迅速增加。如人体摄入低聚果糖后，体内的双歧杆菌数量可以增加 $100 \sim 1000$ 倍。

④ 具有整肠作用　功能性低聚糖是一类分子量低的水溶性膳食纤维，与其他膳食纤维相比有特别的优点：易溶于水，使用方便，不影响食品的原有质构和性能；甜味圆润柔和，口感独特且组织结构好；在推荐范围内不会引起腹泻，日常需求量少，大约 3g；整肠作用显著。

（2）间接生理功能

① 抑制病原菌　双歧杆菌能防止外源性病原微生物的生长和内源性有害微生物的过度生长，其作用的主要原因是双歧杆菌产生的短链脂肪酸（乙酸：乳酸＝3：2）的抑菌作用。

② 抑制有毒代谢产物和有害酶的产生　人体实验和人类的粪便微生物的测试实验证明，食用低聚糖3周之内有毒物质和有害酶产生减少，所以，食用功能性低聚糖能够抑制有毒物质的产生，降低有害酶的生成量。

③ 防止便秘和腹泻　功能性低聚糖能够使肠道微生物菌群即双歧杆菌数量增加，相应地增加了乙酸、乳酸的分泌量，因而刺激了肠的蠕动和通过渗透压增加粪便水分，故有防止便秘的作用。食用低聚糖，一周内就有明显的通便作用，但对严重便秘患者，低聚糖的作用并不明显。功能性低聚糖能够降低病原菌的数量，有效地平衡胃肠道的微生物菌群，有利于胃肠失调者的治疗，对腹泻具有预防和治疗作用。

④ 具有保护肝功能作用　摄入低聚糖，有毒代谢产物减少，从而减少了肝的去毒负担，因此对肝具有保护作用。如患有肝炎和便秘的病人服用大豆低聚糖5天后症状明显改善。患有慢性肝炎或肝硬化无高血压的病人及患严重高血压的肝硬化病人服用含有高浓度双歧杆菌的发酵乳，持续80天，血清和尿中的有毒物质降至健康人或接近健康人水平，病情好转，如食欲增加、蛋白质耐受性增强等。

⑤ 其他功能　低聚糖还有降低血清胆固醇、降低血压的作用；有改善血糖水平的作用；促进营养素的产生和吸收的功能；具有提高机体免疫力和抗肿瘤作用。

6.3.2 大豆低聚糖

（1）大豆低聚糖特性

大豆低聚糖具有耐高温的功能，在135℃以下不分解，有良好的热稳定性，耐酸，在pH值1.0～7.0之间很稳定，不水解。大豆低聚糖是 α-半乳糖苷类化合物，主要由水苏糖（四糖）、棉子糖等组成。成熟后的大豆约含有10%低聚糖，其中1%是棉子糖，4%是水苏糖。大豆低聚糖的结构是 γ-构造，可被 γ-半乳糖苷酶分解，人的消化道内不存在 α-半乳糖苷酶，存在的 β-半乳糖苷酶不能分解大豆低聚糖。大豆低聚糖分子中蔗糖部位连接上了1～2个半乳糖，蔗糖酶也难以起作用，而且大豆低聚糖中的主要成分水苏糖、棉子糖对胃酸有一定的稳定性。

大豆低聚糖是一种低甜度、低热量的甜味剂，其甜度为蔗糖的70%，其热量是8.36kJ/g，仅是蔗糖热量的1/2，而且安全无毒。如纯度很高的大豆低聚糖（80%），甜度为蔗糖的20%，产生热量极低，不会引起肥胖，适合糖尿病患者服用。

大豆低聚糖具有耐高温、耐酸的特性，经口摄入人体后不被消化吸收，能够完整地直接到达双歧杆菌生息的肠道部位，因此称为难消化糖。

（2）大豆低聚糖主要生理功能

① 促进肠道内双歧杆菌增殖　经研究证明，摄入大豆低聚糖17天，双歧杆菌可由原来的0.99%增加到45%。在肠道内的双歧杆菌特别容易吸收利用大豆低聚糖，并产生乙酸和乳酸及一些抗生素物质，从而抑制外源性致病菌和肠内腐败细菌的增殖。双歧杆菌还可通过磷脂酸与肠黏膜表面，形成一层具有保护作用的生物膜屏障，从而阻止了有害微生物的入侵和定殖。

② 通便洁肠　便秘患者多半是因肠道内缺少双歧杆菌。尤其是老年人随着年龄增大，肠道内双歧杆菌逐渐减少而极易便秘。试验证明，健康人每天摄取3g低聚糖，就能促进双歧杆菌生长，促进肠道蠕动，加速排泄，产生通便作用。大豆低聚糖具有低分子水溶性纤维素的某些功能，如发酵特性、防治便秘、提高机体免疫力及提供低热量等。

③ 保护肝脏　长期服用大豆低聚糖，肠道内有益菌占绝对优势，减少和缓解有毒代谢物质的产生，减轻肝脏解毒的负担，对肝炎和肝硬化等患者均有防治功效。

④ 降低血清胆固醇　胆固醇是一种脂溶性物质，和蛋白质分子结合成脂蛋白微粒在血液中运行。胆固醇在血液中以低密度脂蛋白和高密度脂蛋白存在，低密度脂蛋白将胆固醇从肝脏运到细胞，而高密度脂蛋白将胆固醇从细胞运回肝脏。高密度脂蛋白能将动脉血管壁上的胆固醇微粒带走，可防止动脉血管阻塞。人体实验已证实，摄入大豆低聚糖后可降低血清胆固醇水平。如果每天摄入6～12g大豆低聚糖持续2周至3个月，血清总胆固醇降低。包括双歧杆菌在内的乳酸菌及其发酵制品，均能降低血清总胆固醇水平，从而大大降低冠心病的发病概率。

⑤ 其他综合性生理功效　长期服用大豆低聚糖可大量增殖肠道内有益菌群双歧杆菌，使肠道菌群保持平衡。合理地调整饮食结构，将人体所需要的有效成分，通过有益菌群的分解，准确地输送到人体需要的每个部位，使其得到充分利用。不但能提高增强免疫力、抗肿瘤的能力，同时还能够抑制肠道内的腐败菌产生对人体有害的各种毒素，从而使人们充满活力，始终保持健康的身体，可达到长寿之目的。

（3）大豆低聚糖在人体新陈代谢中的作用

① 长寿与人体的牙齿、胃和肠道的关系　生命的维持是依赖食物从口摄入，经牙齿嚼

碎到胃中，完成营养与能量的供给，通过胃酸和不停地搅拌，氧化分解后，输送到肠道中。在肠道中的双歧杆菌、乳酸菌等有益菌酶解作用下，人体所需的有效成分，被人体全部吸收，利用肠蠕动并通过肛门将废物排出体外。双歧杆菌是肠道内最有益的菌群，双歧杆菌数量减少或消失是"不健康"状态的标志。

② 维持健康人肠道中的细菌数　健康人肠道中的细菌数有 100 多种，其数量达 10^{14} 以上。人体肠道内菌群与年龄有关。婴儿出生 3～4 个月即出现双歧杆菌，婴幼儿双歧杆菌数量约占肠道内细菌总数的 25％；随着年龄的增大，双歧杆菌数量逐渐减少甚至消失，60 岁以上的老人，双歧杆菌数量已减少到仅占细菌总数的 7.9％，而大肠杆菌等腐败细菌大量增加；到了老年，肠道内充满腐败细菌，双歧杆菌几乎消失。腐败细菌在肠道中分解食物成分，产生氨气、胺类、硫化物、粪臭素以及亚硝胺等有毒物质，人体长期吸收这些毒素，会加速衰老，诱发癌症，引起动脉硬化、肝脏障碍等疾病。

③ 活菌体外补养　双歧杆菌对水分、温度、酸碱性等条件非常敏感，若生产、销售、保存的措施不严格把关，很难保持双歧杆菌的活性。若误服失去活性的双歧杆菌，双歧杆菌不但未增殖，反而为腐败菌分解食物产生毒素提供了方便。即使活菌制剂没有失去活性，口服后还会受到胃酸和胆汁的作用，活性大为降低。采用"活菌体内增殖"方法即食用难消化的大豆低聚糖直接进入肠道，在双歧杆菌的直接作用下，将大豆低聚糖分解成短链脂肪酸（乙酸和乳酸），使肠内 pH 值下降，抑制肠道内有害细菌的生长。直接进入肠道的大豆低聚糖因保持固有的糖的黏性，能够牢牢地控制生存在肠壁中双歧杆菌不与粪便一同排出体外，从而达到增殖双歧杆菌的目的。

6.3.3　低聚果糖

低聚果糖（又称寡果糖或蔗果三糖族低聚糖）是指在蔗糖分子的果糖残基上结合 1～3 个果糖的寡糖，存在于日常食用的水果、蔬菜与谷物等中，如牛蒡、洋葱、大蒜、黑麦和香蕉等。

（1）理化性质

天然的和微生物酶法制得的低聚果糖几乎是直链状的。在蔗糖（GF）分子上以 β（1→2）糖苷键与 1～3 个果糖分子结合成的蔗果三糖（GF_2）、蔗果四糖（GF_3）和蔗果五糖（GF_4），属于果糖和葡萄糖构成的直链杂低聚糖。低聚果糖的性质如溶解度、熔点、沸点、热稳定性等与蔗糖相似，低聚果糖取代蔗糖不改变蔗糖原有的性能。

低聚果糖 G 和 P 的甜度分别约为蔗糖的 60％ 和 30％，它们均保持了蔗糖良好的甜味特性。低聚果糖的黏度、保湿性及在中性条件下的热稳定性等应用特性都接近于蔗糖。低聚果糖在 pH 为 3～4 的酸性条件下加热易分解，因此在食品中为防止低聚果糖分解需注意两点：酸性条件下不要长时间加热；酵母等产生的蔗糖酶会水解该糖。

（2）生理功能

① 不会导致肥胖　低聚果糖的甜度低，仅为蔗糖的 30％～60％。该糖很难被人体消化吸收，能量值很低，摄入后不会导致肥胖。

② 双歧杆菌增殖因子　低聚果糖在肠道内不易消化吸收，到达大肠后被双歧杆菌利用，是双歧杆菌增殖因子。成人每天摄取 5～8g，两周后每克粪便中双歧杆菌数可增加 10～100 倍。

③ 高血压、糖尿病和肥胖症等患者的理想甜味剂　可以认为低聚果糖是一种水溶性膳食纤维，能降低血清胆固醇和甘油三酯含量，而且摄入后不会引起体内血糖值的大幅度升高，所以可作为高血压、糖尿病和肥胖症等患者食用的甜味剂。

④ 防龋齿甜味剂 低聚果糖不能被突变链球菌作为发酵底物来生成不溶性葡聚糖，不提供口腔微生物沉积、产酸、腐蚀的场所（牙垢），是一种低腐蚀性的防龋齿甜味剂。

6.3.4 异麦芽酮糖

（1）理化性质

异麦芽酮糖（$6\text{-}O\text{-}\alpha\text{-}D$-吡喃葡糖基-D-果糖）是一种结晶状的还原性双糖，其结晶体含有 1 分子的水，失水后不呈结晶状。它呈正交晶体，含水异麦芽酮糖晶体的分子量为 360；它的熔点为 $122\sim123℃$，比蔗糖（$182℃$）要低得多；其旋光度 $[\alpha]_D^{20}=97.2°$；还原活性是葡萄糖的 52%。

异麦芽酮糖具有与蔗糖类似的甜味特性，它对味蕾的最初刺激速度比蔗糖快。异麦芽酮糖无任何异味，其甜度是蔗糖的 42%，而且不随温度变化而改变。将异麦芽酮糖应用在糖果和巧克力类食品中，没有发现它与蔗糖之间存在明显的差异。

室温下，异麦芽酮糖的溶解度只有蔗糖的一半。随着温度的升高，其溶解度会急剧增加，$80℃$时可达蔗糖的 85%。因此，在相对高的温度下生产的含异麦芽酮糖的食品于常温下保存时，可能会出现异麦芽酮糖结晶的现象。浓度相同时，异麦芽酮糖溶液的黏度略小于蔗糖溶液。

与颗粒状蔗糖和乳糖不同，异麦芽酮糖没有吸湿性，即使添加 1.5%～15% 的柠檬酸，其吸湿性也不会增加，而同样条件下颗粒状蔗糖的吸湿性却大为增加。将异麦芽酮糖与柠檬酸混合，保温储藏 22 天也没有发现转化糖生成。这些特性表明，对于含有机酸或维生素 C 的食品来说，用异麦芽酮糖作增甜剂比蔗糖要稳定。

异麦芽酮糖抗酸水解能力很强。将 20% 的酸化异麦芽酮糖水溶液和蔗糖水溶液（pH=2）煮沸后比较它们的水解率，发现 60min 后蔗糖完全水解，而此时异麦芽酮糖并没被水解。用异麦芽酮糖做糖果熬煮试验，$120℃$时其甜味没有变化，只出现了轻微的褐变；在高达 $140℃$ 时，异麦芽酮糖开始出现褐变、分解和聚合等反应；继续升温至 $160℃$ 以上，这些反应明显加剧。因此，异麦芽酮糖的热稳定性要比蔗糖略差些。

大多数细菌和酵母不能发酵利用异麦芽酮糖。将含有异麦芽酮糖和蔗糖的酸性饮料或面包储存一段时间，发现异麦芽酮糖的数量没有减少。因此，当异麦芽酮糖应用在发酵食品和饮料生产中，其抗微生物特性使得产品的甜味易于保持。

（2）生理功能

异麦芽酮糖不易产生褐变反应；不被口腔细菌（包括致龋齿属细菌）所发酵利用，致龋齿性很低。

6.3.5 乳酮糖或异构化乳糖

（1）理化性质

乳酮糖（$4\text{-}O\text{-}\beta\text{-}D$-吡喃半乳糖基-D-果糖）为白色不规则的结晶粉末，相对密度 1.35，熔点 $169℃$，易溶于水，其甜度仅为蔗糖的 48%～60%，且带有清凉醇和的感觉。乳酮糖浆呈淡黄色略为透明且黏度较低。

（2）功能

乳酮糖在人体小肠内不被消化吸收，到达大肠中为双歧杆菌所利用，具有较好的增殖活性。母乳喂养的婴儿粪便中的双歧杆菌数比人工喂养的多得多，若给人工喂养的婴儿同时喂食适量乳酮糖，可观察到双歧杆菌的增殖速率大为提高，甚至达到母乳喂养的水平，其粪便中双歧杆菌数增加而其他腐败菌减少。

摄入乳酮糖后人体血浆中葡萄糖无升高现象。乳酮糖对牙齿没有致龋齿作用。

6.3.6 低聚半乳糖

（1）性质和制备

β-低聚半乳糖是由 β-半乳糖苷酶作用于乳糖而制得，是在乳糖分子的半乳糖一侧连接上 1～4 个半乳糖，属于葡萄糖和半乳糖组成的杂低聚糖。低聚半乳糖的热稳定性较好，即使在酸性条件下也是如此。

α-低聚半乳糖被日本成功研究并开发，它是先将乳糖用 β-半乳糖苷酶水解获得葡萄糖和半乳糖的混合液，再以此混合液为底物通过 α-半乳糖苷酶进行缩合反应而生成。这种 α-低聚半乳糖的重要成分是蜜二糖，为半乳糖与葡萄糖以 α-(1→6) 糖苷键结合而成的双糖。

自然界许多霉菌和细菌如嗜热链球菌、黑曲霉、米曲菌都可产生 β-半乳糖苷酶。以高浓度的乳糖溶液为原料，β-半乳糖苷酶促使乳糖发生转移反应，再按常法脱色、过滤、脱盐、浓缩后即得低聚半乳糖浆，进一步分离精制可得含三糖以上的高纯度的浓度为 75% 的低聚半乳糖糖浆。

（2）功能

低聚半乳糖不被人体消化酶所消化，具有很好的双歧杆菌增殖活性。成人每天摄取 8～10g，一周后其粪便中双歧杆菌数大大增加。α-低聚半乳糖不被人体消化吸收，是双歧杆菌增殖因子。低聚半乳糖糖浆甜度约为蔗糖的 25%，对热、酸稳定，也是双歧杆菌增殖因子。

6.3.7 低聚异麦芽糖

低聚异麦芽糖（亦称分枝低聚糖）是指由葡萄糖以 α-(1→6) 糖苷键结合而成的单糖数在 2～5 不等的一类低聚糖。支链淀粉、右旋糖和多糖等在某些发酵食品如酱油、酒或酶法葡萄糖浆中有少量存在。异麦芽糖具有甜味，异麦芽三糖、异麦芽四糖、异麦芽五糖等，随其聚合度的增加，其甜度降低甚至消失。

低聚异麦芽糖具有良好的保湿性，能抑制食品中淀粉回生、老化和结晶糖的析出。低聚异麦芽糖具有双歧杆菌增殖活性和低龋齿特性。

低聚异麦芽糖是以由淀粉制得的高浓度葡萄糖浆为反应底物，通过葡萄糖基转移酶催化作用发生 α-葡萄糖基转移反应而制得。

6.3.8 环糊精

（1）理化性质

环糊精（CD）是 D-吡喃葡萄糖通过 α-(1→4) 糖苷键连接而成的低度聚合物，通常用葡萄糖转移酶作用于谷物粉而制得。

环糊精包括 α-、β-和 γ-三种类型，它们分别由 6、7 和 8 个葡萄单元聚合而成。在环糊精分子的环形结构中，极性羟基位于环糊精单位的边缘，仲位和伯位极性羟基从边缘伸出，因此单体的外表面（项部和底部）具有亲水性。又由于氢和配糖的氧位于空洞内部，因此单体内部的空洞具有较高的电子密度和疏水性。环糊精的特殊分子结构，致使其具有有限的溶解度，并且可以使具有适当大小、形状和疏水性分子非共价的与之相互作用而形成稳定的包囊物。因此，环糊精可以与各种生理活性物质形成包囊物，可以加强活性物质的稳定性，改善其色泽、外观、气味等物理性质，还可以使一些液体活性物质转变成固体粉末状，以便于适应某些场合下的特殊要求。

（2）生理功能

① 具有减肥作用 将 CD 添加入饲料中，对大鼠进行饲养，长期摄取 β-CD 持续 180 天，其体重与对照组没有明显的差别。但将 α-CD 含量较高的 CD 制品（α-CD：β-CD：γ-CD：糊精＝30：15：5：50），按 10％、20％、30％和 40％的比例添加饲料中，经 110 天喂养的成长期的大鼠，视其对动物体重增加的影响情况；对已充分成长后的大鼠喂予含有 10％～40％CD 制品的限制性饲料，从而观察其对动物减重的影响情况。结果显示 CD 可抑制处于成长期动物体重的增加现象，而可促进限食动物体重的减轻情况。

② 降低血清与肝脏中的中性脂肪含量 添加 10％～40％CD 可显著降低大鼠肝脏的血清中的总脂质和甘油三酯含量。这可能是由于 CD 向消化道内移动时，刺激内分泌系统和自律神经系统，从而对脂肪代谢产生影响。

（3）环糊精的消化特性

环糊精对唾液和胰液淀粉酶显示较强的抵抗性。α-CD 几乎不被上述酶所消化，而 γ-CD 则容易被消化。一系列的结果研究表明，CD 的消化性以 γ-CD＞β-CD＞α-CD 为序，即 γ-CD 容易被唾液、胰液中的 α-淀粉酶所消化，β-CD 主要由大肠内细菌所消化，而 α-CD 属于难消化的低聚糖，对大肠细菌耐性很高，因此排出体外的可能性也较大。

6.4 糖醇

6.4.1 木糖醇

（1）理化性质及生产工艺

木糖醇（亦称戊五醇）是一种五碳糖醇，它的分子式为 $C_5H_{12}O_5$，白色晶体，外表和蔗糖相似，是多元醇中最甜的甜味剂，味凉，甜度相当于蔗糖，热量相当于葡萄糖，是蔗糖和葡萄糖替代品。木糖醇是一种具有营养价值的甜味物质，也是人体糖类代谢的正常中间体。一个健康的人，即使不吃任何含有木糖醇的食物，每 100mg 血液中也含有 $0.03～0.06mg$ 的木糖醇。

在自然界中，木糖醇广泛存在于各种水果、蔬菜中，但含量很低。商品木糖醇是用玉米芯、甘蔗渣等农业作物，经过深加工而制得的，是一种天然健康的甜味剂。

木糖醇生产工艺：原料——水解——脱色——离子交换——浓缩——离子交换——加氢——离子交换——浓缩——结晶——分离——包装。

（2）木糖醇的生理功能

① 不会引起血糖水平波动 木糖醇是人体糖类代谢的中间体，在体内缺少胰岛素影响糖代谢情况下，无需胰岛素促进，木糖醇也能透过细胞膜，被组织吸收利用，供细胞以营养和能量，且不会引起血糖值升高，消除糖尿病人的三多症状（多食、多饮、多尿）。因此木糖醇是糖尿病人安全的甜味剂、营养补充剂和辅助治疗剂。

② 改善肝功能 木糖醇能促进肝糖原合成，血糖不会上升，对肝病患者有改善肝功能和抗脂肪肝的作用，治疗乙型迁延性肝炎、乙型慢性肝炎及肝硬化有明显疗效，是肝炎并发症病人的理想辅助药物。

③ 减肥功能 木糖醇为人体提供能量，合成糖原，减少脂肪和肝组织中的蛋白质的消耗，使肝脏受到保护和修复，消除人体内有害酮体的产生，不会因食用而忧虑发胖。

（3）木糖醇的防龋齿作用

木糖醇的防龋齿特性在所有的甜味剂中效果最好。首先是木糖醇不能被口腔中导致龋齿的细菌发酵利用，抑制链球菌生长及酸的产生；其次木糖醇的清新甜味还能促进唾液的分泌，减缓 pH 值下降，减少了牙齿的酸蚀，防止龋齿和减少牙斑的产生；还可与唾液中的磷和钙结合，促进牙齿的自然修复及巩固牙齿。

① 木糖醇口香糖中木糖醇的含量　因为口香糖中木糖醇的含量不同，防龋效果也不一样。一般而言，口香糖中木糖醇的含量越多，预防效果就越好。作为木糖醇产品的推荐条件是木糖醇含量必须占糖分的 50％以上。

② 木糖醇口香糖咀嚼次数和咀嚼时间　如果咀嚼木糖醇含量 50％以上的口香糖，通常每次饭后和吃完零食以后及临睡前各咀嚼一块木糖醇口香糖，便可以达到防龋的效果。饭后和吃完零食之后马上咀嚼效果最佳。即使是吃了含有砂糖的食品（巧克力等），吃完之后如果马上咀嚼木糖醇口香糖的话，能迅速改善口腔环境，使酸性的口腔环境恢复为中性，减弱酸对牙齿的腐蚀作用，并且通过嚼木糖醇口香糖可以有助于牙齿的再矿化。在连续摄取木糖醇两周到一个月左右就会出现效果。

③ 木糖醇口香糖与早晚刷牙的协同作用　用含氟牙膏、保健牙刷，并且坚持每天饭后、睡觉前和吃零食后咀嚼木糖醇口香糖，会产生多重效果，防龋的效果会大大提高，达到最佳状态。这既是实验研究证实的结果，同时也是全国牙病防治指导组建议并推荐的最佳口腔保健方式。

为了身体健康，木糖醇的防龋齿功能可用于家庭做蔗糖的代用品，以防止蔗糖食用过多引起糖尿病、肥胖症。木糖醇可广泛用于食品、医药、轻工等领域。

（4）应用

① 木糖醇在体内新陈代谢：木糖醇的代谢不需要胰岛素参与，又不使血糖值升高，并可消除糖尿病人三多（多饮、多尿、多食），因此是糖尿病人安全的甜味剂、营养补充剂和辅助治疗剂；

② 食用木糖醇不会引起龋齿，适用于作口香糖、巧克力、硬糖等食品的甜味剂；

③ 低糖食品甜味剂：木糖醇与其他糖类、醇类调和使用，可作为低糖食品的甜味剂；

④ 保健食品基料：木糖醇口感清凉，冰冻后效果更好，是良好的保健食品基料，可用在爽口的冷饮、甜点、牛奶、咖啡等行业，也可用在健康饮品、润喉药物、止咳糖浆等产品中；

⑤ 减肥作用：为了身体健康，可用于家庭蔗糖的代用品，防止蔗糖食用过多引起的糖尿病、肥胖症；

⑥ 美容作用：木糖醇是一种多元醇，可作为化妆品类的湿润调整剂，对人体皮肤无刺激作用，例如洗面乳、美容霜、化妆水等；

⑦ 日常甜味剂：木糖醇具有吸湿性、防龋齿功能，并且液体木糖醇具有良好的甜味，是较好的日常甜味剂，可代替甘油用于防龋齿牙膏、漱口剂的加香、防冻保湿剂等；

⑧ 液体木糖醇可用在蓄电池极板制造上，性能稳定，容易操作，成本低，比甘油更佳。

6.4.2　异麦芽糖醇

（1）理化性质

异麦芽糖醇（又称异麦芽酮糖醇或帕拉金糖醇）是葡萄糖甘露醇苷（GPS）和葡萄糖山梨糖醇苷（GPM）两种立体异构体的混合物。

异麦芽糖醇呈白色结晶状，吸湿性在所有的糖醇中最低，异麦芽糖醇的熔点大约在145～150℃之间。异麦芽糖醇的化学性质非常稳定，对酸、碱、热均很稳定，食品、饮料中大多数微生物如细菌、酵母和霉菌等都不能利用它。其溶于水时所吸收的热量很低，几乎没有凉爽的口感特性。

（2）生理功能

① 甜味纯正，无异味和后味，可以增强食品的风味，且其甜度为蔗糖的45％～65％。

② 可与强力甜味剂发生协同增效作用并掩盖其不良后味及风味。

③ 吸湿性小，作为结晶颗粒，分散性好，不黏结，易于包装储运。

④ 高稳定性，不与食品中任何配料起作用，不发生美拉德反应，耐酸、耐高温的能力强，不易被酶解。用异麦芽糖醇制得的食品和饮料，细菌、酵母菌和霉菌都难以繁殖。

⑤ 低能量，热量约为蔗糖的1/2。

⑥ 抗龋齿性，基本不被口腔微生物利用。

⑦ 不会引起血糖含量和胰岛素水平的变化，很适合糖尿病人食用。

⑧ 耐受性和安全性。日摄入35～48g，不会导致腹胀、肠鸣、腹泻等不适现象。

（3）代谢特性

异麦芽糖醇的消化吸收率较低，进入体内的大部分是作为碳源供大肠内微生物发酵使用，转化成有机酸、CH_4、CO_2 和 H_2 等，因此异麦芽糖醇的代谢特性类似于膳食纤维。

异麦芽糖醇的详细毒理试验均已进行，包括慢性毒性和胚胎毒理试验，均已证实它的食用安全性。FAO/WHO 食品添加剂联合专家委员会通过了这些毒理试验的审查，决定对它的每日允许摄入量 ADI 值不作特别规定，可根据需要确定具体的添加量。

6.5　强力甜味剂

高甜度的甜味剂包括糖精、阿斯巴甜、乙酰磺胺酸钾（安赛蜜）、环己基氨基碳酸钠（甜蜜素）、新橙皮苷二氢查耳酮、嗦吗甜（一种甜蛋白）、三氯蔗糖和阿力甜等。如果以质量/质量计，这些甜味剂的甜度是蔗糖的许多倍。因为它们在最终产品中用量很少，所以对产品体积和质地没有作用。在一些应用中，需要增加体积和改变质地，通常是将高甜度甜味剂与糖醇或填充剂结合使用。

6.5.1　糖精

糖精（化学名称邻苯甲酰磺酰亚胺），市售糖精（邻苯甲酰磺酰亚胺的钠盐）的甜度是蔗糖的500～700倍。若溶液中含有 10^{-6} mol/L 糖精则立刻感到甜度。若浓度超过0.5％时，则会产生苦味。糖精无营养价值，8～16h 全部排出体外。其味感变化是由下列反应所引起的。

6.5.2　阿斯巴甜

阿斯巴甜的热量超低，甜度则比同质量的蔗糖高出 200 倍。不过，近年不少研究发现，大量使用某些代糖，有可能导致腹泻、血压上升，甚至引发癌症。

阿斯巴甜在体内代谢过程中的主要降解物为苯丙氨酸和天冬氨酸，对正常人无害。但因苯丙酮尿症（PKU）患者的代谢缺陷，体内过多的苯丙氨酸可影响其发育，所以对该病患者要禁用添加阿斯巴甜的食品，而且，应用阿斯巴甜的食品须在商标或说明书中加印警语，注明不适用于苯丙酮尿症患者。

我国规定阿斯巴甜可用于汽水、乳饮料、醋、咖啡饮料、咖喱，用量按正常生产需要与蔗糖或其他甜味剂合用。

国际粮农组织和世界卫生组织制订了阿斯巴甜的限量：甜食 0.3%，胶姆糖 1.0%，饮料 0.1%，早餐谷物 0.5%，以及配制用于糖尿病、高血压、肥胖症、心血管患者的低糖类、低热量保健食品，用量视需要而定。

6.5.3　安赛蜜

安赛蜜是一种食品添加剂，是化学品，类似于糖精，可增加食品甜味，没有营养，对人体有害，虽是国家准许添加，但不得超标使用。

安赛蜜的化学名称为 6-甲基-2,2-二氧代-1,2,3-氧硫氮杂-4-环己烯酮钾盐，其甜度是蔗糖的 200 倍。安赛蜜甜味感觉快，没有任何不愉快的后味。

安赛蜜对光、热（能耐 225℃高温）稳定，pH 值适用范围较广（pH 范围 3～7），是目前世界上稳定性最好的甜味剂之一，适用于焙烤食品和酸性饮料。

安赛蜜的安全性高，甜味纯正而强烈，甜味持续时间长，与阿斯巴甜 1:1 合用有明显增效作用。安赛蜜的生产工艺简单、价格便宜、性能优于阿斯巴甜，被认为是最有前途的甜味剂之一。安赛蜜可用于饮料、冰淇淋、糕点、蜜饯、餐桌甜味剂等。

6.5.4　甜蜜素

甜蜜素的甜度是蔗糖的 30 倍，有良好的溶解性，具有柠檬酸味且有甜味。

甜蜜素可以作为甜味剂用于酱菜、调味酱汁、配制酒、糕点、饼干、面包、雪糕、冰淇淋、冰棍、饮料等。其最大使用量为 0.65g/kg；蜜饯中最大使用量为 1.0g/kg；陈皮、话梅、话李、杨梅干等中最大使用量 8.0g/kg。

第7章
功能性油脂化学

功能性油脂是指对人体有特殊生理功能、药用功能以及有益于健康的一类油脂类物质，是指那些属于人类膳食油脂，为人类营养、健康所需要，并对现已发现的一些人体相应缺乏症和内源性疾病如高血压、心脏病、癌症、糖尿病等有积极防治作用的一大类脂溶性物质。

功能性油脂既包括油脂类物质如甘油三酯等，也包括其他营养素如维生素E、磷脂等类脂物。目前，功能性油脂主要有亚油酸、亚麻酸、花生四烯酸、二十碳五烯酸（EPA）和二十二碳六烯酸（DHA）以及卵磷脂、脑磷脂、肌醇磷脂等。此外，一些新的结构脂质、脂肪改性产品和脂肪替代品也可归入其中。

功能性油脂化学是指研究功能性油脂的结构、性质及对人体的特殊生理功能，针对人体的一些缺乏症和内源性疾病（如高血压、心脏病、癌症、糖尿病等）有积极防治作用的脂溶性物质的科学。

7.1 膳食油脂

天然油脂是由许多脂质组成的复杂混合物，在物态上，油脂是液态时的油、固态时的脂及半固态时软脂的总称。

7.1.1 油脂的组成、制取以及食用油脂

（1）油脂的组成

天然油脂主要由饱和脂肪酸、不饱和脂肪酸的甘油酯组成，包括甘油一酯、甘油二酯，主要是甘油三酯。未精制的天然油脂还含有磷脂、脂肪醇、蜡、甾醇及甾醇酯、维生素、色素、萜烯类（个别油脂含有棉酚、芥子苷、芝麻酚）等。

（2）油脂的制取

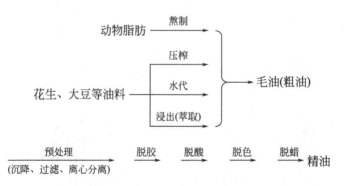

动物脂肪 ——熬制——→
花生、大豆等油料 ——压榨——→ ——水代——→ ——浸出（萃取）——→ 毛油（粗油）

——预处理——→ ——脱胶——→ ——脱酸——→ ——脱色——→ ——脱蜡——→ 精油
（沉降、过滤、离心分离）

（3）食用油脂

食用油脂包括各种植物油如花生油、大豆油、芝麻油、菜籽油等，以及动物油脂如猪油等。植物油按加工方法不同又分为机榨油和浸出油。机榨油是指将含油植物加热到一定程度后用机器压榨得到的油。浸出油是指用有机溶剂，如正己烷等浸泡含油植物后，将溶剂挥发而得到的油。

不同的油料、不同加工方法得到的油脂具有不同的色泽，一般为浅橙色、黄色至棕色。当植物油的透明度不好，沉淀物较多，底部有白色液体或似肥皂水样时，表明油中水分过多，应除去沉淀物以便于保存和食用。动物油脂在 20℃ 以下放置不呈膏状时，表明油脂质量可能已改变。当食用油脂出现严重的哈喇味，并变得混浊时，表明出现酸败现象，这样的油脂是不可食用的。还有的油虽然透明，但散发出一种刺鼻的辛辣气味，这是油脂中过氧化物增高的缘故，这种油脂也不要购买或食用。

食用油脂的主要问题有：原料被污染，造成油脂的有毒有害物质如霉菌毒素等含量超标；加工工艺不合理而造成溶剂残留超标；高温条件下反复使用某一油脂，如长时间反复煎炸食物而产生有毒有害物质；油脂储存不当而发生酸败等。

食用油脂应储存在阴凉、通风、低温处，避免阳光直接曝晒和与空气直接接触，以防油脂氧化变质。

7.1.2　膳食油脂与健康的关系及其摄入量

（1）膳食油脂与健康的关系

进入 21 世纪以后，随着精密分析仪器的使用和分子生物医学的发展，发现了各种膳食油脂中的脂肪酸不只是参与了甘油三酯的构成、作为能量来源提供给人类、作为脂溶性维生素的载体（帮助人体对诸如维生素 A、维生素 D、维生素 E、维生素 K 的吸收）等，更重要的是发现了不同的脂肪酸，通过参与磷脂分子的构成成分，影响磷脂所在的诸如细胞膜、核膜、微粒体膜、线粒体膜、内质网膜等生物膜的活性，从而产生有益于或有害于生命器官的作用。同时发现 ω-6 亚油酸的双重性：机体缺乏时会引起皮炎、毛发干燥或结肠过敏性炎症，它生成的花生四烯酸（AA）过少时影响婴幼儿体格的生长发育；当它摄入过多时，在体内产生诱发哮喘的前列腺素，产生较多的促使血小板聚集力增高和血液黏稠度增强及血管收缩的血栓素——促使动脉粥样硬化患者心脑血管的血栓形成。

实验证明，含饱和脂肪酸和胆固醇较多的猪油与天然奶油明显增加血清中胆固醇水平。

（2）膳食油脂的摄入量

WHO（世界卫生组织）和 FAD（联合国粮食组织）建议：健康的成年人总脂肪摄取量以不超过膳食提供总能量的 30％ 为宜（如一个成年人日均需要 10868kJ 能量，脂肪的供应量约为 75g）。中国营养学会建议，膳食中脂肪占总能量的 20％～25％ 为宜，2000 年提出了脂肪摄入量平均每人每天 72g；小于 6 个月的婴儿脂肪供给量为总能量的 45％，6～12 个月的婴儿脂肪供给量为总能量的 30％～40％；一岁以上幼儿、孕妇和哺乳期的妇女脂肪供给量为总能量的 25％～30％。

脂肪酸也是人体必需营养素的重要组成，主要通过食用油脂来摄入，主要包括饱和脂肪酸、单不饱和脂肪酸和多不饱和脂肪酸等三类。由于部分脂肪酸不能通过人体合成，需从外界摄入。人体内的脂肪酸约 50％ 来源于日常饮食中的食用油，脂肪酸的均衡与食用油的选用有很大关联，单一油种的脂肪酸构成、营养特点都不同。爱吃肉类会使体内的饱和脂肪酸和单不饱和脂肪酸增加，三类脂肪酸的摄入不均衡，是慢性病发病率增高的一个重要原因，不同饮食结构、不同的身体需求所需要补充的脂肪酸也会有所不同，消费者要根据自身情况，合理选择适合的食用油。

7.2 必需脂肪酸和多不饱和脂肪酸化学

7.2.1 多不饱和脂肪酸概念及分类

必需脂肪酸是指机体生命活动必不可少，但机体自身又不能合成，必须由食物供给的多不饱和脂肪酸（PUFA）。

多不饱和脂肪酸是指含两个或两个以上双键、碳链长度在 18 或 18 以上的脂肪酸。根据其结构又分为 ω-6 和 ω-3 两大系列。前者主要有亚油酸（18∶2）（十八碳二烯酸，LA），γ-亚麻酸（18∶3）（十八碳三烯酸），花生四烯酸（20∶4）（二十碳四烯酸，AA）等；后者主要有 α-亚麻酸（18∶3）（十八碳三烯酸，ALA），二十碳五烯酸（20∶5，EPA），二十二碳六烯酸（22∶6，DHA）等。

ω-3 和 ω-6 两个系列的主要种类及化学结构如下。

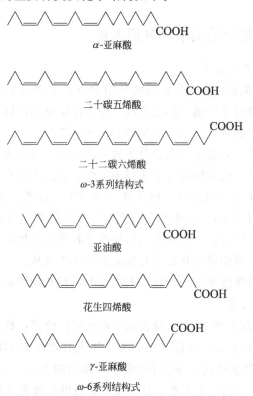

α-亚麻酸

二十碳五烯酸

COOH

二十二碳六烯酸

ω-3系列结构式

亚油酸

花生四烯酸

γ-亚麻酸

ω-6系列结构式

7.2.2 ω-3和ω-6多不饱和脂肪酸

（1）ω 序列命名法

如 C20∶5ω-3（EPA），C 表示碳原子，20 表示碳数，5 表示双键数，ω-3 表示双键的位置。多不饱和脂肪酸因其结构特点及在人体内代谢的相互转化方式不同，主要可分成ω-3、 ω-6 两个系列。在多不饱和脂肪酸分子中，距羧基最远端的双键是在倒数第 3 个碳原子上的称为 ω-3 或 n-3 多不饱和脂肪酸，若在第 6 个碳原子上的，则称为 ω-6（n-6）多不饱和脂肪酸。

（2）ω-3 和 ω-6 多不饱和脂肪酸在体内的代谢

ω-3 系列的 α-亚麻酸和 ω-6 系列的亚油酸是人体不可缺少的必需脂肪酸。从特定食物资源中摄入的几种多不饱和脂肪酸在人体生理中起着极为重要的作用，与人体心血管疾病的控制（比如能够显著影响脂蛋白代谢，从而改变患心血管疾病的危险性；影响动脉血栓形成和血小板功能；影响动脉粥样硬化细胞免疫应答及炎性反应）、免疫调节、细胞生长以及抗癌作用等息息相关。这些不饱和脂肪酸在人体内的转化关系如图 7-1 所示。

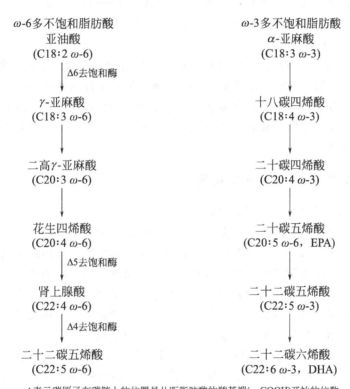

Δ表示碳原子在碳链上的位置是从距脂肪酸的羧基端（—COOH）开始的位数

图 7-1　不饱和脂肪酸在人体内的转化关系

7.2.3　必需脂肪酸的生理作用

（1）亚油酸

亚油酸是某些生理调节物质（如前列腺素）的前体物质；亚油酸可使胆固醇酯化，从而降低血清和肝脏中的胆固醇水平，对糖尿病也有预防作用；亚油酸能抑制血栓形成，因而可预防心肌梗死的发生；亚油酸对维持机体细胞膜功能也起着重要作用。

（2）γ-亚麻酸

γ-亚麻酸对血清甘油三酯有降脂作用，是目前报道的降低高血脂较佳和安全性最高的油脂，对降低血清胆固醇效果也很好。摄取富含 γ-亚麻酸的功能性食品，可明显改善过敏性湿疹病人的皮肤状况，起到解除瘙痒、降低对胆固醇药物需要量的作用。对于糖尿病患者来说，补充γ-亚麻酸可恢复被损伤的神经细胞功能，降低血清胆固醇和甘油三酯水平并抑制体内血小板的凝聚。对于嗜酒者，γ-亚麻酸可促进被酒精损伤肝功能的恢复，减轻停止服药后出现的强烈不适症状。

（3）α-亚麻酸

亚麻酸及其代谢物具有降血脂、降血压、抑制血小板凝聚、减少血栓形成等作用，在医药、保健品等领域有广阔的开发前景。上海一家营养油脂生产企业根据中国人的饮食习惯和营养结构，在其生产的食用油中添加了α-亚麻酸，提高了食用油价值。

（4）花生四烯酸

花生四烯酸在植物油中较少见，在牛乳、猪脂肪、牛脂肪中广泛分布。花生四烯酸在人体中有重要生理功能，它是前列腺素（PG-Ⅱ）的前体成分。

（5）EPA 与 DHA

EPA 和 DHA 主要来自海洋动物油脂，特别是鱼油中。大脑细胞的主要成分有卵磷脂、脑磷脂和多不饱和脂肪酸 EPA、DHA 等，而大脑的 65％是脂肪类物质，其中 EPA 和 DHA 是脑脂肪的主要成分。因而在各种营养素中，脂质对大脑是最重要的。大脑在发育的胎儿和婴幼儿时期，便开始通过胎盘和乳汁获取营养。在整个发育过程中，所摄入的营养物质都极大地影响人的智力活动。

7.2.4 多不饱和脂肪酸的生理功能

（1）维持正常生长和正常生理功能

天然存在的不饱和脂肪酸种类繁多，特别重要的是亚油酸、亚麻酸和花生四烯酸。严格地说，只有亚油酸才是人体不可缺乏的，其他两种可由亚油酸在体内部分转化而得到。

实验证明，缺乏必需脂肪酸机体的所有系统都会出现异常，因为所有生物膜组织功能的正常发挥都需要必需脂肪酸，同时它们还是某些生理调节物质如前列腺素的前体。缺乏必需脂肪酸的症状为皮肤起鳞、生长停滞、肾部坏死、肾功能减退、生殖功能丧失及典型的眼部疾病等。缺乏必需脂肪酸时中枢神经系统、视网膜和血小板功能会出现异常。

正常人体每升血浆中含脂类物质 5～6g，其中亚油酸 1500mg、γ-亚麻酸 25mg、DH-γ-亚麻酸 100mg 和花生四烯酸 400mg。研究表明：膳食中 ω-3 PUFA 摄入量与心血管疾病发病率和死亡率呈负相关。在日常膳食中合理补充鱼油，对心血管疾病的防治可产生较明显的作用。ω-3 PUFA 对心血管疾病的防治作用可能是通过抗血栓形成而实现的。EPA 通过促进某些二十类烷酸的合成，降低血小板的凝聚和血液黏稠度。动物模型试验表明，鱼油可防止血小板沉着于血管壁，阻断因脂质浸润所引起的内皮细胞损伤和管壁增厚等动脉粥样硬化的病理进程。

（2）对细胞磷脂所发挥的作用有决定性的影响

人体细胞膜控制着电子传递，调节营养物质进入细胞内和细胞内废物的排出，生理功能极为重要。要保持细胞膜的相对流动性，脂肪酸必须有适宜程度的不饱和性，以适应体液的黏度且具有必要的表面活性，只有顺式双键脂肪酸才具有上述生理功能。这是因为顺式双键两端碳链不在一条直线上而呈折叠形状，只有这样才能把外界的营养物质运送进细胞内而同时将不需要的废物分子从膜内运送出去。若缺乏必需脂肪酸，细胞的生理功能则会失常。

（3）DHA 和 EPA 的抗癌作用及机理

ω-3 多不饱和脂肪酸干扰 ω-6 多不饱和脂肪酸的形成，并降低花生四烯酸的浓度，降低促进前列腺素 E2（PGE2）生成的白细胞介素的量，进而减少了被确信为对癌发生有促进作用的 PGE2 的生成；癌细胞的膜合成对胆固醇的需要量大，而 ω-3 多不饱和脂肪酸能降低胆固醇水平，从而能抑制癌细胞生长；在免疫细胞中的 DHA 和 EPA 产生了更多的有益生理效应的物质，参与了细胞基因表达调控，提高了机体免疫能力，减少了肿瘤坏死因子；EPA 和 DHA 大大增加了细胞膜的流动性，有利于细胞代谢和修复，如已证明 EPA 可促进人外周血液单核细胞的增殖，阻止肿瘤细胞的异常增生。

（4）多不饱和脂肪酸对免疫功能的影响

ω-3 PUFA 对免疫有调节效果，富含 ω-3 PUFA 的食品具有抗炎作用与免疫调节作用。鱼油富含 ω-3 PUFA，包括 EPA、DHA 等。研究显示，鱼油有较强的免疫调节作用，其效果取决于摄入剂量、时间和疾病类型。鱼油能降低对内毒素以及细胞因子的反应，对一些细菌性疾病、慢性炎症、自身免疫疾病有一定辅助治疗作用。健康人补充鱼油能降低单核细胞和中性粒细胞的化学趋向性，降低细胞因子的分泌。此外，鱼油对类风湿性关节炎、感染性肠炎以及一些哮喘病也有一定的作用。

ω-6 PUFA 在发挥免疫功能的同时具有抑制和刺激作用。亚油酸在体内能被代谢为花生四烯酸，可以进一步氧化为二十烷类，如 PGE2、白三烯、血栓烷等，对免疫调节有重要作用。

（5）增殖作用

受精卵分裂细胞初期受 DHA 作用，胎儿从胎盘中获得 DHA，婴儿是通过乳汁获得 DHA。若妊娠期的第 10～18 周和第 23 周及出生后第 3 个月，母体缺乏 DHA 会造成胎儿或婴儿脑磷脂不足，进而影响其脑细胞的生长和发育，产生智力落后儿童或造成流产、死胎。

婴儿出生不久脑细胞即达 140 亿个，之后脑细胞数量及体积都在增加。婴儿从出生时的脑重 400g 到成年的 1400g，所增加的是联结神经细胞网络，而这些网络主要由脂质构成，其中 DHA 可达 10%，即 DHA 对脑神经传导和突触的生长发育发挥重要作用。婴儿如不能从母乳中或食物中摄入充足的 DHA，则脑发育过程就有可能被延缓或受阻，智力发育将停留在较低水平。进入老年期，大脑脂质结构发生变化，DHA 含量下降，加上其他诸多因素，老年人记忆力下降，甚至出现阿尔茨海默症。

（6）其他作用

ω-3 系列多不饱和脂肪酸中的 EPA 和 DHA 主要来自源于深海鱼油，α-亚麻酸来自于植物油脂，能防止皮肤老化、延缓衰老、抗过敏反应以及促进毛发生长。它们能抑制血小板聚集、防止血栓形成和降低血清总胆固醇、低密度脂蛋白、极低密度脂蛋白和升高血清高密度脂蛋白。多数学者认为，ω-3 系列多不饱和脂肪酸不仅对肿瘤细胞具有抑制作用，还能抑制癌细胞转移。

7.3　功能性油脂化学

7.3.1　磷脂

磷脂是一类含磷的类脂化合物，是构成人体所有细胞与组织的成分，如脑、心脏、肝脏、神经组织等。植物的全部活细胞中也含有磷脂，和维生素等一起被称为生物活性物质。磷脂和蛋白质是组成细胞膜最主要的成分，它不仅与细胞膜的生理功能有密切的关系，而且还是众多信息分子前体的储备形式，在生命体机能的调控中起着重要的作用。

细胞膜上的磷脂主要为甘油磷酸脂，也称为磷脂酸衍生物。另外，还存在少量鞘磷脂。主要的磷脂酸衍生物有：卵磷脂（磷脂酰胆碱）、脑磷脂（磷脂酰乙醇胺）、磷脂酰甘油、磷脂酰丝氨酸、磷脂酰肌醇等。

（1）磷脂酸衍生物

磷脂酸包括 α-磷脂酸和 β-磷脂酸。含醇羟基的小分子化合物的—OH 与磷脂酸分子中 P—OH 上的—H 脱水形成酰基，便得到一类磷脂——磷脂酸衍生物。自然界存在的主要是 L-α-磷脂酸衍生物。结构如下。

$$
\begin{array}{l}
\alpha'\ CH_2-O-\overset{\displaystyle O}{\overset{\displaystyle \|}{C}}-R' \\[2pt]
\beta\ \overset{*}{C}H-O-\overset{\displaystyle O}{\overset{\displaystyle \|}{C}}-R'' \\[2pt]
\alpha\ CH_2-O-\overset{\displaystyle }{\underset{\displaystyle OH}{\overset{\displaystyle O}{\overset{\displaystyle \|}{P}}}}-OH
\end{array}
$$

① 卵磷脂 卵磷脂是胆碱 $HOCH_2CH_2N^+(CH_3)_3OH^-$ 分子中的—OH 与 L-α-磷脂酸分子中 P—OH 上的—H 脱水形成酰基，得到 L-α-卵磷脂。结构如下。

$$
\begin{array}{l}
CH_2-O-\overset{O}{\overset{\|}{C}}-R' \\
R''-\overset{O}{\overset{\|}{C}}-O-\overset{*}{C}H \\
CH_2-O-\overset{O}{\underset{O^-}{\overset{\|}{P}}}-OCH_2CH_2\overset{+}{N}(CH_3)_3
\end{array}
$$

L-α-卵磷脂分子中磷酸部分剩余的 H^+ 与胆碱部分的 OH^- 在分子内发生酸碱中和反应，脱水生成内盐，所以卵磷脂是以偶极离子存在。卵磷脂控制动物体内脂肪代谢，主要存在于动物脑、肝脏、神经组织、心脏和血红蛋白中，蛋黄中含 8%～10%。植物组织中含量较少。

在卵磷脂分子中，与甘油形成酯的高级脂肪酸有：软脂酸、硬脂酸、油酸、亚油酸、亚麻酸和花生四烯酸。通常含有一分子饱和脂肪酸和一分子不饱和脂肪酸。所以在空气中能迅速氧化，颜色从白⟶黄⟶褐。

② 脑磷脂 脑磷脂是胆胺 $HOCH_2CH_2NH_2$ 分子中的—OH 与 L-α-磷脂酸分子 P—OH 上的—H 脱水形成酰基，得到 L-α-脑磷脂。结构如下。

$$
\begin{array}{l}
CH_2-O-\overset{O}{\overset{\|}{C}}-R' \\
R''-\overset{O}{\overset{\|}{C}}-O-\overset{*}{C}H \\
CH_2-O-\overset{O}{\underset{O^-}{\overset{\|}{P}}}-OCH_2CH_2\overset{+}{N}H_3
\end{array}
$$

L-α-脑磷脂分子中胆胺部分碱性的—NH_2 接受磷酸部分剩余的 H^+，形成内盐，所以脑磷脂也是以偶极离子存在。脑磷脂与卵磷脂共存于动植物体的组织和器官中，动物的脑中含量最高。在空气容易氧化，变为棕褐色。

上述磷脂类在结构上都有一个共同特点：分子中同时具有疏水基与亲水基，分子中羧酸部分的长碳链为疏水基，而偶极离子部分为亲水基。

正是这种结构特点，使得磷脂类化合物在细胞膜中起着重要的生理作用。也正因为如此，它们既能溶于有机溶剂也能溶于水（形成胶体）。但卵磷脂和脑磷脂都不溶于丙酮，可用丙酮除去这两种磷脂中所含的其他脂溶性杂质。

（2）鞘磷脂

鞘磷脂和磷脂酸衍生物不同的部分不是甘油，而是神经醇。高级脂肪酸中除软脂酸、硬脂酸外，还有鞘磷脂特有的脑神经酸；高级脂肪酸分子中的—COOH 与神经醇分子中的—NH$_2$ 脱水形成酰胺。

（3）磷脂的生理功能

① 构成生物膜　磷脂在生物膜中以双分子层排列构成膜的基质。双分子层的每一个磷脂分子都可以自由横向移动，使双分子层具有流动性、柔韧性、高电阻性及对高极性分子的不通透性。生物膜是细胞表面的屏障，也是细胞内外环境进行物质交换的通道。许多酶系统与膜相结合，在膜上发生一系列生物化学反应，膜的完整性受到破坏时将出现细胞功能上的紊乱。当生物膜受到自由基的攻击而损伤时磷脂可重新修复被损伤的生物膜。

② 促进神经传导　人脑约有 200 亿个神经细胞，各种神经细胞之间依靠乙酰胆碱来传递信息。乙酰胆碱是由胆碱和醋酸反应生成的。食物中的磷脂被机体消化吸收后释放出胆碱，随血液循环系统送至大脑，与醋酸结合生成乙酰胆碱。当大脑中乙酰胆碱含量增加时，大脑神经细胞之间的信息传递速度加快，记忆力功能得以增强，大脑的活力也明显提高。因此，磷脂和胆碱可促进大脑组织和神经系统的健康完善，提高记忆力，增强智力。

③ 促进脂肪代谢　磷脂中的胆碱对脂肪有亲和力，可促进脂肪以磷脂形式由肝脏通过血液输送出去或改善脂肪酸本身在肝中的利用，并防止脂肪在肝脏里异常积聚。如果没有胆碱，脂肪聚积在肝中出现脂肪肝，阻碍肝正常功能的发挥，同时发生急性出血性肾炎，使整个机体处于病态。临床上应用胆碱治疗肝硬化、肝炎和其他肝疾病，效果良好。

④ 降低血清胆固醇　随着年龄的增大，胆固醇在血管内沉积引起动脉硬化，最终诱发心血管疾病的出现。磷脂（特别是卵磷脂）具有良好的乳化特性，能阻止胆固醇在血管内壁的沉积并清除部分沉积物，同时改善脂肪的吸收与利用，因此具有预防心血管疾病的作用。

磷脂的乳化性能降低血液黏度、促进血液循环、改善血液供氧循环、延长红细胞生存时间并增强造血功能。补充磷脂后，血色素含量增加，贫血症状有所减轻。有人将磷脂应用于再生障碍性贫血的配合治疗，据报道效果不错。

⑤ 其他功能　磷脂是胆碱供给源，可改善并且提高神经机能，促进脂肪以及脂溶性维生素的吸收，还是花生四烯酸供给源等。

7.3.2　功能性植物油脂化学

（1）小麦胚芽油

小麦胚芽油含质量分数达 80％的不饱和脂肪酸，其中亚油酸质量分数在 50％以上，油酸为 12％～28％，此外，其维生素 E 含量较高。小麦胚芽油还含有二十三烷醇、二十五烷醇、二十六烷醇和二十八烷醇，这些高级醇特别是二十八烷醇对降低血液中胆固醇、减轻肌肉疲劳、增加爆发力和耐力等有一定功效。

（2）米糠油

米糠油是从米糠中提取的。米糠油含有质量分数为 75％～80％的不饱和脂肪酸，其中油酸为 40％～50％、亚油酸为 29％～42％、亚麻酸为 1％。米糠油中维生素 E 含量也较高，还含有一定数量的谷维素。

（3）玉米胚芽油

玉米中的脂肪80％以上存在于玉米胚芽中。从玉米胚芽中提取的玉米胚芽油是一种多功能的营养保健油，它含有丰富的多不饱和脂肪酸和维生素E、β-胡萝卜素等营养成分，对降低血清胆固醇，预防和治疗高血压、心脏病、动脉硬化及糖尿病具有特殊的功能。

（4）红花籽油

红花籽油是从红花籽中提取的，亚油酸质量分数高达75％～78％，另外还含有油酸10％～15％、α-亚麻酸2％～3％等。动物实验表明，红花籽油不仅能明显降低血清胆固醇和甘油三酯水平，且对防治动脉粥样硬化有较明显的效果。

（5）月见草油

月见草油是从月见草籽中提取的，含质量分数90％以上的不饱和脂肪酸，其中73％左右为亚油酸、5％～15％为γ-亚麻酸。含γ-亚麻酸的功能性食品，已成为婴幼儿、老年人和恢复期病人使用的营养滋补品。

7.3.3　水生动物油脂化学

水生动物油脂可分为海产动物油脂和淡水产动物油脂。水生动物油脂的原料主要是鲨鱼、鳕鱼、鳐鱼、比目鱼、鲸、海豚、海豹、金枪鱼、鲱鱼、沙丁鱼等。

（1）水生动物油脂组成

鱼油分为海产鱼油（十八碳脂肪酸、二十碳脂肪酸、二十二碳脂肪酸）和淡水鱼油（棕榈酸、十八碳脂肪酸）。鲨鱼肝油中主要成分是姥鲛烷、角鲨烯（$C_{30}H_{50}$）、胆甾醇、维生素（维生素A、维生素D、维生素E）及色素。

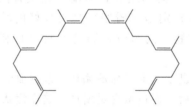

角鲨烯

（2）水生动物油脂典型功能性成分

① 在海生浮游动物磷脂中，二十碳五烯酸（EPA）和二十二碳六烯酸（DHA）二者之和占到总脂肪酸的45％以上。浮游植物是水生动物食物链的基础。EPA和DHA，尤其是DHA参与生物膜的形成，它们广泛存在于水生动植物中。

② 脂溶性维生素　脂溶性维生素A、维生素D、维生素E与甾醇是鱼油不皂化物的主要成分，海产鱼油是重要的天然维生素补充剂。

③ 其他功能性成分　鱼脂质是被利用的典型功能性成分，还有生理特性明确和较高药用价值的角鲨烯、鲛肝醇、鲨肝醇、鲨鱼醇等。

（3）水生动物油脂产品及应用

① 鱼肝油　鱼肝油是主要提供维生素A和维生素D的药用油，有鱼肝油滴剂、鱼肝油胶丸、乳白鱼肝油等，还有主治静脉曲张、血管瘤及痔疮等的鱼肝油酸钠注射液；河豚鱼肝油具有敷治破溃淋巴结、慢性皮肤溃烂的作用。

② 普通鱼油　利用最多的普通鱼油产品中含有高浓度的 EPA、DHA 功能性产品或药品原料。鉴于鱼油的不稳定性，鱼油可以通过微胶囊化或鱼油乳化后经喷雾或冷冻制成水溶性粉末，提高鱼油的稳定性。鱼油食品开发多是建立在 EPA、DHA 功能基础上，主要目的是预防心血管疾病。

③ 水生哺乳动物油脂　鲸的脂肪包括十六碳烯酸、十八碳烯酸、二十碳烯酸、二十二碳烯酸，可以作高级润滑油、乳状杀虫剂、精密机械用油、烧伤药等。海豚油、颚油是很好的润滑油，海狗油、海豹油以富含 EPA、DHA 作营养补充剂。

7.3.4　昆虫油脂化学

7.3.4.1　昆虫脂肪的组成

（1）含多种生物活性物质

昆虫油脂作为昆虫供养细胞、支持飞翔、生殖、胚胎发育和变态的能源来源，以及作为代谢水的来源，在补充水的保留上具有重要意义。此外，昆虫油脂富含激素和信息素等许多活性脂质，对昆虫活动起着重要的调节和信息传递作用。昆虫油脂具有较合理的脂肪酸组成，可作为天然的功能性油脂。

（2）主要成分为不饱和脂肪酸

昆虫油脂中不饱和脂肪酸含量较高，大部分昆虫中不饱和脂肪酸总量是饱和脂肪酸总量的 2.5 倍以上，昆虫油脂的脂肪酸组成更接近鱼油。部分昆虫含有较多的多不饱和脂肪酸，其中以亚油酸（18：2 n-6）和 α-亚麻酸（18：3 n-3）较为突出，如典型的食用昆虫蚕蛹的不饱和脂肪酸比例达 80% 以上，其中 α-亚麻酸含量高达 29% 以上（雄蛹为 29.8%，雌蛹为 37.8%）。家蚕雄蛹等的饱和脂肪酸、单不饱和脂肪酸和多不饱和脂肪酸的比例十分接近当今营养学家推荐的人体食用最佳脂肪酸比例标准。

昆虫的饱和脂肪酸大多以棕榈酸（16：0）为主，硬脂酸（18：0）的含量较低。绝大多数油酸以单不饱和脂肪酸为主要成分，含量多在（30±10）%。

（3）含有抗癌活性较强的奇数碳脂肪酸

昆虫油脂中存在着自然界极为少见的奇数碳脂肪酸，其中以十五碳酸、十七碳酸为主，如家蚕蛹含有十七碳酸脂肪酸。奇数碳脂肪酸的生理功能特别是较强抗癌活性的发现，使一些研究者对昆虫油脂中奇数碳脂肪酸的富集及分离提取产生了兴趣。

（4）胆固醇含量极低

对一些昆虫来讲，摄入食物中胆固醇并不是绝对需要的。在一些种属尤其是植食性昆虫中，胆固醇的功能可能由植物甾醇所完成。这一现象使昆虫油脂与高胆固醇含量的其他陆生动物油脂有显著不同，从而有可能成为低胆固醇含量的食物或动物油脂资源。

昆虫油脂内含有多种生物活性物质，主要成分为不饱和脂肪酸，且富含 α-亚麻酸。脂肪酸组成适合人体需要，同时含有自然界中极为少见的抗癌活性较强的奇数碳脂肪酸，胆固醇含量又极低，它已经成为目前营养界公认的油脂中的极品，对人体有着多种保健功能，已经成为生产医药、营养保健食品等方面的天然优质原料。

7.3.4.2　蚕蛹

（1）蚕蛹的营养组成成分

现代科学研究证实蚕蛹营养价值极高：干蚕蛹中含粗脂肪 25%～30%，粗蛋白 55%～60%，肝糖 2%～4%，甲壳质 2%～3%，灰分 3%～5%，其他 3%～4%。蛹油中含有大量

的 α-亚麻酸，蛹磷脂中含溶血卵磷脂、神经磷脂、磷脂酰肌醇、卵磷脂等。蚕蛹中还含有多糖、胆甾醇、植物甾醇、麦角甾醇、肾上腺素、去甲肾上腺素、腺嘌呤、次黄嘌呤，胆碱和多种蛋白激素如促前胸腺激素，滞育激素，以及大量维生素 A、维生素 B_2、维生素 D、叶酸和丰富的 Mg、Zn、Fe、Cu、Se 等微量元素。

（2）蚕蛹的药理作用

① 蚕蛹蛋白属于酪蛋白一类，含磷量高，且主要为球蛋白，可部分溶解于水，人体吸收利用率高。蚕蛹蛋白经水解制成复合氨基酸含有人体生长发育所需的十八种氨基酸，八种必需氨基酸占总氨基酸 40％以上，营养价值可与鸡蛋、牛奶媲美。

② 蚕蛹多糖具有明显增强机体免疫功能的作用。

③ 蚕蛹复合氨基酸具有护肝作用。

④ 蚕蛹具有提高机体的免疫和抗肿瘤等功能。

7.3.4.3 虫白蜡和斑蝥素

（1）虫白蜡

"虫白蜡"是由白蜡虫分泌的蜡质，熔点较高，颜色洁白。以天然高级脂肪酸酯为主（约占 95％～97％），含有少量游离脂肪酸、蜂蜡醇、烃类和树脂高分子化合物。

虫白蜡主产于中国，是一种纯天然高分子化合物，主要成分二十六酸二十六酯，其结构式为 $C_{25}H_{51}COOC_{26}H_{53}$。其质地坚硬、表面光滑、熔点高、化学性质稳定，具有防潮、润滑、着光等特点，广泛应用于化工、机械、精密仪器、农业、医药、食品等行业。

（2）斑蝥素

斑蝥素属倍半萜类衍生物，分子式为 $C_{10}H_{22}O_4$（六氢-3α,7α-二甲基-4,7-环氧异苯并呋喃-1,3-二酮）。斑蝥素为斜方形鳞状晶体，不溶于冷水，溶于热水，难溶于丙酮、氯仿、乙醚及乙酸乙酯。斑蝥素对毛癣菌等皮肤病有明显的抑制作用；用斑蝥素制备成的 N-羟基斑蝥胺试用于肝癌，有一定疗效。其有显著的利尿作用、发泡作用。斑蝥素的安全用量不超过 0.5mg/kg。

第8章
维 生 素

维生素（vitamin）是生物为维持正常生命过程所必需的微量有机物质，分为脂溶性维生素和水溶性维生素两类。前者包括维生素 A、维生素 D、维生素 E、维生素 K 等，后者有 B 族维生素和维生素 C。人和动物缺乏维生素时不能正常生长，并发生特异性病变，即所谓维生素缺乏症。

维生素 {水溶性维生素：维生素 B_1、维生素 B_2、维生素 B_3、维生素 B_5、维生素 B_6、维生素 B_7、维生素 B_{11}、维生素 B_{12}、维生素 C

脂溶性维生素：维生素 A、维生素 D、维生素 E、维生素 K

8.1 水溶性维生素

（1）维生素 B_1

维生素 B_1（又称硫胺素，thiamine）。其结构为：

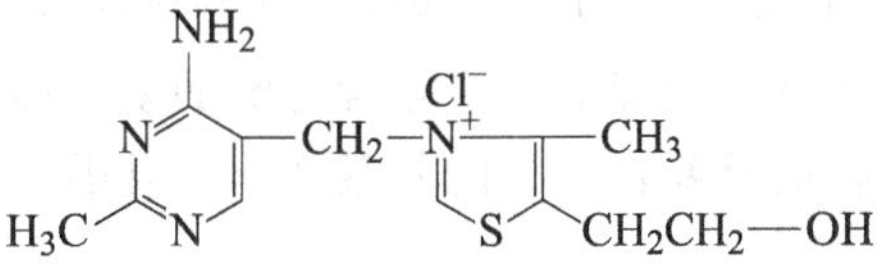

维生素B_1

维生素 B_1 的主要生理功能是整个物质代谢和能量代谢的关键物质，另外可抑制胆碱酯酶，对于促进食欲、胃肠道的正常蠕动和消化液的分泌等有重要作用。缺乏维生素 B_1 可导致脚气病、多发性神经炎、水肿、厌食、呕吐。

（2）维生素 B_2

维生素 B_2（亦称核黄素，riboflavine）是 7,8-二甲基异咯嗪和核醇的缩合物，其结构为：

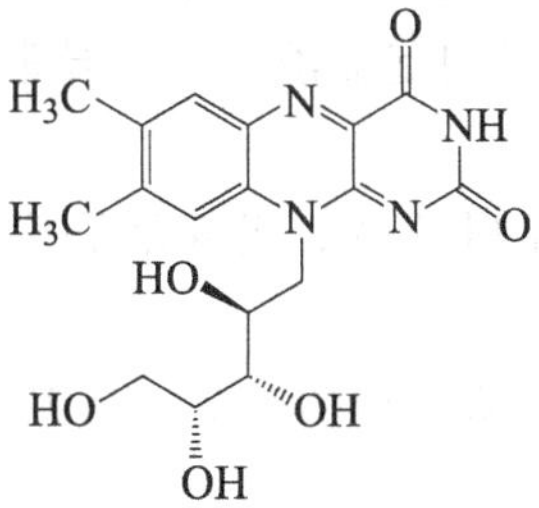

维生素B_2

维生素 B_2 的主要生理功能是以黄素辅酶参与体内多种物质的氧化还原反应，是转移电子和氢的载体，也是组成线粒体呼吸链的重要成员。维生素 B_2 缺乏时导致生长停滞、毛发脱落等。

（3）维生素 B_3

维生素 B_3（亦称维生素 PP，尼克酸），抗癞皮病维生素，也称烟酸，化学命名为尼克酸，能在体内转化为尼克酰胺。尼克酸为白色针状结晶，微溶于水；尼克酰胺为白色结晶，易溶于水。

药用一般为尼克酰胺，因尼克酸有一时性血管扩张作用。这种维生素较为稳定，一般烹调不致失活。

尼克酸   尼克酰胺

尼克酰胺在体内与核糖、磷酸、腺嘌呤组成脱氢酶的辅酶 I 及辅酶 II。NAD（烟酰胺-腺嘌呤二核苷酸，又称为辅酶 I）和 $NADP^+$（烟酰胺-腺嘌呤二核苷酸磷酸，又称为辅酶 II）是维生素烟酰胺的衍生物，它们是多种重要脱氢酶的辅酶。这两种辅酶结构中的尼克酰胺部分具有可逆的加氢和脱氢的特性，在生物氧化中起着递氢的作用。糖、脂肪及蛋白质代谢中均需要此类辅酶参加。大剂量的尼克酸能扩张小血管和降低血胆固醇的含量，临床上常常用以治疗内耳眩晕症、外周血管病、高胆固醇血症、视神经萎缩等。

人缺乏维生素 B_3 时，表现为神经营养障碍，初时全身乏力，之后在两手、两颊、左右额及其他裸露部位出现对称性皮炎。维生素 B_3 在体内以尼克酰胺存在，有防止癞皮病的作用。人和动物体内均不能合成维生素 B_3，只能从食物中获得。

（4）维生素 B_5

维生素 B_5（亦称泛酸）是辅酶 A 的组成部分，参与碳水化合物及脂肪的代谢。辅酶 A 是生物体内代谢反应中酰基转移酶的辅酶，它是含泛酸的复合核苷酸。它的重要生理功能是传递酰基，形成代谢中间产物的重要辅酶，能刺激动物、乳酸菌及其他微生物生长。泛酸结构式如下：

维生素 B_5

泛酸与头发、皮肤的营养状态密切相关。当头发缺乏光泽或变得较稀疏时，多补充泛酸可见其效；制造抗体也是泛酸的作用之一，能帮助人体抵抗传染病，缓和多种抗生素副作用及毒性，减轻过敏症状。泛酸缺乏易引起血液及皮肤异常，产生低血糖等症。

（5）维生素 B_6

维生素 B_6 是吡啶衍生物，包括吡哆醇、吡哆醛和吡哆胺。维生素 B_6 又称抗皮肤炎维生素。

维生素 B_6 的主要生理功能是转氨基酶的辅酶、氨基酸脱羧酶的辅酶、某些氨基酸转羟基酶的辅酶。

维生素 B_6 缺乏时，可引起类似癞皮病皮肤炎，表现为神经过敏、失眠、肠道疾病、身体虚弱。

$$(R = —CH_2OH, —CHO, —CH_2NH_2)$$
吡哆醇 吡哆醛 吡哆胺

（6）维生素 B_7

维生素 B_7（亦称维生素 H、生物素、辅酶 R），也属于 B 族维生素。它是合成维生素 C 的必要物质，是脂肪和蛋白质正常代谢不可或缺的物质。其为无色长针状结晶，具有尿素与噻吩相结合的骈环，并带有戊酸侧链，能溶于热水，不溶于有机溶剂。

生物素与酶结合参与体内二氧化碳的固定和羧化过程，与体内的重要代谢过程如丙酮酸羧化转变成为草酰乙酸，乙酰辅酶 A 羧化成为丙二酰辅酶 A 等糖及脂肪代谢中的主要生化反应有关。维生素 B_7 的结构为：

维生素B7

许多生物体都能自身合成维生素 B_7，人体肠道中的细菌亦能合成部分生物素。在体内生物素与蛋白质结合成复合体。

（7）叶酸

叶酸（亦称蝶酰谷氨酸，即维生素 M），黄色结晶，微溶于水，在酸性溶液中不稳定，易被光破坏。食物在室温下储存，其所含叶酸也易损失。叶酸的结构式为：

蝶啶衍生物 对氨基苯甲酸 谷氨酸

叶酸具有抗贫血，维护细胞的正常生长和免疫系统的功能，可防止胎儿畸形。叶酸在体内转变成许多种酶的辅酶活性形式——四氢叶酸。四氢叶酸传递一碳基团在化合物之间的交换，这些一碳基团包括甲基（—CH_3）、羟甲基（—CH_2OH）、甲氧基（—OCH_3）、亚胺甲酰基（—CO—NH）。一碳基团的转换是胆碱、丝氨酸、组氨酸、DNA 等生物合成时的必需步骤。人体缺乏叶酸主要表现为白细胞减少，红细胞体积变大，发生巨红细胞性贫血。

人的肠道细菌能合成叶酸，故一般不易发生缺乏病。但当吸收不良、代谢失常或组织需要量过高以及长期使用肠道抑菌药（如磺胺类）等时，皆可引起叶酸缺乏。人体每日需要量约 $200\mu g$，孕妇及乳母 $400\mu g$。

（8）维生素 B_{12}

维生素 B_{12}（即钴胺素）是唯一含金属元素的维生素。结构复杂，包含有咕啉环 5,6-二甲基苯并咪唑核苷酸、丙醇及钴元素，其分子式为 $C_{63}H_{90}CoN_{14}O_{14}P$。人体肠道细菌能合成维生素 B_{12}，但结肠不能吸收，大量的维生素 C 可破坏维生素 B_{12}。缺乏维生素 B_{12} 会引起严重贫血。

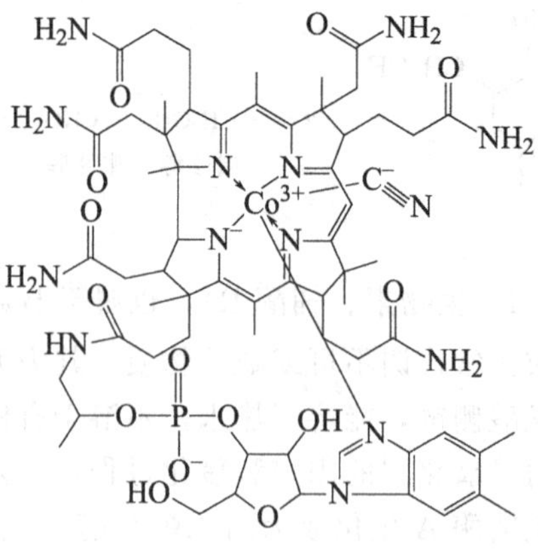

维生素B₁₂

（9）维生素 C

维生素 C（即抗坏血酸）。在组织中以两种形式（L-抗坏血酸和脱氢抗坏血酸）存在：

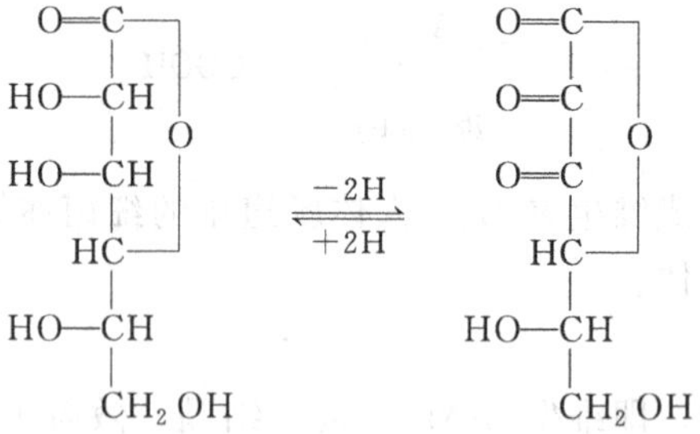

L-抗坏血酸 $\xrightleftharpoons[+2H]{-2H}$ 脱氢抗坏血酸

维生素 C 能使铁在体内保持亚铁状态，增进其吸收、转移以及在体内的储存，能阻止钙在肠道中形成不溶性化合物，改善其吸收率。维生素 C 在体内作酶激活剂、物质还原剂、参与激素合成等。缺乏维生素 C 则可引起维生素 C 缺乏症。

8.2 脂溶性维生素

（1）维生素 A

维生素 A 的主要功能是促进生长及保护各种上皮组织。食物中缺乏维生素 A，则会产生维生素 A 缺乏症，维生素 A 的来源是 β-胡萝卜素在胡萝卜酶的作用下形成维生素 A。结构如下：

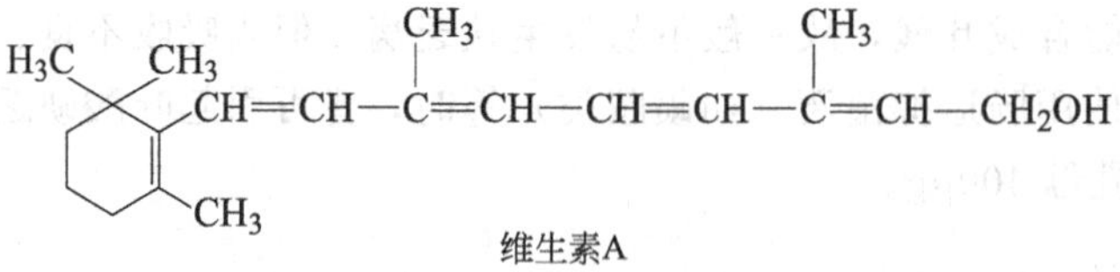

维生素A

（2）维生素 D

维生素 D 是所有具有胆钙化醇生物活性的类固醇的总称。维生素 D 具有调节钙、磷代谢，供钙沉淀形成羟基磷灰石 $[Ca_{10}(PO_4)_6(OH)_2]$，促进骨骼和牙齿形成的作用。缺乏维生素 D 时则会出现佝偻病。维生素 D_2（钙化甾醇）可通过麦角甾醇经紫外线照射生成。

麦角甾醇

紫外线照射 →

维生素D₂

（3）维生素 E

维生素 E（又称生育酚）具有抗氧化作用，也能防止维生素 A、维生素 C 的氧化，以保证维生素 A、维生素 C 在体内的营养功能；维生素 E 能保持红细胞的完整性；可以调节体内一些物质的合成（如维生素 E 是辅酶 Q 的合成的辅助因子等）；维生素 E 与精子的生成和繁殖能力有关，缺乏时导致不育症。维生素 E 还具有抗衰老作用，主要是抑制体内氧化自由基对 DNA 和蛋白质的破坏，使衰老过程减慢。结构如下：

维生素E

8.3　胆碱

胆碱，类维生素物质之一，是 β 羟乙基三甲胺羟化物，常温下为液体、无色，有黏滞性和较强的碱性，易吸潮，也易溶于水。1849 年从猪的胆汁中分离出胆碱，1930 年确立了胆碱的营养作用。胆碱的理化性质、生物学功能、饲料添加、在养殖业上的应用以及产品开发等研究一直在进行着，并越来越受到人们的重视。

胆碱与其他的 B 族维生素不同，并不以辅酶或酶的形式参与机体代谢，而且其需要量远高于其他 B 族维生素，是其他 B 族维生素需要量的数十倍至数百倍，故也有人主张不宜将其列为维生素。

8.3.1　胆碱的含量和分布

胆碱存在于卵磷脂和神经鞘磷脂之中，主要形式是卵磷脂，占总胆碱含量的 90％以上，以游离形式存在的胆碱只有 10％左右，是机体可变甲基的一个来源，而作用于合成甲基的产物，同时又是乙酰胆碱的前体。在动物的脑、精液、肾上腺中含量尤多。卵磷脂以禽卵卵黄中的含量最为丰富，达干重的 8％～10％。鞘磷脂是神经醇磷脂的典型代表，在高等动物组织中含量丰富。

8.3.2　胆碱的吸收和代谢

胆碱经食物吸收进入血液，在胃肠道中经消化酶的作用，胆碱从卵磷脂和神经鞘磷脂中释放出来，在空肠和回肠经钠泵的作用被吸收。但只有 1/3 的胆碱以完整的形式吸收，约 2/3 的胆碱以三甲基胺的形式吸收。

8.3.3　胆碱的生理功能

① 胆碱是卵磷脂和神经鞘磷脂的组成部分，在构成和保持细胞结构，维持细胞的物质通透性和信息传递中起重要作用。

② 胆碱可提供不稳态甲基，用于同型半胱氨酸转化成蛋氨酸。在其代谢中，胆碱首先氧化成甜菜碱，甜菜碱经过直接甲基化反应将一个甲基转移至同型半胱氨酸，形成蛋氨酸。

③ 胆碱在肝脏脂肪代谢中起关键作用。它可促进脂肪以磷脂形式由肝脏通过血液运输出去或通过提高肝脏本身对脂肪酸的利用来预防脂肪的不正常聚集，防止脂肪肝的形成。

④ 胆碱是形成乙酰胆碱所必备的物质。胆碱分子醇基上羟基的氢原子被乙醇基取代，便成为乙酰胆碱。乙酰胆碱是一种神经递质，是维持动物神经系统的正常功能必不可少的。

8.3.4　胆碱与健康

胆碱能够促进脑发育和提高记忆能力，是维持细胞膜完整和构成脑组织的必需成分，参与传递神经冲动，处理学习、记忆和睡眠过程。此外，胆碱在体内参与脂质转运和代谢，改善脂肪的吸收与利用。

研究证实，胎儿和婴儿期是大脑发育的快速和关键时期，需要足量的胆碱。为了保证胎儿发育中获得足够的胆碱，胎盘主动调节向胎儿的运输，羊水中胆碱浓度为母体血浆中的 10 倍，胎儿血浆中的胆碱浓度大约达到母体血浆胆碱浓度的 3 倍，说明胎儿需要大量的胆碱参与自身的神经系统和大脑的发育。新生儿血浆中胆碱浓度也明显高于成人数倍，他们运送胆碱穿越血脑屏障的特殊载体具有特别高的运载能力，说明大脑从血液中汲取胆碱的能力极强。乳汁是婴儿获取胆碱的重要途径，所以处于妊娠期和哺乳期的妇女需要特别获取胆碱。

饲料中胆碱过量会对动物产生不良影响。胆碱量过高，会影响鸡的生长发育，引起猪巨细胞性高色素性贫血，出现神经过度兴奋，瞳孔缩小，心跳变慢变弱，大多数血管扩张，血压下降，唾液腺分泌增加，唾液变稀，呼吸麻痹，胃肠蠕动加强，胃肠括约肌松弛，胆管括约肌和膀胱逼尿肌紧张，汗腺分泌增加等现象，妨碍畜禽正常的生长发育。

胆碱缺乏会使合成脂蛋白的重要原料即磷脂酰胆碱合成不足，引起肝脏脂蛋白合成减少，影响肝脏脂肪的血液运送，导致肝脏中脂肪积蓄过量。此外，胆碱缺乏会引起禽类胫骨短粗症、滑腱症、骨和关节畸形、孵化率降低、蛋重和产蛋量下降；猪的繁殖性能差、行为异常，如特征性犬坐姿势；犊牛的呼吸障碍、食欲丧失等。

第9章
人体生命元素

9.1 人体中的化学元素

人体中充满化学过程。人体是由化学元素组成的，组成人体的元素有60多种。人类在漫长的生物进化中，从环境中吸收和摄取营养成分，以维持人体的正常生命活动。在人体与环境进行物质交换时，选择地吸收了至少37种化学元素构成人体的有机整体。人体为了维持生命所必需的元素称为生命必需元素。

根据在人体内含量高低生命必需元素分为常量元素（C、H、O、N、Na、K、Ca、Mg、Cl、S、P等11种元素）和微量元素（Mo、Mn、Co、Ni、Fe、Cu、Zn、Se、Sn、V、Cr、I、F、Si等14种元素），常量元素占人体质量的99.71%，微量元素占人体质量的0.29%。

9.1.1 生命元素的功能和特征

（1）生命元素功能

生命元素功能是以生物无机化学为理论基础，结合现代分子生物学，在分子水平上研究生命金属和生物配体之间的相互作用。

（2）生命元素的特征

生命元素必须存在于大多数生物物种中；当缺乏这种元素时，生命体将处于一种不健康的状态，而当这种元素在体内恢复到正常水平时，生物功能也恢复正常，生命体恢复健康；这种元素的功能不能为其他元素所完全替代；在各物种中，都有一定的浓度范围。

9.1.2 人体中元素的存在形式与分布

人体中的无机物除了少量的氧、氮以外均以化合物形式存在，如水和无机盐，有机物以糖类、脂质、蛋白质和核酸等化合物形式存在。生物体内的微量元素主要是以配合物的形式与蛋白质、脂肪等有机物构成酶，许多微量元素是酶的活化剂或是酶的辅因子，传递着生命所必需的各种物质，起到调节人体新陈代谢的作用。

牙齿多由钙、磷、氟、硅、钒等元素组成；毛发中集中较多的硅、镍、砷、锌、氟、铁、钛；肌肉中易积蓄锌、铜、钙、镁、钒、硒、溴等元素。当肌肉缺镁、钾时可导致肌肉无力、肌麻痹、肌萎缩等症状。肺中易聚集锑、锡、硒、铬、铝、硅、铁。肺癌的产生与上述元素的过量吸入有关。肾中易蓄积镉、汞、锌、铋、铅、硒、砷、硅，当其含量过高，肾组织就会受到损伤。肝中易蓄积硒、铜、锌、铁、砷、铬、钼、钒、碘。淋巴系统中易富集硅、铀、锑、锶、锰、铅、锂等元素。

9.1.3 化学元素在生物体内的生理和生化作用

（1）结构材料

C、H、O、N、S 构成有机大分子结构材料，如以多糖、蛋白质、核酸等为主所构成的肌肉、皮肤、骨骼、血液、软组织等。而 Ca、Si、P、F 和少量的 Mg 则以难溶的无机化合物的形态存在〔如 SiO_2、$CaCO_3$、$Ca_{10}(PO_4)_6(OH)_2$ 等〕，构成硬组织。

（2）运载作用

某些元素和物质在生物体内的吸收、输送，以及它们在生物体内传递物质和能量的代谢过程往往不是简单的扩散或渗透过程，而是需要有载体。如含有 Fe^{2+} 的血红蛋白对 O_2 和 CO_2 的运载作用等。

（3）组成金属酶或作为酶的激活剂

人体内约有 1/4 的酶的活性与金属离子有关。有的金属离子参与酶的固定组成，称为金属酶，金属离子充当了酶的激活剂。

（4）调节体液的物理及化学特征

体液主要是由水和溶解于其中的电解质组成的。存在于体液中的 Na^+、K^+、Cl^- 等离子在调节体液的物理、化学特性方面发挥了重要作用。

（5）信使作用

生物体需要不断地协调机体内各种生物过程，这就要求有各种传递信息的系统。化学信号的接受器是蛋白质。Ca^{2+} 作为细胞中功能最多的信使，它的主要接受体是一种由很多氨基酸组成的单肽链蛋白质，称钙媒介蛋白质（分子量约为 16700）。

9.1.4 生命金属元素的摄取和生物利用度

人体从环境中有选择地吸取养料，以满足人体需要。人体对某种金属元素的摄入与这种金属的含量多少有关，但是有时并没有直接的关系。如食品或水中含有某种金属的量较高，但人体对此种金属获取得很少，即生物利用度低。而食品或水中含有某种金属的量相对较低，但人体对此种金属摄取得多，则生物利用度高。生物利用度的高低首先取决于这种金属的存在状态，如金属难溶盐、水合氧化物中的金属元素不易被人体吸收；不能通过细胞膜的配合物，其金属元素亦不易被人体吸收。其次取决于生物体本身的某些因素，如有些生物体能放出配体与金属结合成可以进入体内的配合物，则生物利用度高。人体对金属元素的摄入还与人的皮肤黏膜、呼吸道、消化道及环境的接触有关，与配合物的稳定常数有关，与生成的配合物的油/水分配系数和电荷等因素决定它透过细胞膜的可能性有关。

9.2 人体中的常量活性矿物元素

常量活性矿物元素如钙、磷、镁、钠、钾、氯和硫等元素，这些常量元素往往成对出现，对机体发挥着极为重要的生理功能。机体在新陈代谢过程中要消耗一定的常量矿物元素可以通过食物获得，一般不易造成缺乏。但在某些特定环境或针对某些特殊人群，需要额外补充。

9.2.1 钙（Ca）

（1）钙在机体中的分布

钙是体内含量最丰富的矿物元素，也是人体的重要元素成分，成年人体内钙的含量约为

1.3kg。钙广泛分布于全身各组织器官中，但其中有99％是集中分布于骨骼和牙齿，主要以羟基磷灰石结晶 $[Ca_{10}(PO_4)_6(OH)_2]$ 形式构成的无机部分，维持骨骼和牙齿坚硬的组织结构。剩余的1％钙则广泛分布于软组织和细胞外液中，但正是这部分少量的钙在生命活动中发挥了极为重要的调节作用。

（2）钙在机体中的代谢及吸收机理

① 钙在人体中的代谢　食物中以复合物形式存在的钙在肠道中的吸收过程主要发生在酸性较强的小肠上部，此时食物中的复合钙首先解离为离子钙的形式，再以主动和被动吸收的方式进入血液循环系统。经肠道吸收的钙进入血液循环后，大部分在骨骼中储存，特别是储存于海绵骨（骨松质）中。当机体内钙浓度降低时，这部分钙就会释放出来维持体钙的平衡。研究表明，血液中的钙和骨中的钙在甲状旁腺激素和降钙素的双重调节下处于动态平衡。当血钙水平太低时，甲状旁腺就会通过分泌甲状旁腺素促使骨骼释放出可交换钙，并刺激肾脏加强对尿钙的重吸收，从而使血钙水平恢复正常。若血钙水平升高时，甲状腺就会分泌降钙素以降低血液中钙和磷的水平。钙可以经肾小球的过滤作用从尿中排出，也有一小部分的钙会随汗液而丢失。而未被吸收的钙以及来自脱落上皮细胞和消化液的钙，则经粪便排出。

② 钙吸收的细胞机理　钙首先通过肠黏膜上皮细胞的刷状缘膜进入上皮细胞，随后在高尔基体、结合钙蛋白、维生素D等的作用下进行细胞内转运，最后钙通过细胞基底膜和侧膜转运至细胞外。

（3）钙的主要生理功能

① 生物钙化　由钙参与的硬组织生成过程叫生物钙化，这是生物体内进行的重要无机化学反应，关系到骨骼、牙齿等机体硬体组织的形式。

② 血液凝固　血液凝固的生理过程要涉及多种酶，其中一些无活性的酶原必须被激活成为有活性的酶才能起到凝血的作用。在凝血过程中，血浆中的 Ca^{2+} 对酶的激活起到了至关重要的作用。

③ 信息传递　生物体内的钙与环磷酸腺苷（cAMP）、环磷酸鸟苷（cGMP）一样，在信息传递上起到偶联作用。与神经信号传递有着密切的联系，神经递质释放过程必须在钙的参与下才能完成。一旦细胞内的浓度太低，就不利于细胞膜间通过架桥作用而融合在一起，使得囊内神经质的释放受阻并导致示警兴奋性的降低。钙也能通过CDR（一种依赖钙离子的调控蛋白）结合，激活蛋白激酶系统，从而调节细胞内生化反应的速率和方向。

④ 肌肉收缩　骨骼肌纤维是由许多肌原纤维组成的，其表面裹有肌膜。每根肌原纤维又是由许多规则排列的肌动蛋白细丝和肌球蛋白粗丝组成，周围还包绕着肌质网和通过肌纤维外的T小管系统。在肌肉收缩过程中，Ca^{2+} 起到了重要作用。钙也是心肌收缩的"触发"物质，是控制肌球蛋白、肌动蛋白以及ATP间基本反应所必需的触发剂，因此钙对心肌收缩与舒张过程具有重要的意义。

⑤ 钙与细胞相互作用　处于细胞外介质的钙不仅可以结合到细胞膜中的某些蛋白质上，而且可以和酸性磷的阴离子基团结合。这种结合通常会导致膜结构的构象发生变化，使细胞膜的疏水性增强并改变体液通过细胞膜的能力。钙除了能与细胞结合外，还可以与线粒体膜相结合。

⑥ 其他生理功能　Ca^{2+} 对许多激素的合成、分泌和作用也是必需的，已知皮质类固醇、垂体加压素、促甲状腺素、促肾上腺皮质激素、催乳素、胰岛素等的分泌都需要 Ca^{2+} 参与。此外，钙还参与了一些蛋白质转化以及维持胎儿、新生儿正常发育等生理活动。

（4）钙与健康

钙对所有生物都是必需的。钙既是生物体内重要的结构组织成分，又作为生理作用离子参与调节细胞的多种生理过程。

① 佝偻病　佝偻病是体内钙、磷代谢紊乱造成骨盐在骨基质沉着障碍而产生的一种全身性疾病，常见于儿童。其典型症状为前额突出、鸡胸、脊柱弯曲、腕和踝骨增大、弓形脚、膝外翻以及生长发育缓慢等。佝偻病多发生于5～6个月大的婴儿，尤其是早产儿及人工喂养儿，适当的日照和合理补钙是很有必要的。

体内缺乏维生素D时，会使肠钙的吸收减少、钙随粪便丢失，导致血清钙和血清磷的含量下降，从而造成骨基质和软骨钙盐沉着缺乏、新骨生成不足。血清中的钙水平较低又会刺激甲状旁腺释放出较多的甲状旁激素作用于骨组织，促进骨吸收、动员钙外移以弥补血浆钙不足，结果造成骨病变并伴有明显的血清磷降低。

磷缺乏，也会导致严重的佝偻病。

② 骨软化　骨软化是膳食中长期缺钙、磷或维生素D而造成的。主要症状是骨质不良、骨骼变软和易弯曲，并导致四肢、脊柱、胸廓和盆腔畸形。成年人机体的骨骼得不到充足的钙供给，导致骨细胞中钙沉着减少，不能正常钙化，未钙化的骨基质增加。随着整个骨组织中羟基磷灰石含量的减少，骨的硬度下降，变软，在压力的作用下可发生各种骨畸形和病理性骨折。充足的钙营养对成年人也具有重要意义。

③ 骨质疏松　50岁以上的老年人，特别是绝经后的妇女易发生骨质疏松症。主要症状有颌骨矿物质减少，背下部疼痛、骨的质量降低、骨质疏松且脆弱等。

造成骨质疏松的原因包括食物中蛋白质、钙、磷、维生素D的缺乏，体内相关激素水平影响以及缺乏劳动锻炼等。

正常情况下，成年人骨的形成和吸收是处于动态平衡的。随着年龄的增长，机体对钙的吸收能力下降，骨吸收速度就会超过骨的形成速度，造成骨的丢失。年龄越大，这种丢失也越严重。

提倡中老年人，特别是绝经后的妇女适当地补充钙，再配合适当的维生素D强化，就能保证骨形成和骨吸收之间的平衡。

④ 肾结石　肾结石是泌尿系统结石中最常见的，大多数肾结石均由钙组成，肾结石的形成可能与钙的摄入量有关。

9.2.2　磷（P）

磷是人体的必需元素之一，是机体不可缺少的营养素。磷存在于人全身的每个细胞中，磷是构成细胞膜和遗传物质RNA、DNA的必要成分，磷是参与碳水化合物和脂肪的吸收代谢、进行能量转换和维持酸碱平衡的重要物质。

9.2.2.1　磷在机体中的分布

磷在人体组成元素中居第六位。正常成人人体内约含有650g磷，约占体重的1％或人体矿物元素的25％。机体中有80％的磷是以无机盐的形式与钙结合并储存于骨骼和牙齿中，剩余约20％的磷则以有机结合的形式分布于皮肤神经组织以及其他软组织中，可见磷广泛地分布于全身的各组织中。

9.2.2.2　磷在机体中的代谢与吸收机理

（1）磷的代谢

人体摄入的磷约有70％被吸收，另有30％随粪便排出。磷主要是在十二指肠中被吸收，食物中的磷通常是以无机磷或磷蛋白、磷糖、磷脂等有机磷的形式被摄入体内，其中以有机磷的形式摄入的不能被机体直接吸收，而必须在消化酶的作用下先水解为游离的磷化物再以酸性磷酸盐的形式被吸收入体内。

被小肠吸收的磷进入血液循环后，随血液输送到全身各个组织。机体中的磷在甲状旁腺激素（PTH）、降钙素（CT）、维生素 D、生长激素、肾上腺皮质激素等的调节下处于动态平衡。这些物质的调节作用主要是通过肾脏的重吸收机制得以实现，它们在体内相互制约、相互影响。其中甲状旁腺激素可作用于破骨细胞，刺激骨盐释放磷酸钙进入组织液中；作用于肾小管可抑制磷的重吸收。降钙素能抑制骨吸收作用，使骨磷释放减少，作用于肾脏能抑制肾小管对钙、磷的吸收。维生素 D 可促进肠道对钙、磷的吸收，还能促进肾小管对钙、磷的重吸收。研究表明，维生素 D 与 PTH 协同作用可促进骨吸收，刺激骨盐释放磷酸钙。生长激素和甲状腺素能刺激肾小管对磷的重吸收，使血浆磷增加；而雌性激素与糖皮质激素则可降低肾小管对磷的重吸收。

（2）磷在机体的吸收机理

磷在机体中的吸收包括下列 3 种方式：钠依存性主动运输，$H_2PO_4^-/Na^+$ 共同运输，$H_2PO_4^-$ 的侧膜和基底膜运输。

9.2.2.3 磷的主要生理功能

（1）磷与骨骼和牙齿的钙化

磷和钙都是骨骼、牙齿的组成成分。

在骨骼形成过程中，磷和钙结合生成羟基磷灰石结晶并在骨基质上定位，形成有机-无机复合材料，为人体提供运动、支持和保护身体的功能。

牙齿的主要成分是羟基磷灰石和氟磷灰石，牙齿的生物合成要以钙、磷为基料。

（2）调节能量代谢

三磷酸腺苷（ATP）是生物体内提供能量的直接物质，它含有三个磷酸基团，其中包括两个高能磷酸键，每摩尔高能磷酸键水解时释放出的能量约为 33.5kJ。细胞就是利用这种高能磷酸键能来满足生命活动所需的能量和化学功，如以氨基酸、葡萄糖分别合成蛋白质、多糖过程中所需的化学功；进行营养物质的主动运输时所需的输送或浓缩功；维持肌肉收缩和神经兴奋所需的机械功和电功等。

（3）生命物质的组成成分

磷对 RNA 和 DNA 的生物合成是至关重要的。已知 RNA 和 DNA 既是生命体中传递遗传信息的重要载体，又是调控细胞代谢过程的重要物质。组成 RNA 和 DNA 的基本单位都是核苷酸，核苷酸是由一分子核苷和一分子磷酸结合而成的。尽管核苷酸会因碱基的不同而各不相同，但各种核酸都必须通过 $3',5'$-磷酸二酯键的连接才能形成相应的 RNA 和 DNA 一级结构。

细胞膜的基本结构是磷脂双分子层，其形成也离不开磷的参与。首先是磷酸根与脂类结合生成磷脂，之后一些蛋白质被"镶嵌"在磷脂双分子层中形成细胞膜的基本结构。磷也是许多酶系统的组成部分和激活剂。如磷酸酯酶、磷酸二酯酶、辅酶Ⅰ、辅酶Ⅱ、磷酸化激酶、蛋白磷酸激酶等许多酶类中都含有磷。

（4）其他生理功能

磷参与机体内酸碱平衡的调节，血液中以 Na_2HPO_4/NaH_2PO_4 组成缓冲系、红细胞内以 K_2HPO_4/KH_2PO_4 为缓冲系统，实现调节体内酸碱平衡、防止体液酸碱度波动的作用。

糖原是机体内糖的一种储存形式，它的生物合成和分解过程都离不开磷。在合成过程中，葡萄糖首先要在 ATP 和葡萄糖激酶的催化下磷酸化成葡萄糖-6-磷酸（G-6-P），才能进一步反应并最终生成糖原。在分解过程中，糖原碳链的 1,4-糖苷键也要在磷酸化激酶的催化下生成葡萄糖-1-磷酸（G-1-P），再变位为 G-6-P，最后才能被水解成为葡萄糖。

磷酸根对脂肪的代谢有积极的意义，一部分未经水解的脂肪微滴被小肠吸收后，通过与磷酸根结合生成可溶性的磷脂得以在血液中顺利输送，从而避免了脂肪在血管壁的沉积。

9.2.2.4　磷与健康

正常血清中磷的浓度成人在 $0.97 \sim 1.62\text{mmol/L}$，儿童在 $1.29 \sim 1.94\text{mmol/L}$ 之间，并与其他组织中的磷处于动态平衡之中。肾脏是血浆磷最主要的调节器官，若调节方式出现异常，就会造成体内钙、磷代谢紊乱并产生一系列的疾病。

（1）低磷血症与高磷血症

低磷血症与高磷血症者是体内磷代谢失调造成血浆磷值异常的疾病。单纯由膳食因素导致低磷血症的现象是极少见的。机体磷缺乏是某种疾病导致肾小管功能异常或体内缺乏维生素 D 等原因造成的。

① 轻度的低磷血症　症状为食欲不振、疲倦、骨痛等症状。

② 严重低磷血症　可引起红细胞、白细胞及血小板功能异常。原因是血磷浓度太低会使 3-磷酸甘油醛脱氢活力下降，从而导致红细胞中糖代谢受阻，ATP 和 2,3-二磷酸甘油酸的合成减少。ATP 的大量减少会造成红细胞的溶解率上升，2,3-二磷酸甘油酸的减少则会引起末梢组织缺氧，进而产生功能障碍。低磷血症会引起肾功能的改变，导致尿钙丢失大于肠钙的吸收，长期会使机体因负钙平衡而产生骨髓矿物元素丢失。

③ 高磷血症　高磷血症大多数也是继发性的，某些疾病如肾功能衰竭、骨吸收亢进、甲旁减（即甲状旁腺功能减退症）、恶性肿瘤等都有可能导致高磷血症。维生素 D 或磷的过量摄入也可能造成高磷血症。

（2）佝偻病及骨软化

机体磷缺乏是佝偻病产生的主要因素。由低磷血症引发的佝偻病和骨软化包括了单纯低磷血症佝偻病与骨软化以及范科尼氏综合征等。

单纯低磷血症佝偻病与骨软化是一种家族性遗传病，患者血清钙和维生素 D 水平正常但肾小管对磷重吸收的功能下降而导致低磷血和高磷尿。血浆中磷含量不足使得钙盐在骨基质和软骨中沉着缺乏，从而产生佝偻病或骨软化。对机体进行合理补磷或同时补充磷和维生素 D 可防治佝偻病及骨软化。

范科尼氏综合征是因肾小管尤其是近曲肾小管功能障碍所致的一种全身性代谢疾病。由于肾小管功能障碍，它对磷的重吸收能力下降，导致血磷水平降低并因此造成机体钙、磷代谢异常，从而产生佝偻病或骨软化，对患者适量补充维生素 D_2 并辅以中性磷酸盐可取得较好的效果。

9.2.3　钾（K）

钾在体内占到了总矿物元素含量的 5%，仅次于钙和磷，占矿物质的第三位。机体中大量的生物学过程都不同程度地受到血浆钾浓度的影响：调节细胞渗透压、维持正常的神经兴奋和心肌运动、参与细胞内糖和蛋白质的代谢及调节体液的酸碱平衡。维持体内钾、钠离子浓度的平衡对生命活动具有重要意义。

9.2.3.1 钾在机体中的分布

正常成人体内约含有175g钾，其中只有3g左右是分布在细胞外，浓度约为5mmol/L，其余98％的钾都储存于细胞内液，浓度高达150mmol/L。钾离子是细胞内最主要的阳离子，其浓度是细胞内液中钠离子的15倍。但细胞外液中的情况正好相反，这里的钠离子浓度可达145mmol/L，约为钾离子的30倍。钾、钠离子浓度的这种逆向分布形式对生命具有极为重要的意义。

9.2.3.2 钾在机体中的代谢及调节机理

（1）钾在机体中的代谢

从食物中摄入的钾很容易被小肠吸收，吸收率为90％。在小肠吸收钾的过程中，自由扩散起了主要作用，K^+通过自由扩散迅速地从肠道进入血液循环。但K^+从血液中转移到体细胞内却是个缓慢的过程，该过程在细胞膜主动运输的作用下，大约需要15h才能使血浆钾与细胞内液达到平衡。机体摄入的钾正常情况下被吸收后绝大部分由尿中排出，也有一小部分随汗液丢失，未被吸收的钾则由粪便排出体外。酒精和咖啡也会增加尿钾的排出。

（2）钾在机体中的调节机理

肾脏是维持体内钾平衡的主要器官，当血浆中钾浓度升高时，肾上腺就会分泌出醛甾酮激素以促进钾的排出。若血浆中钾离子浓度降低时，肾脏就会通过加强重吸收作用来维持体液中钾离子的平衡。

9.2.3.3 钾的生理功能

（1）调节细胞膜内外的渗透压平衡

细胞膜是一种半透膜，水分子可以自由出入，但溶解在水中的溶质只能选择性通过，这就导致细胞膜内外离子、蛋白质等物质存在着种类、浓度等方面的巨大差异。根据道南平衡的原理，要维持细胞内外相等的渗透压以抵消膜内外的浓度梯度，就需要通过某种机制起作用并消耗能量。"钠泵"在其中起了关键作用，它使细胞可以克服膜内外的浓度差，维持生命活动的正常进行。

（2）维持正常的神经兴奋性和心肌运动

神经冲动的传导离不开动作电位。一旦轴突受到刺激，神经元就会在上一个神经元释放的神经递质作用下打开细胞膜上的阳离子"通道"使钾离子从胞内流出，同时胞外的钠离子则通过通道向胞内转移，这样就会造成跨膜电位瞬间变化并产生高达＋60mV的动作电位。一个动作电位可形成一个神经脉冲，促使轴突末梢释放出神经递质。重复上述过程，神经冲动就可以沿着神经细胞迅速传递到大脑，使大脑作出相应的反应。

钙离子能促进心肌收缩，而钾离子却能拮抗这种作用。当血钾浓度过高时，会抑制心肌的收缩，若血钾水平高于正常值的3～4倍，就可能导致心脏停止跳动。当血钾浓度过低时，又造成心律紊乱；若血钾水平低于3.5mmol/L，就会产生平滑肌功能失调导致肌肉麻痹，有时这种失调还会波及骨骼肌，造成呼吸和吞咽活动困难。

（3）钾对葡萄糖与蛋白质代谢的影响

钾对葡萄糖代谢和蛋白质的生物合成来说都是不可缺少的。钾能激活某些参与此类代谢的酶的活性，如糖酵解过程中的丙酮酸激酶，它能催化磷酸烯醇式丙酮酸生成丙酮酸的反应，同时将高能磷酸基团转移给ADP从而生成ATP。可见钾离子可以通过激活相关酶的活性对葡萄糖代谢产生影响。钾离子可作为酶的激活剂可能是由于它能结合在这些酶的阴离子位点上，维持并稳定酶的有效空间构象。钾可能也是蛋白质生物合成过程中某些酶的激活剂。

（4）酸碱平衡

尽管血浆中的钾离子浓度仅为3.5～5.0mmol/L，但这部分钾作为主要的碱在维持体液酸碱平衡中发挥着重要作用。红细胞就是利用K_2HPO_4/KH_2PO_4组成的缓冲体系来维持细胞内的酸碱平衡。

（5）其他生理功能

钾参与体内胰腺分泌胰岛素、乙酰胆碱的合成、控制胃酸分泌。核糖核酸（RNA）的稳定构象可能也受到钾离子的控制。

9.2.3.4　钾与健康

（1）高血压

高血压与过量的食盐摄入相关。给高血压病人食用钠盐，患者的血压进一步升高，食用钾盐则可降低血压，据此推测，从膳食中摄取充足的钾有助于预防高血压。事实也证明，高血压患者若坚持以大米、果蔬等高钾低钠为主膳食有利于血压的下降。饮食中增加钾盐摄取，预防盐敏感性高血压发生。高钠会损耗体内钾的储存，导致体内钠、钾比例的失调，从而影响血压值。钾有预防高血压的作用，其作用主要是高血压患者高钠时才表现出降压作用。

（2）低钾血症和高钾血症

血浆钾浓度低于3.5mmol/L即为低钾血症，低至2.5mmol/L以下是严重的低钾血症。膳食钾缺乏导致的低钾血症极为罕见，多数原因是代谢性碱中毒、呕吐、腹泻、强制性膳食、创伤、利尿剂的使用、胃液抽吸等。

① 低钾血症　低钾血症可引起神经方面的障碍并导致肌肉功能减退、反射差、烦躁等症状；而严重的低钾血症还会造成心律紊乱和身体明显的虚弱以至危及生命。使用氯化钾对治疗低钾血症有效，氯化钾既可以通过注射方式给予，也可以通过口服方式给予。橙汁或葡萄汁等富钾食物对低钾血症也有良好的效果。

② 高钾血症　从膳食中摄取的钾是不会造成机体血钾过高以至中毒的。因为血液循环过程中过量的钾可被细胞储存于细胞内或通过肾脏有效地排出体外，而且人类一旦摄入过量的钾还会出现保护性的呕吐反应。

肾脏、心脏和肝脏疾病患者，若钾的摄入量突然增高到18g/d，就有可能因钾的排出受阻而出现急性高血钾。血钾水平高会干扰镁的吸收。若血浆钾水平超过6mmol/L时，心肌可能会因受到抑制而导致心脏停止跳动，所以静脉注射KCl溶液时要注意。

9.2.4　镁（Mg）

镁在人体常量金属元素中的含量占第四位，是人体必需元素之一。镁是骨骼和牙齿的组成成分，是糖、蛋白质代谢的必需元素，是体内高能磷酸键转移酶的重要激活剂，是钙离子兴奋作用的拮抗剂等。机体内若镁缺乏，会产生疲倦、恶心、肌肉痉挛等疾病。

9.2.4.1　镁在机体中的分布

成年人体内约含有20～30g的镁，占人体体重的0.05%，其中约有60%的镁是以磷酸盐和碳酸盐的形式存在于骨骼和牙齿中，部分骨骼中的镁在需要的时候可以释放出来维持血液和机体组织中正常的镁水平。38%的镁是以与蛋白质结合成配合物的形式存在于软组织中，其中在肌肉和肝脏组织中的含量最高，软组织中的镁主要集中在细胞内液。还有2%的镁储存在红细胞内，部分存在于血清中。但无论血清中的镁或是红细胞内的镁都是以游离镁离子、复合镁和蛋白结合镁三种形式存在，三者的比例分别为55%、13%和32%。

9.2.4.2 镁在机体中的代谢及调节机理

（1）镁在机体中的代谢

从膳食中摄入的镁，主要在小肠中被吸收，吸收率在30%～50%之间。人体对镁的吸收影响因素：镁的总摄入量，食物在肠道中通过的时间，水分的摄入量以及食物中钙、磷、草酸、植酸的含量等。食物中的钙、维生素D、乳糖和蛋白质等因素可以促进镁的吸收，而草酸、植酸和长链饱和脂肪酸等则会干扰镁在小肠的吸收。甲状旁腺激素也会增加镁的吸收。被机体吸收的镁经体内代谢后绝大部分从尿中排出，也有一小部分经汗液排出体外，未被吸收的镁则由粪便排出。

（2）镁在机体中的调节机理

肾脏是调节体内镁水平的主要器官，可以通过肾上腺皮质分泌的醛固酮来调节镁的排泄速度。当体内镁水平下降时，肾脏排泄镁的速度就会降低到最小程度。当体内镁水平升高时，肾脏又可以加速镁排泄使体内的镁平衡。因此正常机体通过肾脏的排泄机制和肠的吸收机制，可以调节波动幅度很大的镁摄入量。

9.2.4.3 镁的生理功能

（1）镁与骨骼和牙齿

人体中60%的镁以碳酸镁、磷酸镁形式储存于骨骼和牙齿中，表明镁与骨骼和牙齿的生物矿化以及功能密切相关。

① "镁池"作用　成人骨骼中30%的镁是位于骨的有限的表面池内，既可以是水合表面也可以是晶体表面。这部分镁起着体内"镁池"的作用，当血浆镁浓度过高时它可以储存一部分多余的镁，当血浆中镁浓度下降时它又可以释放出一部分镁来维持正常的血浆镁水平。

② 镁增加骨骼强度　骨骼中大部分的镁通过置换骨骼中的一部分钙盐与骨晶体紧密地结合在一起，组成不可分割的共同体。这部分的镁改变并加强了骨骼的结构，使骨骼具有更高的强度。

③ 牙齿的功能与镁密不可分　牙齿中的牙釉质是密度最大、硬度最高的组织，其无机成分主要是氟磷灰石 $[Ca_5F(PO_4)_3]$。试验证明，在牙釉质的形成过程中，镁起着重要的作用。若机体内镁缺乏，不论钙摄取多少都只能形成硬度低且牙组织易受酸腐蚀的牙釉质。

（2）体内酶系统的激活剂

机体中游离态的镁离子通过作用于体内多种酶系统而发挥出重要的生理功能。

① 镁与酶结构促进剂　镁是一些酶的结构促进剂，维持这些酶稳定的空间构象。如 Mg^{2+} 能稳定丙酮酸脱羧酶的空间构象，加速丙酮酸脱去羧基生成乙醛的反应。

② 镁对酶活性的影响　Mg^{2+} 能影响与它结合的"底物"的性质，有利于底物与酶的活性中心相结合。碱性磷酸酯酶、Na-ATP酶，K-ATP酶、丙酮酸激酶、ATP酶等的多聚磷酸酯水解反应中，Mg^{2+} 通过这种作用使得催化反应的酶表现出极大的活性。高能磷酸键水解对生命有着重要意义，因为三磷酸腺苷就是通过磷酸根的水解直接释放出维持生命活动所

需要的能量。

（3）镁是钙的拮抗剂

神经冲动的传递，需要神经元轴突中神经递质的释放。Mg^{2+} 对神经系统的抑制作用，就是通过减少或阻断轴突处神经递质（如乙酰胆碱）的释放，从而达到阻碍神经冲动的目的。这是 Mg^{2+} 对 Ca^{2+} 拮抗作用的一方面表现，因为介质中的 Ca^{2+} 有利于神经递质的释放。Mg^{2+} 对 Ca^{2+} 拮抗作用的另一方面表现是 Mg^{2+} 具有抑制肌肉收缩的作用，而 Ca^{2+} 对肌肉的收缩有兴奋作用。

（4）心血管保护因子

镁维护心脏正常功能，可以预防高胆固醇引起的冠状动脉硬化；镁缺乏时易发生血管硬化、心肌损害。

9.2.4.4　镁与健康

成年人正常血清中镁含量为 0.74～1.0mmol/L，儿童正常血清中镁为 0.56～0.76mmol/L。

（1）低镁血症

正常膳食者通常不易引起低镁血症，而酒精中毒、严重的肾病、长期呕吐、急性腹泻及恶性营养不良患者易发生镁缺乏。低镁血症的特征主要有肌肉痉挛、心律紊乱、神经错乱、定向力障碍以及倦怠等。若机体镁缺乏严重时，低镁血症患者谨慎使用大量的钙补充剂，因钙是镁的拮抗剂，在镁缺乏情况下钙会在软组织中沉积。

（2）高镁血症

由于肾脏对镁具有良好的调节功能，机体一般不会患高镁血症。若严重肾病患者使用大剂量含镁抗酸药物（如氢氧化镁），不仅会导致其他矿物元素的缺乏，还能产生高镁血症，对人体造成毒害。若人体血浆镁浓度达到 164mmol/L 时就会出现中枢神经抑制现象。

（3）其他疾病

镁有助于预防心脏病和冠状动脉血栓，原因是镁可以减少血液中胆固醇的含量，保持血管畅通。适量的镁可防止钙盐在尿道中的沉积，预防尿道结石产生。

9.3　人体中的微量活性元素

微量活性元素是指占生物体总质量 0.01% 以下，且为生物体所必需的一些元素。它们包括铁、锌、铜、锰、钴、钼、硒、铬、碘、氟、锡、硅、钒、镍等 14 种。微量元素虽然在人体内含量甚微，但它们往往在生命过程中的生理、生化作用上具有重要意义。

9.3.1　铁（Fe）

铁是人体必需的微量元素，尽管体内铁的数量很少，但人体内铁的功能极为重要。

9.3.1.1　铁在人体内的分布、吸收和排泄

（1）铁在人体内的分布

铁在人体内约为体重的 0.006%，一般成人体内共含铁 3～5g，女性稍低。铁在人体内分布很广，几乎所有组织都含铁，以肝、脾含量最高，肺内也含铁。

（2）铁在人体的吸收

铁主要由消化道经十二指肠吸收，胃和小肠也可少量吸收。Fe^{2+} 较 Fe^{3+} 易吸收，但食物中的铁多为 Fe^{3+}，所以必须在胃和十二指肠内还原成 Fe^{2+} 才能充分吸收。吸收了的

Fe^{2+} 在肠黏膜上皮细胞内重新氧化为 Fe^{3+}，并刺激十二指肠的黏膜细胞形成一种特殊蛋白，称作亲铁蛋白，后者与 Fe^{3+} 结合形成铁蛋白。铁蛋白中的铁分解为 Fe^{2+} 很快进入血循环，剩余的铁蛋白仍储存在肠黏膜细胞内。胃酸和胆汁都具有促进铁吸收的作用。

（3）铁在人体的排泄

正常情况下，铁的排泄量很少，一般每日约排泄 0.5～1mg。排泄途径主要是肾脏、粪便和汗腺，女性乳腺在哺乳期也随乳汁排出部分铁，女性月经也是丢失铁的主要原因，每天平均 1～2mg。

9.3.1.2 铁的生理功能

（1）铁与酶

铁参与血红蛋白、肌红蛋白、细胞色素、细胞色素氧化酶及酶的合成，并激活琥珀酸脱氢酶、黄嘌呤氧化酶等活性。细胞色素酶类参与体内复杂的氧化还原过程。细胞色素酶类能完成电子传递，并在三羧酸循环中使脱下的氢原子与由血红蛋白从肺运来的氧结合生成水，以保证代谢，同时释放出能量供给机体的需要。在氧化过程中所产生的过氧化氢等有害物质，又可被含铁的触酶破坏而解毒。

（2）参与体内氧的运转、交换和组织呼吸过程

① 合成血红蛋白　红细胞是氧的载体，其重要组成成分是血红蛋白。每个血红蛋白分子含 4 个铁原子，亚铁血红素中的铁原子与氧进行可逆性结合，参与体内 CO_2 运转和组织呼吸。

② 合成肌红蛋白　肌红蛋白是肌肉储存氧的地方，每个肌红蛋白含一个亚铁血红素，当肌肉运动时，它可以提供或补充血液输氧的不足。研究表明，急性心肌梗死发作时，血清肌红蛋白显著增加。

（3）铁参与能量代谢

铁在人体内的存在形式有：含铁血黄素约占 25.37%，肌红蛋白约占 4.15%，血红素加氧酶约占 0.3%，与转铁蛋白结合的铁约占 0.15%，正常情况下大部分是铁蛋白。铁的生理功能相应广泛，如血红蛋白可输送氧，肌红蛋白可储存氧，细胞色素可转运电子，结合各种酶又可分解过氧化物、解毒抑制细菌、参与三羧酸循环、释放能量。能量的释放与细胞膜线粒体聚集铁的数量多少有关，线粒体聚集铁越多，释放的能量也就越多。

（4）铁参与造血功能

制造红细胞的主要原料是蛋白质和二价铁，铁在骨髓造血细胞中与卟啉结合形成高铁血红素，再与珠蛋白合成血红蛋白。铁能影响蛋白质及去氧核糖核酸的合成、造血、维生素代谢。

（5）铁与免疫

铁是多种酶活性中心，铁过剩和缺铁乏均可引起机体感染性增加，微生物生长繁殖也需要铁的存在，但补铁有时会增加感染的危险性。实验表明，缺铁时中性白细胞的杀菌能力降低，淋巴细胞功能受损，在补充铁后免疫功能可以得到改善。在中性白细胞中，被吞噬的细菌需要依赖超氧化物酶等杀灭，在缺铁时此酶系统不能发挥其作用。

（6）铁与其他元素

缺铁影响机体对锌的吸收。铅中毒时，不仅铁利用障碍而且肠道铁的吸收受到抑制。缺铁性贫血患者细胞内 Cu、Zn 浓度降低，口服锌后血清铁蛋白下降，加服铁剂后上升。长期血液透析的尿毒症患者出现小细胞低色素性贫血时必须静脉补充铁剂才能纠正。机体缺铜时

对铁的吸收量减少并且铁的利用发生困难。

9.3.1.3 铁与健康

成年人血清铁的正常值男性 $13.43 \sim 31.34 \mu mol/L$，女性 $10.74 \sim 30.98 \mu mol/L$。

据 WHO 调查，占世界人口 $10\% \sim 20\%$ 的人患缺铁性贫血，城市或农村，男女和不同年龄的人都有发病的可能。女性比男性高的原因是妇女贫血的比例较高，男女发病率之比为 $1:2$。中国儿童贫血病患者约占 50%，主要是缺铁性贫血。

（1）缺铁性贫血

缺铁性贫血是体内铁缺乏，影响正常铁血红素合成所引起的贫血。体内总铁量的 65% 存在于细胞内，反复多量失血会引起体内总铁量显著下降。如长期肛痔出血或妇女月经过多等易发生缺铁性贫血。

常用补铁的物质有葡萄糖酸亚铁、硫酸亚铁、柠檬酸亚铁、乳酸亚铁、琥珀酸亚铁、海藻和酵母。

（2）溶血性贫血

溶血性贫血是由于红细胞破坏增速，超过造血补偿能力范围发生的一种贫血。此病患者对铁的吸收量增多，但对铁的利用率很低，储存的铁反而增多，故铁剂治疗应慎重，以免引起继发性血色病。

溶血性贫血的治疗因病因而异，正确的病因诊断是有效治疗的前提。

（3）再生障碍性贫血

由于红骨髓显著减少、造血功能衰竭而引起的一种综合征，以全血细胞减少为主要临床表现。患病原因有化学因素、物理因素和生物因素以及长期贫血治疗无效、慢性肾功能衰竭、垂体功能减退症等。该病有三大特点：造血功能障碍、出血和感染。

再生障碍性贫血可用铁剂、维生素 B_{12}、雄性激素治疗，可提高人体对铁的利用，刺激亚铁血红素的合成。

（4）铁与癌

铁的致癌作用与氧自由基有关，铁诱导的自由基可造成细胞损伤。肿瘤细胞在 DNA 合成时需要大量的铁。

（5）铁与动脉粥样硬化

三价铁与细胞相互作用，或多或少的铁结合在细胞膜上，在结合位点发生电荷转移并产生自由基，从而引起膜磷脂的过氧化及一系列细胞损伤，同时血红蛋白氧化成高铁血红蛋白，细胞内还原型谷胱甘肽水平下降。自由基可以使动脉和血清中的不饱和脂肪酸氧化形成过氧化脂质，过氧化脂质刺激动脉壁增加粥样硬化的趋势。

（6）铁与感染和炎症

① 感染 细菌生长需要铁，铁是促进细菌感染的重要条件。细菌通过铁运载体从转铁蛋白夺取铁，或是直接结合转铁蛋白以获取铁。正常情况下，血红蛋白、肌红蛋白中的铁被保护，细菌不能利用。但组织受损时，引起细胞内血红蛋白释放和降解，故细菌可以利用血红素中的铁。

② 炎症 炎症是普遍发生于所有脏器、皮肤、黏膜、骨髓、骨关节各部位的疾病。炎症是外源性物质，包括微生物、毒物、毒素、辐射、外伤等对细胞造成的刺激和损伤以及其后果。自由基的代谢和转化与铁有关，炎症也与铁密切相关。

9.3.2　锌（Zn）

锌是人体必需微量元素，是构成人体多种蛋白质所必需的元素。

9.3.2.1　锌在人体内的分布、吸收和排泄

（1）锌在人体内的分布

正常成年人体内含锌总量约为 2～2.5g，新生儿体内含锌总量约 60mg。锌分布于人体各组织器官内，以视网膜、脉络膜、睫状体、前列腺等器官含锌较高，胰腺、肝、肾、肌肉等组织也含有较多的锌。

（2）锌在人体内吸收及排泄

锌主要从胃肠道和呼吸道吸收。食物中的粗纤维、淀粉、果胶、植物酸、多价磷酸盐影响锌的吸收。含铅、镉多的食品置换锌离子，机体患有胰腺功能不全、发热、感染性疾病，服用四环素、青霉胺、依地酸钠、类固醇以及酒精会干扰锌的吸收。

锌由粪便、尿、汗、乳汁等排出体外。失血也是丢失锌的重要途径。

9.3.2.2　人体锌的来源、需要量及补锌剂

（1）锌的来源

含锌较多的食品有瘦肉、肝脏、海产品、黄豆、葵花子、蘑菇、橙汁、洋葱、蛋类、花生、核桃、胡萝卜、小麦、茶叶等。

（2）锌的摄入需要量

婴幼儿及儿童生长发育迅速，每天约需 0.2～1.2mg/kg 体重，成年人约需 10～15mg/d，妇女及妊娠期约需 25mg/d。乳母还应增高至 30～40mg/d。中国膳食指南规定儿童 5.5～7mg/d，青少年、成人 7.5～12.5mg/d，孕妇及乳母 9.5～12mg/d。

常用补锌的化合物有柠檬酸锌、乳清酸锌、精氨酸锌、甘草酸锌、葡萄糖酸锌及氨基酸锌。

9.3.2.3　锌的生理功能

蛋白质是构成人体细胞的大部分固体物质，锌与蛋白质和核酸的合成有密切关系。锌能维持细胞膜的稳定并参与许多酶的代谢。

（1）锌构成多种金属酶

锌与酶的构成密切相关，体内约有 160 种酶含有锌元素，锌与酶的活性有关。

锌是碳酸酐酶、胸腺嘧啶核苷激酶、DNA 聚合酶、RNA 聚合酶、碱性磷酸酶及乳酸脱氢酶等的主要成分。在组织呼吸和体内生化过程中占有主要地位。

锌参与多种代谢过程，参与糖类、脂类、蛋白质与核酸的合成和降解。

（2）锌与维生素

锌与维生素代谢有关。

① 锌与维生素 A 的代谢　锌对维持血浆中维生素 A 的水平至关重要，血清锌和头发锌减少时，维生素 A 的含量显著降低。人缺乏维生素 A 时，血清锌相应降低。单纯补充维生素 A 疗效不佳，同时口服锌制剂可增加疗效。

② 锌与维生素 C　正常眼组织含锌特别多，当患白内障时晶体的维生素 C 含量减少，锌也减少。补锌可预防白内障，可见锌与维生素 C 有密切关系。

③ 锌与维生素 E 及必需脂肪酸　皮肤溃疡、湿疹、生长发育不良等患者，若缺锌，往

往同时缺必需的脂肪酸和维生素 E。实验证明，补充锌不能代替必需脂肪酸和维生素 E，说明锌与维生素 E 及必需脂肪酸有协同作用。

（3）锌与免疫功能

锌对免疫功能具有营养和调节作用，调节金属酶的功能，保持生物膜的完整性，参与 DNA 和 RNA 及蛋白质的合成等。

① 胸腺　胸腺作为中枢性免疫器官，对机体的免疫功能及头脑的调控具有极其重要的作用。缺锌患者的胸腺发育不良，胸腺激素分泌减少，影响淋巴细胞的成熟，导致机体的免疫功能缺陷。

② 脾脏　脾脏是体内最大的免疫器官，参与细胞免疫和体液免疫，是产生抗体的主要器官。缺锌时脾脏质量减少，免疫功能明显减退。补充锌可改善脾脏的功能，提高血清抗体水平，增强自然杀伤细胞（NK 细胞）活性，提高机体抗肿瘤因子的能力，提高抗感染的能力。

③ 淋巴细胞　锌是淋巴细胞发挥免疫功能的基础，缺锌时淋巴细胞萎缩，T 细胞杀伤活力降低。

（4）锌促进生长发育

锌对生长发育特别是生长正旺盛的儿童、少年和青年至关重要，同时锌能改善食欲及消化功能。锌之所以促进生长发育，其原因是锌与很多酶和激素的合成、活化及核酸、蛋白质的合成有关，影响了细胞的分裂、生长和再生。锌缺乏时，可导致性器官发育不良、性能力低下，缺锌还会引起性功能障碍，及时补锌得以正常发育。青少年缺锌能导致发育迟缓、患身材矮小症。长期服用锌含量高的食物，可增加人的耐力，降低血压，心搏有力。

（5）锌与其他元素的调控作用

锌在蛋白质中与巯基结合比较稳定，很难从蛋白质中置换出来，在与其他元素的调控中起主导作用。锌与铁、钴、锰、钼等化学性质有相似之处，它们分别作用于造血系统的不同环节，共同完成造血功能。锌能促进铁的吸收，有协同造血作用，可治疗贫血。铅和镉与蛋白质巯基结合比锌稳定，因此铅和镉能置换锌，形成拮抗作用。

9.3.2.4　锌与健康

正常人血浆每 100mL 含锌 713～880mg，血清含锌 102.5mg±18.5mg。头发含锌 115～216μg/g。

（1）锌缺乏及影响健康因素

① 食物含锌量低　精白米及富强粉等精制食品含锌低。

② 不良饮食习惯和医源性供锌不足　挑食、酗酒及人工喂养等；长期全静脉高营养疗法治疗，并未注意补锌者。

③ 锌吸收障碍　先天性疾病、后天性疾病如慢性腹泻、痢疾等，膳食成分如植酸、鞣酸、磷酸、纤维、高钙等干扰及药物如螯合剂、青霉胺、四环素等影响。

④ 高排出锌疾病　肾病变、肝硬化、酒精中毒等，吸血性肠道寄生虫感染、肝胆引流、大面积烧伤、溶血、出血、疟疾等引起锌丢失。

⑤ 生理或病理需锌增加　青少年成长发育时期，妊娠、哺乳及月经期需锌量增加。先天性不足，孕妇缺锌导致胎儿锌储量不足、早产及出生体重低的儿童需及时补锌。

（2）身材矮小症

多发于儿童、青少年，影响生长发育。尤以谷物食品为主的国家和地区，婴幼儿易出现营养性身材矮小症。尽管锌充分，若机体对锌吸收不好，则 6-磷酸肌醇与锌结合成难溶的复合物，阻碍了锌的吸收，也造成机体低锌而导致身材矮小症发生。

（3）原发性男性不育症

机体缺锌会影响生殖过程及性成熟。成人缺锌可发生性腺萎缩，性功能低下。

（4）肠原性肢体皮炎

临床表现为持续性、间断性腹腔及口腔炎。肛门、外生殖器区、膝部、踝部、小腿、足、肘等部位瘙痒和炎症。伴有食欲不佳、精神不振、脱发等，不积极治疗可引起败血症。

（5）锌有保护肝脏的作用

肝硬化病人体内缺锌，氨的代谢与肝病有密切关系，缺锌时血浆氨含量增高，补充适量的锌则可使血浆氨减少。此外病毒性肝炎患者的血清锌含量也降低，肾功能不全的病人也缺锌。

此外，大多数疾病如失血、急性心肌梗死患者和癌症患者血锌含量降低。

9.3.3　铜（Cu）

铜是人体必需微量元素之一，参与人类生命活动。

9.3.3.1　铜的分布、吸收和排泄

（1）铜在人体内的分布

铜广泛分布于动物组织中，主要分布于肝脏、血液、脑中。中枢神经系统、骨骼、肌肉、肾脏等组织含有铜，血浆含铜。正常成人干燥肝组织内含铜 $24\mu g/g$。人体内含铜量为 $100\sim150mg$。

（2）铜在人体的吸收和排泄

① 铜在人体的吸收　铜主要经呼吸道和消化道吸收。成人经食物吸收铜 $2.5\sim5mg/d$。食物中的铜进入消化道后，只有 $20\%\sim30\%$ 经胃肠道吸收。铜被吸收进入血液，铜离子与血浆中清蛋白松散结合，然后进入肝脏，与肝脏生成的 α2 球蛋白结合，形成铜蓝蛋白。$2\sim5h$ 后，新合成的铜蓝蛋白从肝脏进入血液。

② 铜在人体的排泄　铜大部分由胃肠道排出。铜在血液中与蛋白质结合，不能通过肾小球滤出，因而只有 4% 随尿排出，尿铜排出不超过 $0.25mg/d$。

常用补铜剂有苜蓿叶粉、啤酒酵母、碳酸铜、硫酸铜。

9.3.3.2　铜的生理功能

（1）铜与酶

体内铜除参与具有酶活性的铜蓝蛋白（称铜蛋白酶）外，还参与 30 多种酶的组成和活化，如细胞色素 c 氧化酶、尿酸盐氧化酶、过氧化物歧化酶、赖氨酰氧化酶、多巴胺-β 羟化酶以及某些血浆和结缔组织的单胺氧化酶等。资料表明，铜蓝蛋白具有亚铁氧化酶活性。铜蓝蛋白能调节血清生物胺、肾上腺素和 5-羟色胺酶的浓度。

（2）铜与能量代谢

机体的生物转化、电子传递、氧化还原、组织呼吸都离不开铜。机体缺铜时细胞色素氧化酶活性降低，传递电子和激活氧的能力下降，从而导致生物氧化中断。由于铜能影响铁的吸收及运输，并促使无机铁变成有机铁，由三价变成二价状态，还能促进铁储存于骨髓，加速血红蛋白及卟啉合成，对机体造血功能起着积极作用。如果铜代谢发生障碍，会引起相应

组织结构和功能异常。

（3）铜与免疫功能

铜能增强机体防御功能，铜和血浆铜蓝蛋白对机体的防御功能有重要意义。当机体受病原体侵袭时，给患者补充适量铜，则可显著减少感染的机会。

（4）铜与超氧化物歧化酶

超氧化物歧化酶可使超氧阴离子基（O_2^-·）和两个氢离子发生反应转变成氧和 H_2O_2。铜通过超氧化物歧化酶催化反应清除自由基 O_2^-·的毒害，起到防御自由基的毒害、抗辐射损伤、预防衰老、防治肿瘤和炎症等功能。

（5）铜与其他元素

铜参与造血过程，影响铁的吸收、运送和利用。铜促进铁进入骨髓，加速血红蛋白合成。食物中含锌、镉、汞、银过多时，可妨碍铜的吸收。锰适量时可改善铜的利用和吸收。

9.3.3.3 铜与健康

正常人体中总血清铜平均为 1.09～1.30mg/L，女性略高于男性。

铜缺乏症是指缺铜引起的疾病。病因主要是铜摄入不足，如牛乳喂养婴幼儿，因牛乳中铜含量较少，铜的吸收不良。食物中含铜较少，易患铜缺乏症。

（1）贫血

铜影响铁的吸收、运送和利用及血红蛋白与细胞色素系统的合成，引起缺铁性贫血。临床表现为低色素小细胞性贫血，症状为头晕、乏力、易倦、耳鸣、眼花，皮肤黏膜及指甲等颜色苍白，体力活动后感觉气促、心悸。

（2）骨骼改变

铜缺乏，胶原蛋白及弹力蛋白形成不良，骨质中胶原纤维合成受损，骨骼发育受限制。临床症状为骨质疏松，易发生骨折。

（3）心血管疾病

缺铜会引起心肌细胞氧化代谢紊乱，发展下去产生病理变化。据报道摄取高锌低铜食物，使体内胆固醇代谢紊乱，易发生心肌损伤，导致冠心病。心肌梗死死亡病人的心肌中含铜量明显减少。急性克山病患者的心肌病变、慢性心力衰竭均与缺铜有关。缺铜时可引起心肌细胞氧化代谢紊乱，线粒体异常，肌胶原及弹性蛋白的形成不良。

（4）白癜风病

白癜风病是一种原发性的局限性或泛发性皮肤色素脱失症，是皮肤和毛囊的黑色素细胞内的酪氨酸系统功能减退和损失引起的。研究证实，白癜风病人血清铜和发铜明显低于正常人。

需要增加铜量的人：胃酸缺乏、胃肠切除、胰切除、肠道梗阻等可造成铜吸收不良者；生长发育快的青少年、孕妇；肾病综合征，铜丢失过多、尿内蛋白质含量增加；肠道疾病，慢性腹泻使铜丢失过多。

9.3.4 硒（Se）

硒是人体必需微量元素之一，有重要的生理活性。

9.3.4.1　硒在人体内的分布、吸收和排泄

（1）硒在人体内的分布

硒分布在所有的软组织中，以肝、肾、脾和胰腺中浓度最高，视网膜、虹膜、晶状体含硒也很丰富。人体内共含硒 14～21mg。

（2）硒在人体的吸收

硒主要通过胃肠道进入机体内，并被肠道主要是十二指肠所吸收，皮肤不吸收。以硒蛋氨酸形式供给时，可完全吸收，其他形式的硒也吸收良好。吸收硒到血液的红细胞，与血浆清蛋白和球蛋白结合。无机硒盐在肝、脾、全血和血浆中被酶转化为亚硒酸盐，然后再形成硒蛋白复合物。硒能通过胎盘进入胎儿体内。

（3）硒在人体内的排泄

硒主要从尿排出，部分经胆汁由粪便排出，少量也可经肺和乳汁排出。

9.3.4.2　硒的来源

硒蛋氨酸来自植物性食物，硒半胱氨酸来自动物性食物。硒无机含氧酸盐有硒酸钠、亚硒酸钠。

9.3.4.3　硒的生理功能

（1）硒与酶

硒是构成谷胱甘肽过氧化物酶（GSH-Px）等的重要必需成分。GSH-Px 广泛存在于生命机体的肝、肾、肺、胰、骨骼肌及眼球晶状体中，清除正常代谢中所产生的活性氧自由基，避免自由基对组织细胞的损伤。磷脂过氧化氢谷胱甘肽过氧化物酶（P-HGPx）是已知存在于生命有机体中的第二个含硒酶，其生理功能是清除体内过多的活性氧。

硒缺乏会造成细胞及细胞膜结构和功能的损伤，进而干扰核酸、蛋白质、糖胺聚糖（黏多糖）及酶的合成及代谢，直接影响细胞的分裂、繁殖、遗传及生长。

（2）硒与维生素

硒与维生素 E 发生协同作用以增强维生素 E 的抗氧化作用，清除机体自由基，抗衰老。维生素 E 和硒的协同作用能保护前列腺环素样物质不受脂质过氧化物作用影响。但硒过多时会抑制一些酶的活性，发生心、肝、肾的病变，也会干扰机体甲基反应，导致维生素 B_{12} 和叶酸代谢紊乱、铁代谢失常等。

（3）硒与免疫功能

硒可激活淋巴细胞的某些酶，从而加强淋巴细胞的抗癌作用。硒能刺激免疫球蛋白及抗体的产生，增强机体对疾病的抵抗力。硒激活抗氧化剂如辅酶 Q、维生素 E 等增加机体免疫功能。

（4）硒与其他元素

硒在机体内与其他元素有调控作用。硒与钼、铬、铜、硫元素有拮抗作用，硒能减轻汞、铜、铊、砷的毒性。硒与锗和锌有协同作用，硒与锗可治疗冠心病、抗肿瘤，硒与锌能增加机体免疫功能。

缺硒可引起心血管疾病、肿瘤、大骨节病、关节炎、胰腺纤维化、白内障、神经原蜡样脂褐质沉积症。

9.3.4.4　硒与健康

人体血清硒 0.079mg/L±0.03mg/L，全血硒 183μg/L±36μg/L，儿童 36～65μg/L，

正常成年人头发硒 $0.55\mu g/g$。尿硒正常范围 $0\sim 0.15mg/L$。

（1）硒与心血管疾病

硒具有强烈的抗氧化作用，能防止因脂质过氧化物堆积而引起的心肌细胞损害，对心肌有保护作用，并能促进损伤心肌修复和再生。硒在维持心血管结构和功能方面起积极作用。风湿性心脏病、脑血栓和动脉粥样硬化等病的死亡率与硒密切相关，缺硒地区人群的高血压、心脏病和冠心病的死亡率比富硒区高。

（2）硒与衰老

含硒酶和非酶硒化物对自由基的清除作用是硒抗衰老作用的起因。

（3）硒与癌症

硒预防和抑制癌症的作用机制包括清除自由基，防止 DNA 突变和激活机体的免疫力防卫系统等。硒通过 GSH-Px、P-HGPx 起到清除体内活性氧自由基作用，保护遗传物质 DNA 免受自由基攻击产生突变引发癌症病变，硒还能促进 DNA 修复速度。

（4）硒与地方病

① 克山病　硒缺乏是克山病的起因。克山病发病快、症状重，类似缺血、缺氧性心肌坏死，病人往往因抢救不及时而死亡。

② 大骨节病　缺硒是大骨节病的重要起因。大骨节症状为骨关节粗大、身材矮小、劳动力丧失，是中国西北地区流行的一种地方性病。大骨节病与克山病在同一地区流行，此病也与当地的土壤、农作物、水质中缺硒有关。

9.3.5　其他活性微量元素

（1）钴（Co）

钴是维生素 B_{12} 的组成成分，是一种独特的营养物质，列为人体必需的微量元素。

① 钴的生理功能　钴能刺激促红细胞生成素的生成，促进胃肠道内铁的吸收，还能加速动员储存铁，使之进入骨髓利用。钴通过维生素 B_{12} 参与核糖核酸及与造血有关物质的代谢，作用于造血过程。钴影响氨基酸、辅酶、蛋白质的代谢。钴与锌、铜、锰有协同作用。锌是氨基酸、蛋白质代谢中不可缺少的元素，而钴能促进锌的吸收并改善锌的生物活性。钴也间接影响着氨基酸和蛋白质的代谢，补充钴、铜、锰可促进生长发育。钴和锌有相互促进作用，具有抗衰老、增加寿命的作用。

② 钴的吸收、分布和排泄　钴是人类营养必需的物质，钴主要由消化道、呼吸道吸收，由肠道排泄，有 80% 在 5 天内排出，其中绝大部分在 48h 内排出。

（2）碘（I）

碘是人体中维持正常新陈代谢不可缺少的物质。碘在无机态和有机态均易被机体吸收，通常情况下食入 $3\sim 6min$ 即可分布至身体各部位。碘大部分在小肠内被吸收，另一小部分在胃内被吸收。被机体吸收的碘经血液进入甲状腺，变成 I^-，供应甲状腺素的合成。人体中的碘 70%～80% 在甲状腺内，它是甲状腺素的重要成分。甲状腺素以与血浆蛋白结合的形式在人体内循环，发挥激素功能。甲状腺素主要有三碘甲腺原氨酸和四碘甲腺原氨酸组成。

三碘甲腺原氨酸　　　　　　　　　　　四碘甲腺原氨酸

当人体缺碘时，三碘甲腺原氨酸和四碘甲腺原氨酸组成的浓度必然下降，甲状腺素不足影响甲状腺调节机能障碍，导致甲状腺肿大。如果提高膳食中碘的供给量（碘盐），则可取得明显效果。而对于儿童来说，当碘缺乏严重时，可导致儿童身体矮小、痴呆、聋哑、瘫痪、疾病即地方性克汀病。据调查，碘缺乏病是已知的导致人类智力障碍的主要原因，智力障碍病人中 80％是碘缺乏造成的。中国现有 1000 万智力障碍病人。碘的来源主要是海带、紫菜、海虾、海鱼、海盐等。从 1996 年开始，我国对食盐全部加碘，食盐加碘为碘酸钾（KIO_3）。碘的需要量为：儿童每天 $80 \sim 120 \mu g$，孕妇每天 $230 \sim 240 \mu g$，成年人每天 $100 \sim 120 \mu g$。

第10章
自由基清除剂

自由基是人体生命活动中各种生化反应的中间代谢产物,具有高度的化学活性。人体内自由基是处于不断产生与清除的动态平衡之中,若不能维持一定水平则会影响机体的生命活动。若自由基产生过多又不能及时清除,它会攻击机体内的生命大分子物质及各种细胞器,会造成机体在分子水平、细胞水平和组织器官水平的各种损伤而导致机体衰老,自由基也诱发如癌症等各种疾病。

自由基清除剂是指能清除自由基或能阻断自由基参与氧化反应的物质。许多有机物与氧分子反应时会产生自由基,反应体系中的自由基清除剂能很快地捕捉自由基,阻止自由基扩散,从而有效地阻止连锁反应的开始。

10.1 自由基

10.1.1 自由基的产生及来源

自由基(又叫游离基)是由单质或化合物的均裂而产生的带有未成对电子的原子或基团。它的单电子有强烈的配对倾向,倾向于以各种方式与其他原子基团结合,形成更稳定的结构,因而自由基非常活泼,成为许多反应的活性中间体。

人体内的自由基分为氧自由基和非氧自由基。氧自由基占主导地位,大约占自由基总量的95%。氧自由基包括超氧阴离子($O_2^- \cdot$)、过氧化氢分子(H_2O_2)、羟自由基($OH \cdot$)、氢过氧基($HO_2^- \cdot$)、烷过氧基($ROO \cdot$)、烷氧基($RO \cdot$)、氮氧自由基($NO \cdot$)、过氧亚硝酸盐($ONOO^-$)、氢过氧化物($ROOH$)和单线态分子氧($^1O_2$)等,它们又统称为活性氧,都是人体内最为重要的自由基。非氧自由基主要有氢自由基($H \cdot$)和有机自由基($R \cdot$)等。自由基从化学结构上看是指含未配对电子的基团、原子或分子,以小圆点表示未配对的电子。人体内以氧形成的自由基最重要。

10.1.1.1 自由基的产生

人体细胞在正常的代谢过程中,或者受到外界条件的刺激如高压氧、高能辐射、抗癌剂、抗菌剂、杀虫剂、麻醉剂等药物,香烟烟雾和光化学空气污染物等作用,都会刺激机体产生活性氧自由基。

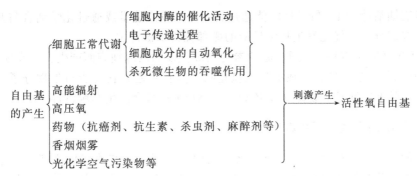

（1）活性氧自由基产生

人体内酶催化反应是活性氧自由基产生的重要途径。人体细胞内的黄嘌呤氧化酶、髓过氧化物酶和 NADPH 氧化酶等在进行酶促催化反应时，会诱导产生大量的自由基；中间产物在生物体内的非酶氧化还原反应，如核黄素、氢醌、亚铁血红素和铁硫蛋白等单电子氧化反应也会产生自由基。

外界环境，如电离辐射和光分解等也能刺激机体产生自由基反应，如分子中的共价键均裂后即形成自由基。

（2）自由基反应

自由基反应包含引发、增长和终止三阶段。

① 引发阶段占主导地位，反应体系中的新生自由基形成许多链的开端，反应物浓度高。

② 增长阶段为反应的主体，起始阶段有几个引发自由基的反应，在增长阶段没有消失，则反应中就有几条链。

③ 终止阶段，随着反应的进行，体系中的反应物浓度越来越低，自由基相互作用的机会增多，反应速率就越来越慢，自由基越来越少，最后反应停止。

由此可见，自由基反应动力学有别于普通的分子反应，自由基可以连续传递而出现连锁反应。

10.1.1.2 自由基的来源

人体内特定的自由基的来源。

① 超氧阴离子自由基（$O_2^- \cdot$） 它是从黄嘌呤氧化酶、NADPH 氧化酶通过酶的电子还原作用释放的氧产生的或由呼吸链裂解生成的。在反应顺序上其他许多活性中间产物的形成都始于与 $O_2^- \cdot$ 起作用。

② 过氧化氢分子（H_2O_2） 过氧化氢酶能有效地将其转变成水，生成氧自由基。过氧化氢酶是一种重要的非自由基活性物，容易在活细胞中扩散。

③ 羟自由基（$OH \cdot$） 在射线等高能辐射下，通过体内水的均裂作用或经金属催化过程由内源的过氧化氢分子形成。紫外线能将过氧化氢分子分裂成两个羟自由基。羟自由基活性最强，其半衰期估计为 $10^{-9} s$，羟自由基产生后能迅速与其他物质反应。

④ 氢过氧化基（$H_2O_2^- \cdot$） 在脂质过氧化过程中，从多不饱和脂肪酸去掉一个氢原子开始，能形成过氧基自由基。羟自由基能启动这一反应过程。氢过氧化基自由基的半衰期比较长，可达数秒，在生物系统中扩散的途径相当长。

⑤ 烷氧基（$RO \cdot$）和氢过氧化物（$ROOH$） 二者由脂质过氧化作用进一步产生。氢过氧化物（$ROOH$）可能重排成为过氧化物中间产物，然后分裂产生乙醛。

⑥ 单线态分子氧（$^1O_2$） 非自由基的活性物质，可能是体内的组织暴露于光辐射中形

成的。其半衰期估计为 10^{-6} s。$^1O_2$ 能通过转移其激发态能量或通过化学结合与其他分子相互作用。单线态分子氧优先发生化学反应的靶部位为双键部位。

⑦ 氧氮自由基（NO·） 通过激活参与初级免疫的巨噬细胞而产生，半衰期为 6～50s，NO· 很容易与氧发生反应，生成的过氧氮化物也是自由基。它还能与生物分子直接反应或与 O_2^-·结合形成过氧亚硝酸盐（ONOO⁻）。NO·过多会产生细胞毒性。

10.1.2 自由基与生命活动

在人体的生命活动过程中，各种生化反应如酶促反应或非酶促反应都会产生各种自由基。从自由基的化学结构可以看出，它含有未配对的电子，是一类具有高度化学活性的物质。正常的情况下，体内自由基处于不断产生与清除的动态平衡之中，并在代谢中发挥着重要作用，参与一些酶和前列腺素的合成、增强白细胞吞噬活性、提高杀菌效果等。若自由基过多或清除过慢，则会对人体造成严重危害。

10.1.2.1 自由基的生物学功能

自由基作为人体正常的代谢产物，对维持机体的正常代谢有特定的促进作用。这种促进作用主要表现在对机体危害物的防御作用。

（1）增强白细胞的吞噬功能

白细胞在吞噬细菌的过程中，对氧的消耗量激增，会产生大量的 O_2^-· 和 H_2O_2，两者通过 Haber-Weiss 反应（哈伯-韦斯反应）还会进一步产生 OH·，这些活性氧对病原菌都有很强的杀灭效果。OH· 还可被吞噬细菌的不饱和脂肪酸降解，降解终产物丙二醛也是一种强力杀菌剂，足以致细菌死亡。

（2）促进前列腺素的合成

前列腺素是人体内的一种重要激素，它以花生四烯酸为前驱物质，经膜上多酶系统催化氧化生成，其生物合成途径中必须有氧自由基（OH· 或 O_2^-·）的参与。

（3）参与脂肪加氧酶的生成

血小板脂肪加氧酶作用于花生四烯酸生成 1,2-氢过氧化-5,8,11,14-二十碳四烯酸（12-HPETE）及其他相关的化合物，该类化合物是一系列具有强生物学活性化合物（如白三烯）的前体。

（4）参与胶原蛋白的合成

胶原蛋白的前体称原胶原蛋白。原胶原蛋白中的脯氨酸和赖氨酸经羟化酶的羟化作用是胶原蛋白合成的关键步骤。在此酶促羟化过程中，需要 O_2^-·、H_2O_2、OH· 或 $^1O_2$ 等活性氧自由基的参与。

（5）参与肝脏的解毒作用

机体对外来毒物的解毒作用主要在肝脏进行，解毒作用实质是在肝微粒体细胞色素 P450 催化下对各类毒物的羟化作用。一定剂量范围内的外来毒物可被羟化并排出体外而完成解毒作用，当剂量大时，机体耐受不住就会出现中毒。在肝解毒过程中，连接于细胞色素上的 O_2^-· 自由基是真正起羟化作用的物质。

（6）参加凝血酶原的合成

凝血酶原是凝血酶的前体。在凝血酶原合成过程中，其前体蛋白质氨基端的 10 个谷氨酸残基经酶促羧化作用转变为 10 个 γ-羧基谷氨酸残基，形成凝血酶原。该羧化过程与氧自由基密切相关，没有氧自由基的参加，就不能形成凝血酶原。

（7）使血管壁松弛而降血压

NO·是精氨酸在酶作用下形成的一种信号化合物，还作为细胞松弛因子而松弛血管壁，降低血压。血管扩张剂（如乙酰胆碱等）启动一个钙调节受体，在NO·合成酶催化和NADPH参与下，氧化L-精氨酸的胍基生成NO·并释放到细胞外，接着活化可溶性鸟苷酸环化酶，使血管平滑肌与血小板中的cGMP水平增加，从而促进血管平滑肌松弛，抑制血小板凝聚和黏附到内皮细胞上。

（8）杀伤外来微生物和肿瘤细胞

NO·和O_2^-·结合以后生成$ONOO^-$阴离子，在略高于生理pH的碱性条件下相当稳定，从而允许其由生成位置扩散转移到较远的位置。一旦在低于生理pH的酸性条件下（病理条件下往往如此），$ONOO^-$立即分解生成NO·和O_2^-·，这两种自由基的氧化性非常强，具有很强的细胞毒性，对于杀伤外来微生物和肿瘤细胞非常有意义。

在生命活动中，机体经常受到各种外界不良因素的刺激，导致机体组织中的自由基数量往往过多，甚至对机体组织产生危害。

10.1.2.2 自由基与生命大分子

自由基具有高度的活泼性和极强的氧化反应能力，能通过氧化作用攻击体内的生命大分子，如核酸、蛋白质、糖类和脂质等，使这些物质发生过氧化变性、交联和断裂，从而引起细胞结构和功能的破坏，导致机体的组织破坏和退行性变化。

OH·是最活泼的自由基，也是毒性最大的自由基。它可和活细胞中的任何分子发生反应而造成损伤，而且反应速度极快，被破坏的分子有糖类、氨基酸、磷脂、核酸和有机酸等。

O_2^-·的毒性是机体发生氧中毒的主要原因，由它引起的损伤表现在使核酸链断裂、多糖解聚及不饱和脂肪酸过氧化作用，进而造成膜损伤、线粒体氧化磷酸化作用的改变及其他一系列的变化。

所有能产生O_2^-·的生物系统都能通过歧化反应生成H_2O_2，能使少数酶的—SH（巯基）氧化失活。因为H_2O_2能迅速穿过细胞膜，而O_2^-·不能，在细胞内的H_2O_2能与Fe^{2+}或Cu^{2+}离子反应生成OH·，另外紫外线也能使H_2O_2均裂生成OH·，这是H_2O_2毒性的真正原因。

（1）自由基对核酸的损害

自由基作用于核酸类物质会引起一系列的化学变化，例如，氨基或羟基的脱除、碱基与核糖连接链的断裂、核糖的氧化和磷酸酯键的断裂等。反应还会形成新的自由基，发生连锁反应，导致核酸碱基破坏，产生遗传突变，使细胞严重受损，不能修复，导致细胞死亡。

（2）自由基对蛋白质的损害

自由基可直接作用于蛋白质，也可通过脂类过氧化产物间接作用于蛋白质而产生破坏作用。如烷过氧自由基（ROO·）可使蛋白质分子发生交联，生成变性的高聚物，其他自由基则可使蛋白质的多肽链断裂，并使个别氨基酸发生化学变化。更严重的是，自由基可改变酶蛋白的化学结构，导致酶生物活性的丧失。

（3）自由基对糖类的损害

自由基通过氧化降解使多糖断裂，如影响脑脊液中的多糖，从而影响大脑的正常功能。自由基使核糖、脱氧核糖形成脱氢自由基，导致DNA主链断裂或碱基破坏，还可使细胞膜寡糖链中糖分子羟基氧化，生成不饱和的羰基或聚合成双聚物，从而破坏细胞膜上的多糖结构，影响细胞免疫功能的发挥。

（4）自由基对脂质的损害

脂质中的多不饱和脂肪酸由于含有多个双键而化学性质活泼，最易受自由基的破坏，发生过氧化反应。磷脂是构成生物膜的重要部分，因富含多不饱和脂肪酸故极易受自由基破坏。膜中磷脂发生过氧化作用，会引起膜中蛋白质及酶的交联或失活，导致膜通透性的变化，严重影响膜的各种生理功能。亚细胞器膜磷脂所含的不饱和脂肪酸比质膜的还多，所以对过氧化反应更为敏感。如果细胞内线粒体膜被氧化受损，则会使能量转化系统受到影响。溶酶体膜若受到破坏则会释放出其中的水解酶系，会使细胞内多种物质水解，严重时甚至会造成细胞自溶、组织坏死。由此可见，若自由基对生物膜的破坏很严重，就会引起细胞功能的极大紊乱。

10.1.2.3 自由基学说与机体衰老

人们根据不同的衰老机理提出了许多种衰老学说，主要有自由基学说、免疫功能下降学说、脑中心学说、代谢失调学说、生物膜衰老学说、脂褐素与衰老学说、衰老过程中基因淋巴因子及其基因表达改变学说等。自由基学说能比较清楚地解释机体衰老过程中的种种症状，如老年斑（老年色素沉着）、皱纹及免疫力下降等，是目前最有说服力的学说。

自由基学说认为，自由基的强氧化作用损伤了机体的生命大分子，引起人体细胞免疫和体液免疫功能减弱，最终导致免疫疾病的出现。

（1）生命大分子的交联聚合和脂褐素的累积

① 脂褐素　自由基作用于脂质能发生过氧化反应，其氧化的终产物丙二醛等会引起蛋白质、核酸等生命大分子的交联聚合，形成脂褐素。脂褐素颗粒呈圆形或椭圆形，直径约为 $1\sim5\mu m$，颗粒大小会随年龄的增大而增大。由于脂褐素不溶于水，所以不能随着机体的代谢排出体外，在细胞内逐渐堆积。

② 老年斑　老年斑就是由脂褐素在皮肤的堆积而形成的，老年斑的出现是人体衰老的一个明显的外表象征。脂褐素在脑细胞中的堆积，会出现记忆力减退或智力发生障碍，甚至出现阿尔茨海默症。眼球晶状体长期暴露于光和氧中，极易发生脂质氧化损伤，导致视网膜受损，视物模糊，引起白内障和老年性黄斑变性。

③ 老年皱纹　随着胶原蛋白的交联聚合，会使胶原蛋白溶解性下降、弹性降低及水合能力减弱，会导致皮肤失去张力、皱纹增多、老年骨质再生能力减弱等。

（2）器官组织细胞的破坏与减少

器官组织细胞的破坏与减少是机体衰老的症状之一，主要是自由基引起的脂质过氧化从而造成对细胞膜与细胞器膜的损害，改变了生物膜的结构与功能，影响了膜的通透性与流动性，从而导致了膜功能的紊乱，加快机体的衰老。

① 自由基作用于核酸引起的基因突变　自由基作用于核酸引起基因突变改变了遗传信息的传递，导致蛋白质与酶的合成错误及酶活性的降低。自由基还可与膜上的酶发生作用，影响细胞正常生理功能的发挥。自由基通过对脂质的氧化加速了细胞的衰老进程。

② 微粒体、线粒体及溶酶体受损　微粒体、线粒体及溶酶体三类亚细胞器膜受损之后出现一系列代谢紊乱。这些结果的积累，造成了器官组织细胞的老化与死亡。

（3）免疫功能的降低

免疫功能是指机体抵抗外来有害物质入侵的能力。人体内的免疫系统包括细胞免疫和体液免疫。自由基作用于免疫系统，会引起人体细胞免疫与体液免疫功能减弱，并使免疫识别力下降，免疫系统在攻击病原体和异常的细胞时，也侵犯了自身正常的细胞和健康的组织而出现自身免疫性疾病。

研究表明，弥散性硬皮病、系统性硬化、溃疡性结肠炎等自身免疫性疾病往往伴有较多的染色体断裂现象，这类病人血液中有一种血清因子能够促进正常的淋巴细胞染色体发生断裂。自身免疫疾病的病变过程与自由基关系密切，其致病机理可能是特殊血清断裂因子的作用或细胞的氧化代谢而产生了大量的 $OH \cdot$ 和 $O_2^- \cdot$ 所致。

10.1.2.4　自由基与疾病

临床和干预实验、基础研究表明，自由基参与许多疾病的病理过程，从而诱发如心血管疾病、某些癌症、老年性白内障和黄斑变性、某些炎症及多种神经元疾病。

（1）自由基与心血管疾病

大多数心血管疾病的主要原因是动脉粥样硬化，是动脉壁的一种多因素疾病。

自由基攻击动脉血管壁和血清中的不饱和脂肪酸使之发生过氧化反应而生成过氧化脂质，后者能刺激动脉壁，增加动脉粥样硬化的趋势。动脉硬化的程度与硬化斑中脂质过氧化程度呈正相关，血管内壁的蜡样物质就是脂质发生过氧化反应的直接证明。动脉粥样硬化的早期，在内皮下层间隙形成脂质沉淀，即所谓的脂肪条纹。

随着年龄的增加，动脉粥样硬化症呈增多的趋势，这与老年人动脉壁不饱和脂肪酸含量高、血清中 Fe^{2+} 和 Cu^{2+} 含量高有关。Fe^{2+} 或 Cu^{2+} 通过 Haber-Weiss 反应促使 $OH \cdot$ 产生，$OH \cdot$ 的存在加剧了脂质过氧化进程。过氧化产物丙二醛促使弹性蛋白发生交联，破坏了其正常的结构和功能，其应有的弹性和与水结合能力丧失，最终产生了动脉硬化，从而引起冠心病等其他心血管疾病。

（2）自由基与癌症

一个正常的细胞发生癌变必须经历诱发和促进这两个阶段，这就是两步致癌学说。大量研究证明，诱发阶段与自由基关系密切，促进阶段也与自由基有关，促癌能力与其产生自由基的能力正相关。致癌物必须在体内经过代谢活化形成自由基并攻击 DNA 才能致癌，抗癌剂也必须通过自由基形式去杀死癌细胞。

（3）自由基与肺气肿

自由基作用于肺部的巨噬细胞，使其释放蛋白水解酶类而导致对肺组织的损伤破坏，从而引起细支气管和肺泡管的破裂。肺泡间隔面积缩小，周围血液与肺泡之间气体交换量减少，导致肺气肿。

（4）自由基与缺血再灌注损伤

缺血所引起的组织损伤是致死性疾病的主要原因。有许多证据说明，在完全性缺血、缺氧时，组织损伤程度较轻，而在缺血再灌注时，自由基的急剧增多而使组织损伤更加严重。

在缺血再灌注状态下，细胞内的氧自由基主要来自黄嘌呤氧化酶，它是由前体黄嘌呤脱氢酶转变而来的。该脱氢酶广泛存在于各种组织细胞中，它是以 NAD^+ 为电子接受体，所以不产生自由基。当组织细胞缺血时，ATP 生成量减少，导致细胞内能量不足，不能维持正常的离子浓度。于是 Ca^{2+} 重新分布使得细胞内 Ca^{2+} 浓度增大，激活了一种蛋白酶而将脱氢酶不可逆地转化成氧化酶。

缺血使得细胞内 ATP 减少，AMP 增多，AMP 又可逐步分解成次黄嘌呤，而次黄嘌呤是氧化酶的适宜作用底物。当再灌注时，氧分子重新进入组织，与组织中积累的次黄嘌呤和氧化酶发生反应，生成大量的活性氧自由基。这些活泼且有强氧化性的自由基使细胞膜脂质过氧化，使透明质酸和胶原蛋白降解，从而改变了细胞的结构与功能，造成组织的不可逆损伤。另外，在缺血组织中具有清除自由基的抗氧化酶类合成能力发生障碍，从而加剧了自由基对缺血再灌注组织的损伤。

（5）自由基与眼病

由自由基氧化损伤引起的视力损害，最常见的当数白内障和老年性黄斑变性。

① 白内障　老年人因全身机体衰老使得眼球晶状体中自由基清除剂的含量与活性降低，导致对自由基侵害的抵御能力降低。白内障的起因和发展与自由基对视网膜的损伤导致晶状体组织的破坏有关。

② 老年性黄斑变性　由于眼球晶状体长期暴露于光和氧中，所形成的活性氧类物质可能与晶体蛋白质发生反应。受损的蛋白质可能聚合和沉淀，从而丧失原来的功能。视觉活性最高的视网膜组织易受损害，从而引起老年性黄斑变性。

（6）自由基与炎症及关节炎

当局部氧量过少或受到外来病原菌侵袭时，大量多形核嗜中性白细胞积聚在病变处。这些白细胞由具有特殊作用的代谢物激活，结合在膜上的 $NADPH_2$ 氧化酶被激活，氧化 $NADPH_2$ 成为 $NADP^+$，同时产生大量的 $O_2^- \cdot$。氧自由基一方面破坏病原菌和病变细胞，另一方面进攻白细胞本身而造成白细胞大量死亡，引起溶酶体酶类的大量释放，进而杀伤组织细胞，造成骨、软骨的破坏，导致炎症和关节炎。

（7）自由基与贫血

贫血的出现也与自由基有关。研究表明，地中海贫血的病理变化包含红细胞膜的过氧化，膜上多不饱和脂肪酸含量减少，—SH 转变成—S—S 基团和维生素 E 含量减少。缺铁性贫血的病变过程与自由基参与有关，因为此时红细胞中的维生素 E 和过氧化酶含量减少，红细胞易被自由基破坏而寿命缩短。

（8）自由基与癫痫

有关研究证明，癫痫活动伴有活跃的自由基反应。清除自由基、阻断自由基反应对癫痫的预防和治疗有一定作用。自由基反应在癫痫发生中的作用日益受到重视。

（9）自由基与其他疾病

研究表明，老年性聋与自由基受损关系密切，自由基与糖尿病也有比较复杂的关系，自由基与大骨节病和克山病也有密切的关系。

10.2　自由基清除剂

10.2.1　自由基清除剂

自由基会对生物膜和其他组织造成损伤，破坏细胞结构，干扰人体的正常代谢活动，引起疾病，加速人体衰老进程。在长期的进化过程中，生命有机体内会产生能清除这些自由基的物质即自由基清除剂。

自由基清除剂是指能清除自由基或能阻断自由基参与的氧化反应的物质。自由基清除剂主要可分为酶类清除剂和非酶类清除剂。酶类清除剂一般为抗氧化酶，主要有超氧化物歧化酶（SOD）、过氧化氢酶（CAT）、谷胱甘肽过氧化物酶（GSH-Px）等几种。非酶类自由基清除剂一般包括黄酮类、多糖类、维生素 C、维生素 E、β-胡萝卜素和还原型谷胱甘肽（GSH）等活性肽类。

自由基清除剂大多为抗氧化剂，通过清除作用降低活泼自由基中间体浓度，降低自由基连锁反应中扩展阶段的效率来控制自由基的生成。但有些抗氧化剂是通过抑制自由基引发剂（如某些金属元素）的产生而起作用的。自由基清除剂也不都是抗氧化剂，有些系统并未进行氧化作用。

自由基清除剂发挥作用必须满足三个条件：第一，自由基清除剂要有一定的浓度；第二，因为自由基活泼性极强，一旦产生马上就会与附近的生命大分子起作用，所以自由基清除剂必须在自由基附近，并且能以极快的速度抢先与自由基结合，否则就起不到应有的效果；第三，在大多数情况下，自由基清除剂与自由基反应后会变成新的自由基，新的自由基的毒性应小于原来自由基的毒性才有防御作用。

自由基清除剂对维持机体的正常生命活动，保持健康起着重要的作用。但是，随着年龄的增长，机体内产生自由基清除剂的能力逐渐下降，从而减弱了对自由基损害的防御能力，使机体组织器官容易受损，加速了机体的衰老，引发一系列的疾病。为了防止此类现象的发生，可以人为地由膳食补充自由基清除剂，从而达到防御疾病、延缓衰老的目的。

10.2.2 酶类自由基清除剂

10.2.2.1 超氧化物歧化酶

超氧化物歧化酶（SOD）是研究最深入、应用最广泛的一种酶类自由基清除剂。

（1）SOD 的种类、结构及分布

1968 年，美国人从牛红细胞中提取含 Cu·Zn 的酶蛋白质，并发现它能催化 $O_2^- \cdot$ 歧化，所以把这种酶蛋白命名为超氧化物歧化酶，英文简称为 SOD。SOD 存在于几乎所有靠氧呼吸的生物体内，包括细菌、真菌、高等植物、高等动物和人体中。

SOD 是一类含金属的酶，按其所含金属辅基不同可分为含铜锌 SOD（Cu·Zn-SOD）、含锰 SOD（Mn-SOD）和含铁 SOD（Fe-SOD）3 种。

① Cu·Zn-SOD 该酶纯品呈蓝绿色，由两条肽链组成，每条肽链含有铜、锌原子各一个，活性中心的核心是铜，主要存在于真核细胞的细胞质中或高等植物的叶绿体基质、类囊体内以及线粒体膜间隙中。在动物血液、牛肝、猪肝、牛心、豌豆、麦叶等动植物组织中均有存在，是目前应用最广泛的一类酶。

② Fe-SOD 此酶纯品为黄色或黄褐色，由两条肽链组成，一般每个二聚体含有一个铁原子，主要存在于原核细胞中。一些真核藻类甚至高等植物如银杏、柠檬、番茄等组织内也有存在。

③ Mn-SOD 此酶的纯品呈粉红色，由两条或四条肽链组成，主要存在于原核细胞和真核细胞的线粒体中。在植物的叶绿体基质、类囊体内也会存在，在人体肝脏中含量较高。

（2）理化性质及生物学特性

SOD 属酸性蛋白酶，对 pH、热和蛋白酶水解等比一般酶稳定。SOD 属于金属酶，其性质不仅取决于蛋白质，还取决于结合到活性部位的金属离子。三类 SOD 的活性中心都含有金属离子。如采用物理或化学方法除去金属离子，则酶丧失活性；如重新加上金属离子，则酶的活性又恢复。

SOD 是生物体内防御氧化损伤的一种十分重要的金属酶，对氧自由基有强烈清除作用，特别对于超氧阴离子（$O_2^- \cdot$），SOD 可将其催化歧化而生成 H_2O_2 和 O_2，故 SOD 又称为清除超氧阴离子自由基的特异酶。

（3）SOD 的生理功能

SOD 作为功能性食品基料的生理功能主要有以下几方面。

① 清除体内产生的过量的超氧阴离子自由基，保护 DNA、蛋白质和细胞膜免遭 O_2^-·
的破坏，减轻或延缓甚至治愈某些疾病，延缓因自由基损害生命大分子而引起的衰老现象，
如延缓皮肤衰老和老年斑的形成等；

② 提高人体对自由基外界诱发因子的抵抗力，增强机体对烟雾、辐射、有毒化学品及
药品的适应性；

③ 增强人体自身的免疫力，提高人体对自由基受损引发的一系列疾病的抵抗力，如炎
症、肿瘤、白内障、肺气肿等，治疗由免疫功能下降而引发的疾病；

④ 清除放疗和化疗所诱发的大量自由基，从而减少放射对人体其他正常组织的损伤，
减轻癌症等肿瘤患者化疗时的痛苦及副作用；

⑤ 消除疲劳，增强对剧烈运动的适应力。

10.2.2.2　过氧化氢酶

过氧化氢酶（又称为触酶，CAT）是以铁卟啉为辅基的结合酶，是自由基的酶类清除
剂。从不同机体分离出的大多数 CAT 的分子质量为 240kDa，并具有 4 个相同的亚单位，在
其活性部位各含一血红素基团。来自哺乳动物以及某些真菌和细菌的 CAT 还含有 4 个紧密
结合的 NADPH 分子。

CAT 是红血素酶，CAT 在肝脏中分解 H_2O_2 的速度比在脑或心脏等器官中快，因为肝
中的 CAT 含量水平高。

CAT 可促使 H_2O_2 分解为分子氧和水，清除体内的 H_2O_2，从而使细胞免于遭受 H_2O_2
的毒害，是生物防御体系的关键酶之一。CAT 作用于 H_2O_2 的机理实质上是 H_2O_2 的歧化，
必须有两个 H_2O_2 先后与 CAT 在活性中心上相遇且碰撞，才能发生反应。H_2O_2 浓度越高，
分解速度越快。

几乎所有的生物机体都存在 CAT。其普遍存在于能呼吸的生物体内，主要存在于植物
的叶绿体、线粒体、内质网、动物的肝和红细胞中。其酶促活性为机体提供了抗氧化防御
机理。

10.2.2.3　谷胱甘肽过氧化物酶

谷胱甘肽过氧化物酶（GSH-Px）是在哺乳动物体内发现的第一个含硒酶。硒是谷胱甘
肽过氧化物酶的活性成分，是 GPX-Px 催化反应的必要组分，它以硒代半胱氨酸的形式发挥
作用，摄入硒不足时 GSH-Px 酶活力下降。当体内处于低硒水平时，酶活力与硒的摄入量
呈正相关，但到一定水平时，酶活力不再随硒水平上升而上升。

GSH-Px 存在于胞液和线粒体基质中，它以谷胱甘肽（GSH）为还原剂分解体内的氢
过氧化物，能使有毒的过氧化物还原成无毒的羟基化合物，并使过氧化氢分解成醇和水，故
可防止细胞膜和其他生物组织免受过氧化损伤。它同体内的超氧化物歧化酶（SOD）和过
氧化氢酶（CAT）一起构成了抗氧化防御体系，因而在机体抗氧化中发挥着重要作用。

机体在正常条件下，大部分活性氧被机体防御系统所清除，但当机体产生某些病变时，
超量的活性氧就会对细胞膜产生破坏。机体消除活性氧 O_2^-· 的第一道防线是超氧化物歧化
酶（SOD），它将 O_2^-· 转化为过氧化氢和水，而第二道防线是过氧化氢酶和 GSH-Px。
CAT 可清除 H_2O_2，而 GSH-Px 分布在细胞的胞液和线粒体中，消除 H_2O_2 和氢过氧化物。
因此，GSH-Px、SOD 和 CAT 协同作用，共同消除机体活性氧，减轻和阻止脂质过氧化作用。

GSH-Px 广泛存在于哺乳动物的组织中，不同种类的 GSH-Px 其分子量和比活性也有所不同。谷胱甘肽是此酶的特异性专一底物，而氢过氧化物则是非专一性底物。

10.2.3　非酶类自由基清除剂

10.2.3.1　维生素类

维生素是人类维持生命和健康所必需的重要营养素，还是重要的自由基清除剂。对氧自由基具有清除作用的维生素主要有维生素 E（生育酚）、维生素 C（抗坏血酸）及维生素 A 的前体 β-胡萝卜素。

（1）维生素 E

维生素 E 是强有效的自由基清除剂。它经过一个自由基的中间体氧化生成生育醌，从而将 ROO· 转化为化学性质不活泼的 ROOH，中断了脂类过氧化的连锁反应，有效地抑制了脂类的过氧化作用。维生素 E 可清除自由基，防止油脂氧化和阻断亚硝胺的生成，故在提高免疫能力、预防癌症等方面有重要作用，在预防和治疗缺血再灌注损伤等疾病上有一定功效。

（2）维生素 C

在自然界中维生素 C 存在还原型抗坏血酸和氧化型脱氢抗坏血酸两种形式。抗坏血酸通过逐级供给电子而转变成半脱氢抗坏血酸和脱氢抗坏血酸，在转化的过程中达到清除 $O_2^-·$、·OH、ROO· 等自由基的作用。维生素 C 具有强抗氧化活性，能增强免疫功能、阻断亚硝胺生成、增强肝脏中细胞色素酶体系的解毒功能。人体血液中的维生素 C 含量水平与肺炎、心肌梗死等疾病密切相关。

维生素 C 还能有效保护维生素 E 和 β-胡萝卜素不被过早消耗。每天摄入 500mg 维生素 C 可以帮助高血压患者降低血压。摄入维生素 E 不但可增强老年人的记忆力、预防阿尔茨海默症及治疗因自由基所引起的迟发性运动障碍，还可预防前列腺癌、抑制消化道肿瘤（尤其是肠癌），并降低其死亡率。短期、大剂量地肠内补充维生素 C 还可调整单核细胞、巨噬细胞对内毒素的反应，对于败血症、缺血再灌注损伤均能起到保护性的治疗作用。

（3）β-胡萝卜素

β-胡萝卜素具有较强的抗氧化作用，能通过提供电子、抑制活性氧的生成，从而达到防止自由基产生的目的。实验证明，β-胡萝卜素能增强人体的免疫功能，防止吞噬细胞发生自动氧化，增强巨噬细胞、T 细胞、自然杀伤细胞对肿瘤细胞的杀灭能力。β-胡萝卜素广泛存在于水果和蔬菜中，经机体代谢可转化为维生素 A。在多种食品中，β-胡萝卜素与不饱和脂肪酸的稳定性密切相关。

老年人摄入维生素 C 以及维生素 E 可以增进多项免疫功能，维生素 C-维生素 E 联合物还可清除血液中的自由基等有害物质和循环应激激素。维生素 C、维生素 E 以及 β-胡萝卜素等抗氧化性维生素可以延缓老龄化进程，还可以预防和治疗许多老年疾病，如动脉粥样硬化、高血压、心脏病和脑卒中等，这些疾病都与低密度脂蛋白胆固醇的氧化有关。

10.2.3.2　黄酮类化合物

（1）黄酮类化合物及抗氧化

黄酮类化合物泛指两个苯环通过中央三碳链相互联结而成的一系列 C6-C3-C6 化合物，主要是指以 2-苯基色原酮为母核的一类化合物。黄酮是具有酚羟基的一类还原性化合物。

黄酮类化合物在反应中自身被氧化从而具有清除自由基和抗氧化作用。作用机理是黄酮类化合物与 O_2^-·反应阻止自由基的引发，与金属离子螯合阻止·OH 的生成，与脂质过氧化基 ROO·反应阻断脂质过氧化。

（2）黄酮及其某些衍生物的药理学特性

黄酮在生物体外和体内都具有较强的抗氧化性，具有许多药理作用，对人体的毒副作用很小，是理想的自由基清除剂。黄酮及其某些衍生物具有抗炎、抗诱变、抗肿瘤形成与生长等活性。

（3）黄酮类化合物分类

黄酮类化合物种类繁多，可分为如下几类：黄芪总黄酮、儿茶素、原花青素、黄烷酮、黄酮醇和异黄酮等。

黄酮类化合物是一种有效的抗氧化剂自由基清除剂。

① 草药的活性成分　草药的活性成分是黄酮类化合物。如草药中提取物芦丁、芒果苷、青兰苷、双氢青兰苷、芸香苷、橙皮苷和黄芩苷等均已应用于临床。银杏叶提取物（EGB）的主要成分是黄酮类化合物，在治疗心血管疾病、调节血脂水平、治疗脑供血不足和早期神经退行性病变等方面有良好的疗效。丹参中的丹参酮，黄芩中的黄芩苷，五味子中的五味子素，黄芪中的黄芪总黄酮、总皂苷、黄芪多糖，灵芝、云芝、香菇、平菇等菇类中的多糖，甘草中的甘草酸，竹叶中的黄酮类组分及麦麸中的膳食纤维等，对氧自由基具有清除作用。一些天然食物如坚果、葡萄的皮和籽、薯类、蜂胶等对氧自由基有明显的清除作用。

② 儿茶素　儿茶素是从茶叶中提取出来的多酚类化合物——茶多酚（TP）的主体成分。茶多酚中儿茶素含量最高，药理作用最明显。试验证明，儿茶素具有抗氧化、抗肿瘤、抗动脉粥样硬化、防辐射、防龋护齿、抗溃疡、抗过敏、抑菌及抗病毒等作用，是一种优良的天然氧自由基清除剂。儿茶素氧化聚合物也是一种有效的自由基清除剂和抗氧化剂，具有抗癌、抗突变、抑菌、抗病毒、改善和治疗心脑血管疾病、治疗糖尿病等多种生理功能。儿茶素氧化聚合物的茶色素能治疗冠心病，其作用机制为提高 SOD 活力和降低丙二醛（MDA）含量，削弱脂质过氧化作用，增加供氧和供血能力。茶色素通过提高 SOD 活力、增强机体的抗氧化能力，预防和缓解高血压。

③ 原花青素　原花青素是一种多酚类化合物，在酸性介质中加热均产生花青素。原花青素是由不同数量的儿茶素或表儿茶素缩合而成的二聚体、三聚体直至十聚体，其中二聚体分布最广。原花青素多为水或乙醇提取物，少数经离子交换纯化，用冷冻或喷雾干燥成淡棕色粉末，味涩，略有芳香。

原花青素是一种天然有效的自由基清除剂，原花青素二聚体、三聚体可以清除体内各种氧自由基，从而具有抗氧化、降血压、抗癌等多种药理活性，能增强免疫、抗疲劳、延缓衰老。

原花青素主要存在于葡萄、苹果、可可豆、山楂、花生、银杏、花旗松、罗汉柏、白杨树、刺葵、番荔枝、野草莓、高粱等植物中。此外，葡萄汁、红葡萄酒、苹果汁、巧克力和啤酒中也含有原花青素。

10.2.3.3　微量元素

机体内的许多微量元素也起到清除自由基的作用。

（1）硒

硒是人体必需微量元素，是硒谷胱甘肽过氧化酶的活性成分，GSH-Px 存在于胞液和线粒体基质中，能使有毒的过氧化物还原成无毒的羟基化合物，并使过氧化氢分解成醇和水。摄入硒不足时 GSH-Px 酶活力下降。给糖尿病大鼠补充硒和维生素 E，其 GSH-Px 和 SOD 活性均有不同程度增加，而脂质过氧化产物丙二醛含量随之下降，可能是因为抗氧化酶蛋白与葡萄糖的糖化反应受到硒和维生素 E 的抑制而使抗氧化酶活性得到保护。

（2）锌

锌是人体必需微量元素，在清除自由基的过程中起到很重要的作用。锌能减少铁离子进入细胞并抵制其在羟自由基引发的链式反应中的催化作用，锌也能终止自由基引起的脂质过氧化链式反应。锌可以诱导体内硫蛋白的产生而抵制自由基的损害，锌与抗氧化剂螯合，其抗氧化作用增强。锌还有稳定细胞膜的作用，锌与红细胞膜结合，抑制了膜脂质过氧化过程中所产生的自由基，从而降低了自由基对膜的损伤。锌可与铁竞争从而抑制了脂质过氧化的多个环节，它们通过竞争与膜表面的位点结合，可使铁复合物产生减少，通过 Haber-Weiss 反应产生·OH 减少，造成脂类转变为活性氧的链式反应被抑制。因为锌可以激活体内的 GSH-Px，锌缺乏使体内有活性的 GSH-Px 数量减少，也因为锌缺乏导致的过氧化脂质生成增多，而使 GSH-Px 消耗增多，导致其活性下降。锌作为超氧化物歧化酶的辅酶，锌缺乏可以显著降低 Cu·Zn-SOD 的活性，而使 Mn-SOD 活性代偿性升高。当缺锌严重时，Mn-SOD 活性的代偿性升高仍然对自由基有抑制作用，且随浓度增加抑制增强。

（3）铜

铜是 Cu·Zn-SOD 的活性中心，铜蓝蛋白中含有大部分的血清铜，是细胞外液重要的抗氧化剂。铜蓝蛋白的抗氧化作用主要是防止过渡金属 Fe^{2+} 和 Cu^{2+} 催化 H_2O_2 形成·OH。铜蓝蛋白具有亚铁氧化酶的活力，能将 Fe^{2+} 氧化成 Fe^{3+}，防止 Fenton 反应（芬顿反应）的发生。

（4）铁

铁是过氧化氢酶的活性中心，体内三分之二的铁存在于血红蛋白中，血红素缺乏，CAT 活性下降。但活性铁是脂质过氧化的催化剂，脂质过氧化启动反应所产生的脂烷基与氧反应，产生脂烷过氧基。这些自由基再度作用于脂质，使反应以链式不断进行，脂质过氧基的性质非常活跃，而造成细胞成分的损害。

（5）锰

锰是体内多种酶的组成成分，与体内许多酶的活性有关。锰与铜是超氧化物歧化酶（SOD）的重要组成成分，在清除超氧化物、增强机体免疫功能方面产生影响。Mn-SOD 是体内自由基清除剂。胚胎和新生儿体内的 Mn-SOD 含量高于成年人，随着机体衰老，其含量逐步下降。老年色素斑中脂褐素在细胞内的形成和聚集与 Mn-SOD 有关。

（6）锗

有机锗能降低脂质过氧化，保护细胞质膜，降低血浆、肝、脑等中过氧化脂质水平。

第11章
动植物中的功能性化学成分

自然界中的植物、动物体内广泛存在醇、酮和酸类等化合物，有些具有重要的生理活性。

11.1 廿八醇、甾醇和谷维素

11.1.1 廿八醇

廿八醇一般以蜡酯形式存在于自然界中许多植物的叶、茎及果实的表皮中，如苹果、葡萄、苜蓿、甘蔗、小麦、榛子种皮、花生、杏仁、玉米胚芽等，具有实际开发意义的原料有蜂蜡、米糠蜡、甘蔗蜡和虫白蜡等。小麦胚芽中廿八醇含量 10mg/kg，胚芽油中含量 100mg/kg。

廿八醇是应用极微量就显示活性作用的物质，在自然界中含量很低，属于难提取的高附加值成分。

（1）性质

廿八醇（俗称蒙旦醇）是一种天然存在的一元直链高级脂肪醇（有 28 个碳原子，直链末端连着羟基），其结构式为：

$$CH_3(CH_2)_{26}CH_2OH$$

廿八醇的分子量为 410.77，白色晶体，熔点为 81～83℃。溶于热的乙醇、苯、甲苯、二氯甲烷、氯仿、石油醚及乙醚等有机溶剂，不溶于水；对酸、碱、还原剂稳定，对光、热稳定，不吸潮。廿八醇含有憎水烷基和亲水羟基，化学反应主要发生在羟基上。

（2）制备

制取廿八醇的原料有米糠蜡、蜂蜡、蔗蜡、虫白蜡等，但这些天然的蜡资源有限，并且价格较高。若结合米糠油综合利用制取廿八醇，则可以得到较高的附加值。

米糠蜡 $\xrightarrow[\text{加热}]{\text{碱液/醇相}}$ 皂化生成脂肪醇和金属皂的混合物 $\xrightarrow[\text{极性或非极性溶剂}]{\text{溶剂萃取}}$

脂肪醇即粗脂肪醇 $\xrightarrow[\text{真空分馏/分三次分馏}]{}$ 截留廿八醇为主的馏分 $\xrightarrow[\text{溶剂结晶}]{}$ 疏松晶体产品

（3）生理功能

廿八醇是一种抗疲劳活性物质，其主要生理作用包括：增进体力、耐力及精力；提高耐缺氧力；提高应激能力；促进性激素作用，减轻肌肉疼痛；改善心肌功能；提高机体代谢率。

实验表明，每天早晨服用含有廿八醇胶囊连续六周，脂肪明显减少，心血管系统得以改善，在长跑、举重等项目中成绩有明显的提高。

11.1.2　甾醇

甾醇既是重要的天然甾体资源又是重要的天然活性物质，主要用于合成甾体药物。甾醇分为动物性甾醇、植物性甾醇和菌性甾醇等三大类。动物性甾醇以胆固醇为主；菌性甾醇有麦角甾醇，存在于蘑菇中；植物性甾醇主要为谷甾醇、豆甾醇和油甾醇等，存在于植物种子中。植物甾醇是从玉米、大豆中经过物理提纯而得，具有营养价值高、生理活性强等特点。植物甾醇广泛用在食品、医药、化妆品、动物生长剂等领域，用于食品中以降低人体胆固醇。

（1）甾醇的性质

甾醇是以环戊烷全氢菲为骨架（亦称甾核）的物质，自然界中以游离态和结合态的形式存在。

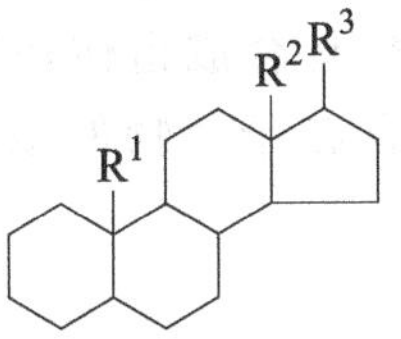

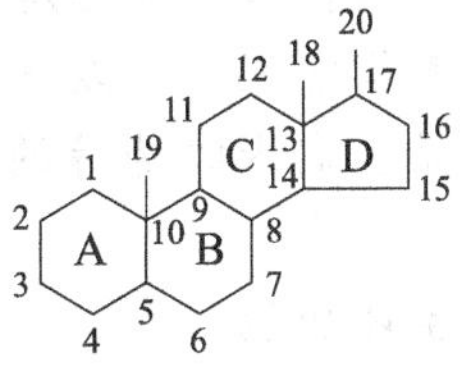

R^1、R^2 一般为甲基，称为角甲基，R^3 为其他含有不同碳原子数的取代基或含氧或氮官能团。甾字中的"田"表示四个环，"巛"表示为三个侧链。许多甾族化合物除这三个侧链外，甾核上还有双键、羟基和其他取代基。四个环用 A、B、C、D 编号，碳原子也按固定顺序用阿拉伯数字编号。

① 胆甾醇　又称胆固醇。胆甾醇是最早发现的一个甾体化合物，存在于人及动物的血液、脂肪、脑髓及神经组织中。人体内发现的胆结石几乎全是由胆甾醇所组成的，胆固醇的名称也是由此而来。胆甾醇无色或略带黄色的结晶，熔点 148.5℃，在高真空度下可升华，微溶于水，溶于乙醇、乙醚、氯仿等有机溶剂。

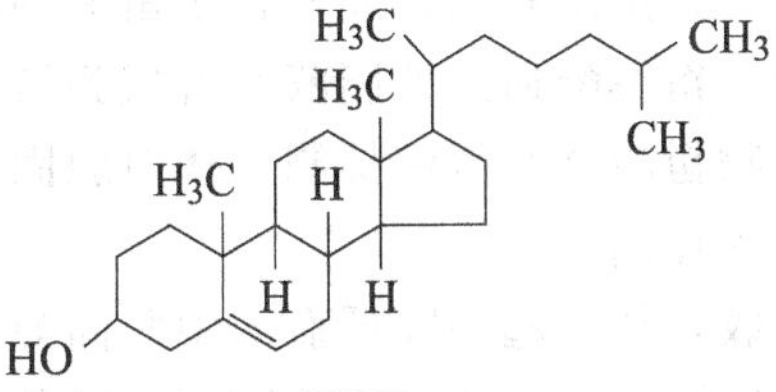

胆甾醇

② 7-脱氢胆甾醇　7-脱氢胆甾醇是胆甾醇在酶催化下氧化而成。7-脱氢胆甾醇存在于皮肤组织中，在日光照射下发生化学反应，转变为维生素 D_3。维生素 D_3 是小肠吸收 Ca^{2+} 过程中的关键化合物。体内维生素 D_3 的浓度太低，会引起 Ca^{2+} 缺乏，不足以维持骨骼的正常生成而产生软骨病。

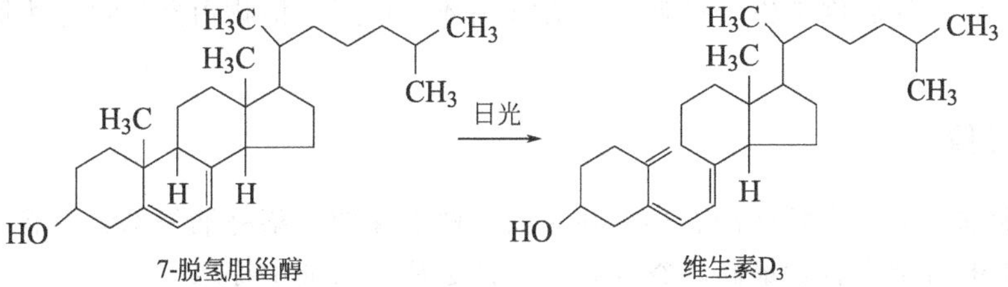

7-脱氢胆甾醇　　　日光→　　　维生素D_3

③ 麦角甾醇　麦角甾醇是一种植物甾醇，最初是从麦角中得到的，但在酵母中更易得到。麦角甾醇经日光照射后，B 环开环而成前钙化醇，前钙化醇加热后形成维生素 D_2（即钙化醇）。

维生素 D_2 同维生素 D_3 一样，也能抗软骨病，因此，可以将麦角甾醇用紫外线照射后加入牛奶和其他食品中，以保证儿童能得到足够的维生素 D。

麦角甾醇　→（紫外线）→　维生素 D_2

④ 植物甾醇　植物甾醇主要是无甲基甾醇，按化学结构分为 4-无甲基甾醇、4-单甲基甾醇及 4,4-二甲基甾醇三类，以谷甾醇为主的无甲基甾醇是合成甾体药物的原料，无甲基甾醇也是化妆品、临床医药等的原料。植物甾醇广泛存在于植物的根、茎、叶、果实及种子中。

（2）甾醇的生理功能

植物甾醇对人体具有重要的生理活性，谷甾醇能促进产生血纤维蛋白溶酶原激活因子，可作为血纤维溶解触发素对血栓症有预防作用。甾醇可以预防和治疗冠状动脉粥样硬化类心脏病，对治疗溃疡皮肤鳞癌有明显功效。

① 抗炎退热　谷甾醇强烈的抗炎作用和阿司匹林的退热作用类似。临床应用的抗炎药物多具有致溃疡性，如羟基保泰松腹腔注射 150mg/kg 就显示胃溃疡，而服用谷甾醇高至 300mg/kg 也不会引起胃溃疡。因此，谷甾醇是一种抗炎和退热作用显著且应用安全的天然物质。

② 降低胆固醇　人和动物体内本身不能合成植物甾醇，体内所需植物甾醇来自摄入的食物如谷物、植物油、各类蔬菜、瓜果和副食品。植物甾醇的结构与胆固醇相似，在生物体内以与胆固醇相同的方式吸收。甾醇酯通过胰脂酶水解成为游离型甾醇被吸收，但是植物甾醇的吸收比例比胆固醇低。植物甾醇具有能够抑制人体对胆固醇的吸收，促进胆固醇的降解代谢，抑制胆固醇的生化合成等作用。

植物甾醇能阻碍胆固醇吸收，从而起到降低血液中胆固醇含量的作用，其作用机理是抑制肠道对胆固醇的吸收，促进胆固醇的异化，在肝脏内抑制胆固醇的生物合成。

③ 美容作用　植物甾醇对皮肤具有很高的渗透性，可以保持皮肤表面水分，促进皮肤新陈代谢、抑制皮肤炎症，可防日晒红斑、皮肤老化，还有生发、养发之功效。可作为 W/O 型乳化剂，用于化妆品膏霜的生产，具有铺展性好、感觉滑爽、耐久性好，不易变质等。

④ 其他功能　植物甾醇对治疗溃疡、皮肤鳞癌、宫颈癌等有明显的疗效；植物甾醇具有促进伤口愈合，使肌肉增生、增强毛细血管循环的作用；植物甾醇还可作为胆结石形成的阻止剂。

11.1.3　谷维素

诸多植物油中如玉米胚芽油、小麦胚芽油、稞麦糠油、菜籽油等都含有谷维素，以毛糠油及其油脚中的谷维素含量最高，谷维素一般都是从毛糠油中提取。

（1）谷维素的性质

谷维素系阿魏酸与植物甾醇的结合酯，它可从米糠油、胚芽油等谷物油脂中提取。谷维素为白色至类白色结晶粉末，无味，有特异香味，加热下可溶于各种油脂，不溶于水。

临床上常用谷维素改善植物神经功能和调节内分泌，谷维素还具有抗氧化、抗衰老等生理作用。

（2）谷维素的生理功能

谷维素具有降低血清总胆固醇、甘油三酯含量，降低肝脏脂质，降低血清过氧化脂质，阻碍胆固醇在动脉壁沉积，减少胆结石形成，抑制胆固醇在消化道吸收等作用。

实验证明谷维素具有明显的抗氧化作用。谷维素还具有调节植物神经、促进动物生长功能，促进皮肤微血管循环机能以保护皮肤，有较弱的类性激素作用，用于植物神经功能失调、周期性神经病、妇女更年期综合征、经前期紧张、血管性头痛和胃肠及心血管神经官能症等。

11.2　黄酮类化合物

两个具有酚羟基的苯环（A环、B环）通过三碳链相互联结而成的一类化合物称为黄酮类化合物（亦称生物类黄酮）。大多具有 C6-C3-C6 的基本骨架，且常有羟基、甲氧基、甲基、异戊烯基等取代基。这些助色团的存在使该类化合物多显黄色；又由于分子中 γ-吡酮环上的氧原子能与强酸成盐而表现为弱碱性。黄酮类化合物在植物界分布很广，在植物体内大部分与糖结合成苷类或以碳糖基的形式存在，也有以游离形式存在的。

有很多具有药用价值的黄酮类化合物，如槐米中的芦丁和陈皮中的陈皮苷，能降低血管的脆性，用于防治老年高血压和脑溢血。由银杏叶制成的舒血宁片含有黄酮和双黄酮类，用于冠心病、心绞痛的治疗。全合成的乙氧黄酮又名心脉舒通或立可定，有扩张冠状血管、增加冠脉流量的作用。许多黄酮类成分具有止咳、祛痰、平喘、抗菌的活性。

11.2.1　黄酮类化合物的结构与分类

黄酮类化合物是以黄酮（2-苯基色原酮）为母核而衍生的一类黄色化合物。其中包括黄酮的同分异构体及其氢化的还原产物，即以 C6-C3-C6 为基本碳架的一系列化合物。

根据三碳链（C3）结构的氧化程度和与 B 环的连接位置等特点，黄酮类化合物可分为下列几类：黄酮和黄酮醇；黄烷酮（二氢黄酮）和黄烷酮醇（二氢黄酮醇）；异黄酮；异黄烷酮（二氢异黄酮）；查耳酮；二氢查耳酮；橙酮类（澳咔）；黄烷和黄烷醇类；黄烷-3,4二醇类（白花色苷元）。

（1）黄酮和黄酮醇

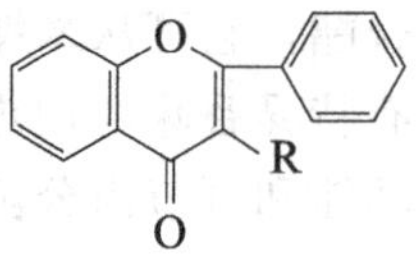

R=H 黄酮；R=OH 黄酮醇

黄酮，即 2-苯基色原酮（2-苯基苯并 γ-吡喃酮）类，此类化合物数量最多，尤其是黄酮醇。如芫花中的芹菜素、金银花中的木犀草素属于黄酮类，银杏中的山奈素和槲皮素属于黄酮醇类。

（2）异黄酮和二氢异黄酮

异黄酮类为具有 3-苯基色原酮基本骨架的化合物，与黄酮相比其 B 环位置连接不同。如葛根中的葛根素、大豆苷及大豆素均为异黄酮。

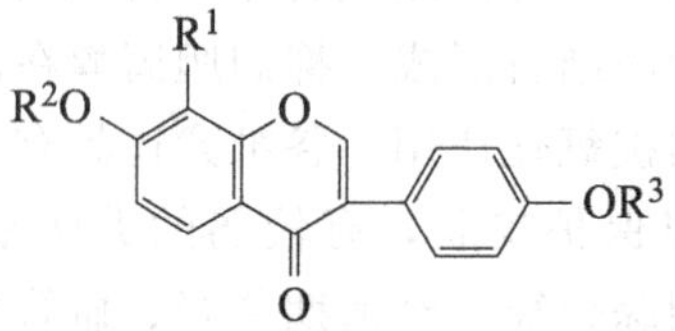

大豆素 $R^1=R^2=R^3=H$;
大豆苷 $R^1=R^3=H$ $R^2=glc$;
葛根素 $R^2=R^3=H$ $R^1=glc$

二氢异黄酮类可看作是异黄酮类 C2 和 C3 双键被还原成单键的一类化合物。如中药广豆根中的紫檀素就属于二氢异黄酮的衍生物。

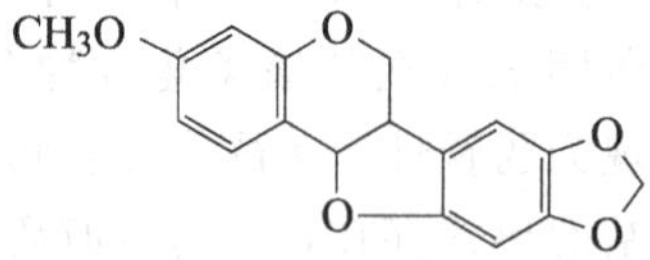

紫檀素

11.2.2 黄酮类化合物的性质

（1）黄酮类化合物形态及旋光性

黄酮类化合物多为结晶性固体，少数如黄酮苷类为无定形粉末。

游离的各种苷元母核中除二氢黄酮、二氢黄酮醇、黄烷及黄烷醇有旋光性外，其余则无光学活性；在结构中引入糖分子的黄酮类化合物，均有旋光性，且多为左旋。

（2）黄酮类化合物的颜色

黄酮类化合物的颜色与分子中是否存在交叉共轭体系及助色团（—OH、—OCH$_3$ 等）的种类、数目以及取代位置有关。黄酮在 2 位上引入苯环后，即形成交叉共轭体系，并通过电子转移、重排，使共轭链延长，因而显现出颜色。一般情况下，黄酮、黄酮醇及其苷类多显灰黄～黄色，查耳酮为黄～橙黄色，而二氢黄酮、二氢黄酮醇、异黄酮类，因不具有交叉共轭体系或共轭链短，故不显色（二氢黄酮及二氢黄酮醇）或显微黄色（异黄酮）。

黄酮、黄酮醇在 7 位及 4′ 位引入—OH 及—OCH$_3$ 等助色团后，则因促进电子移位、重排，而使化合物的颜色加深。但—OH、—OCH$_3$ 引入其他位置则影响较小。花色素及其苷元的颜色随 pH 不同而改变，一般显红（pH＜7）、紫（pH＝8.5）、蓝（pH＞8.5）等颜色。

11.2.3　黄酮类化合物的生理功能

① 保护心血管系统　槐米中的芦丁和陈皮中的陈皮苷，能降低血管的脆性，用于防治老年高血压和脑溢血；由银杏叶制成的舒血宁片含有黄酮和双黄酮类，用于冠心病、心绞痛的治疗。槲皮素、芦丁、葛根素、葛根总黄酮、金丝桃苷、灯盏花素、银杏叶总黄酮对缺血性脑损伤有保护作用；金丝桃苷、沙棘总黄酮、水飞蓟素、木犀草素等对心肌缺血性损伤有保护作用；沙棘总黄酮、苦参总黄酮、甘草黄酮（主要成分是甘草素和异甘草素）具有抗心律失常作用；芦丁、槲皮素、葛根素等具有明显的扩冠作用。

② 清除自由基　黄酮类化合物是活性氧清除剂和脂质抗氧化剂，作用机理是黄酮类化合物与超氧阴离子反应阻止自由基反应引发，与铁离子配合阻止羟基自由基的生成，与脂质过氧化基反应阻止脂质过氧化过程。黄酮类化合物的一些药理活性也往往与其抗氧化自由基有关。

③ 抗菌及抗病毒作用　黄芩苷、黄芩素、木犀草素等均有一定的抗菌作用，山奈酚、槲皮素、二氢槲皮素等具有抗病毒作用，从菊花、獐牙菜中分离得到的黄酮单体对 HIV 病毒有较强的抑制作用，大豆苷元、染料木素、鸡豆黄素 A 对 HIV 病毒有一定的抑制作用。

④ 抗肿瘤　黄酮类化合物具有较强的抗肿瘤作用，主要抗癌途径是对抗自由基作用，直接抑制癌细胞生长，对抗致癌、促癌因子。槲皮素的抗肿瘤活性与其抗氧化作用、抑制相关酶的活性、降低肿瘤细胞耐药性、诱导肿瘤细胞凋亡及雌激素样作用等有关；水飞蓟素的抗肿瘤活性与其抗氧化作用、抑制相关酶活性及诱导细胞周期阻滞等有关。

⑤ 抗肝脏毒　水飞蓟素对中毒性肝损伤、急慢性肝炎、肝硬化等有良好的治疗作用；黄芩素、黄芩苷、淫羊藿黄酮等能抑制肝组织脂质过氧化、提高肝脏 SOD 活性、减少肝组织脂褐素的形成，对肝脏有保护作用；甘草黄酮可保护乙醇所致肝细胞超微结构的损伤等。

⑥ 解痉挛作用　异甘草素、黄豆苷元等具有类似罂粟碱样的解除平滑肌痉挛作用，大豆苷、葛根素等葛根黄酮类成分可以缓解高血压患者的头痛等症状。

研究表明，黄酮类化合物还具有降血脂、抗衰老、提高机体免疫力、镇咳及抗变态等药理活性。

11.3　L-肉碱、嘌呤及潘氨酸

11.3.1　L-肉碱

左旋肉碱（亦称 L-肉毒碱）的分子式 $C_7H_{15}NO_3$，化学名为（R)-3-羧基-2-羟基-N,N,N-三甲基丙铵氢氧化物。结构式如下：

左旋肉碱

L-肉碱是一种白色晶状体或白色透明细粉，极易吸潮，稳定性较好的可在 pH 为 3～6 的溶液中放置 1 年以上，能耐 200℃ 以上高温，具有较好的水溶性和吸水性。

L-肉碱是一种必需营养素。人和大多数动物可通过自身合成来满足 L-肉碱的需要。L-肉碱的主要食物来源是红肉，其他食物如鱼、家禽的瘦肉、羊肉、兔肉、牛奶、小麦和鳄梨等均含有该营养素。

许多病人如心脏病、高血脂症、肾病、肝硬化、营养不良、甲状腺功能低下以及某些肌肉和神经性疾病患者，其肉碱水平普遍低下。禁食、素食、剧烈运动、肥胖、怀孕、男性不育等人群容易缺乏肉碱。膳食中赖氨酸、维生素及铁含量低也导致肉碱的缺乏。

从膳食中摄入 L-肉碱能被人体完全吸收，体内吸收的部位是小肠。肝脏和肾脏是体内生物合成肉碱的主要器官。吸收的 L-肉碱经人体代谢后以游离碱的形式由肾脏排出，其中90％以上被肾小管重吸收。

（1）L-肉碱的生理功能

① 促进脂肪酸的运输和氧化 L-肉碱主要功能是作为载体以酯酰肉碱的形式将长链脂肪酸从线粒体膜外运到膜内，在线粒体内进行 β-氧化，促进三羧酸循环的正常进行，从而产生三磷酸腺苷，协助细胞完成正常的生理功能和能量代谢。

② 调节线粒体体内酰基比例 线粒体内酰基 CoA/CoA 比例的稳定对能量代谢有重要作用。若线粒体基质中的乙酰基不及时运出，内酰基 CoA/CoA 比例上升，对丙酮酸脱氢酶有抑制作用，从而影响能量代谢。

③ 抗疲劳 碳水化合物的酵解产物乳酸，蛋白质的代谢产物氨类物质和脂肪分解的中间产物脂肪酸、酮体大量存在血液和组织中，使机体产生疲劳。

L-肉碱有促进脂肪氧化供能、提高呼吸链酶的活性进而促进机体的有氧氧化供能作用。有氧氧化占优势，则碳水化合物的酵解降低，所产生的乳酸就少；脂肪氧化充分，蛋白质的分解代谢减慢，产生的氨类、尿素就少。

④ L-肉碱加速精子的成熟 L-肉碱是精子成熟的一种能量物质，具有提高精子数目与活力的功能。调查表明，精子数目与活力在一定范围内与膳食中 L-肉碱的供应量成正比，且精子中 L-肉碱的含量也与膳食中 L-肉碱的含量呈正相关。

⑤ L-肉碱与骨形成 L-肉碱能促进人成骨细胞增殖和分化。L-肉碱促进能量代谢，增加成骨细胞的活性；胰岛素样生长因子结合蛋白的介导作用，其通过细胞自分泌或旁分泌调节骨代谢，刺激成骨细胞的活化及骨矿化，促进骨形成；L-肉碱通过抑制凋亡因子的活化而抑制人成骨细胞凋亡，从而促进骨形成，减少骨量丢失。

⑥ L-肉碱与肾病 与肾功能正常者比较，肾衰者饮食摄入和内源性合成 L-肉碱减少，胃肠道吸收减少。L-肉碱是小分子物质，不与蛋白质结合，透析过程缺乏选择性，丢失较多。透析患者多伴随血脂代谢异常，导致 L-肉碱需要增加。

（2）L-肉碱与减肥

L-肉碱是脂肪代谢过程中一种必需的辅酶，能促进脂肪酸进入线粒体进行氧化分解。若脂肪不进入线粒体，不管如何锻炼或节食都不能消耗脂肪。L-肉碱作为脂肪酸 β-氧化的关键物质，能够在机体内除去多余的脂肪及其他脂肪酸的残留物，使细胞内的能量得到平衡。

L-肉碱只是一种运载工具，脂肪消耗多少并不取决于 L-肉碱，而是取决于脂肪酸的结构和大小。若运动量不大，脂肪消耗不多，即使增加 L-肉碱也不会增加脂肪的氧化功能，故对减肥作用不大。

L-肉碱不是减肥药，它的主要作用是运输脂肪到线粒体中燃烧，是一种运载酶。要想采用 L-肉碱减肥，必须配合适当的运动，控制饮食。

L-肉碱是一种很重要的营养剂，非常安全，在婴儿配方奶粉中也有添加。服用 L-肉碱需要注意的是：在夜间太晚的时间服用影响睡眠，服用过量的 L-肉碱部分人会导致轻度腹泻。在一般 L-肉碱减肥产品中，初次服用后，有部分人会出现轻微头晕或口渴。

（3）L-肉碱的制备

$$L\text{-苹果酸} \xrightarrow[\text{40℃/5.5h/减压蒸馏/重结晶}]{\text{乙酰氯（AcOCl）}} 白色结晶 \xrightarrow[\text{回流 30min}]{\text{甲醇（MeOH）}} 无色油状物$$

$$\xrightarrow[\text{回流 30min}]{\text{硼氢化钠/叔丁醇}} 淡黄色油状物 \xrightarrow[\text{甲苯/三乙胺/催化剂}]{\text{(S)-3-羟基丁内酯}} \text{(S)-3-羟基丁内酯甲磺酸盐} \xrightarrow[\text{三甲胺/25～70℃/16h}]{} L\text{-肉碱}$$

11.3.2　嘌呤

嘌呤主要以嘌呤核苷酸的形式存在于身体内，在作为物质提供能量供应、代谢调节及组成辅酶等方面起着十分重要的作用。嘌呤的分子式为 $C_5H_4N_4$，无色结晶。

嘌呤经过一系列代谢变化，最终形成的产物 2，6，8-三氧嘌呤即尿酸。嘌呤的来源为核酸的氧化分解（内源性嘌呤）和食物摄取（外源性嘌呤）。尿酸在人体内没有什么生理功能，在正常情况下，体内产生的尿酸，2/3 由肾脏排出，余下的 1/3 从肠道排出体外。体内尿酸是不断生成和排泄的，因此它在血液中维持一定的浓度。正常人每升血中所含的尿酸，男性为 0.42mmol/L 以下，女性则不超过 0.357mmol/L。

在嘌呤的合成与分解过程中，有多种酶参与，由于酶的先天性异常或某些尚未明确的因素，代谢发生紊乱，尿酸的合成增加或排出减少，结果均可引起高尿酸血症。当血尿酸浓度过高时，尿酸即以钠盐的形式沉积在关节、软组织、软骨和肾脏中，引起组织的异物炎症反应而患痛风。

嘌呤在人体内氧化变成尿酸，人体尿酸过高就会引起痛风，而医治痛风的药物一般对肾都有损害。痛风的患者饮食要忌口的高嘌呤食物有豆类及蔬菜类，如黄豆、扁豆、紫菜、香菇；肉类，如家禽家畜的肝、肠、心、肚、胃、肾、肺、脑与胰等内脏，肉脯，浓肉汁，肉馅等；水产类，如鱼类（鱼皮、鱼卵、鱼干以及沙丁鱼、凤尾鱼等海鱼）、贝壳类、虾类；还有酵母粉，各种酒类尤其是啤酒。

（1）香菇嘌呤

香菇属于侧耳科担子菌，香菇嘌呤亦称 D-赤酮嘌呤，其分子式为 $C_9H_{11}O_4N_5$，化学名为 2(R),3(R)-二羟基-4-(9-腺嘌呤) 丁酸。香菇嘌呤在热水中呈针状结晶，熔点 279℃，具有旋光性。

香菇嘌呤具有降血脂的活性，口服效果好。香菇嘌呤不仅能降低摄入过量酪蛋白引起的血清高胆固醇，还能降低胆汁液中的胆固醇，增加去氧胆酸的含量，对严重心脏发作病人的康复也有促进作用。香菇嘌呤具有降血脂、降胆固醇的作用，还具有抗病毒、解毒等作用。

香菇嘌呤

（2）灵芝嘌呤

灵芝嘌呤是从薄盖灵芝发酵无菌丝体的水溶性成分中分离出的开链核苷化合物，其分子式为 $C_{11}H_{15}N_5O$，化学名为 N-9-[4-(4,4-二甲基)丁酮-2] 腺嘌呤，熔点 151～152℃。

灵芝嘌呤具有明显镇静中枢神经及抗惊厥作用，对甲丙氨酯、地西泮等安眠药有协同作用；灵芝嘌呤还可抑制无水乙醇对实验动物引起的消化性溃疡。

灵芝嘌呤

11.3.3　潘氨酸

潘氨酸（旧称维生素 B_{15}，）亦称二甲基甘氨酸葡萄糖酸酯。潘氨酸的分子式为 $C_{10}H_{19}O_8N$，易溶于水的白色结晶。其结构式为：

（1）潘氨酸的生理功能

① 激发甲基转移　在机体内的生化反应过程中，潘氨酸可以为一些化合物提供活泼的甲基。潘氨酸可以通过给肌肉和心脏组织中的胍基乙酸提供甲基，促进机体内肌酸的生物合成。机体在休息状态下，机体内多余的 ATP（三磷酸腺苷）可以与肌酸结合成较为稳定的磷肌酸形式储存于肌肉中。当机体需要时磷肌酸可以释放出储存的能量。

② 促进氧吸收　潘氨酸能够促进心肌及其他组织对氧的摄入，这样可以防止活体组织出现供氧不足。尽管潘氨酸不增加氧的总供氧量，但可以提高氧从血液转移到组织细胞的效率，所以潘氨酸具有消除疲劳、增强机体活力的功能，同时也可增强机体的耐力。

（2）潘氨酸与疾病

① 与心血管的关系　临床试验表明，潘氨酸可以提高动脉硬化患者的心肌活动能力，缓解心肺功能不足、心绞痛患者的症状，增加充血性心力衰竭患者的排尿量，降低血压并消除水肿。对严重心脏发作病人的康复也有促进作用。

② 与肝炎的关系　潘氨酸对成人急、慢性肝炎患者有很好的疗效，对儿童传染性肝炎造成的肝肿大有明显效果，可以迅速降低转氨酶的浓度及黄疸的程度。

③ 与皮肤病的关系　潘氨酸对多种皮肤病有一定的疗效，对湿疹、牛皮癣、荨麻疹等皮肤病患者的发炎、肿胀及瘙痒等症状有所减轻。

④ 与肿瘤的关系　肿瘤形成的主要原因是正常细胞中有氧呼吸被肿瘤细胞的糖酵解途径所取代，导致正常细胞死亡和肿瘤细胞的大量增殖。潘氨酸具有促进细胞有氧呼吸的生理功能，预防细胞缺氧、抑制癌细胞的生长。

11.4　叶绿素与皂苷

11.4.1　叶绿素

叶绿素是植物体内光合作用赖以进行的物质基础，广泛存在于高等植物的叶绿体中，是叶绿体中最为重要的一类含脂光合色素，位于类囊体膜。

光合作用是通过合成一些有机化合物将光能转变为化学能的过程，即叶绿素从光中吸收能量，将 CO_2 转变为碳水化合物。叶绿素吸收大部分的红光和紫光后而使叶绿素呈现绿色，它在光合作用的光吸收中起核心作用。

（1）叶绿素的结构

叶绿素包括叶绿素 a、b、c、d、f 以及原叶绿素和细菌叶绿素等。叶绿素是叶绿酸、叶绿醇及甲醇组成的酯，它是镁的配合物，叶绿素 a 分子式为 $C_{55}H_{72}N_4O_5Mg$，叶绿素 b 分子式为 $C_{55}H_{70}O_6N_4Mg$，即卟啉分子与镁原子配位，形成镁卟啉。

R=CH₃　　叶绿素a
R=CHO　　叶绿素b

叶绿素分子是由两部分组成的，核心部分是一个卟啉环，其功能是吸收光，另一部分是一个很长的脂肪烃侧链，称为叶绿醇，叶绿素用这种侧链插入类囊体膜。叶绿素分子通过卟啉环中单键和双键的改变来吸收可见光。各种叶绿素之间的结构差别很小。

（2）叶绿素性质

高等植物叶绿体中的叶绿素主要有叶绿素 a 和叶绿素 b。它们不溶于水，而溶于有机溶剂如乙醇、丙酮、乙醚、氯仿等。由于结构上的差别，叶绿素 a 呈蓝绿色，b 呈黄绿色。在光照下易被氧化而褪色。

叶绿素分子含有一个卟啉环和一个叶绿醇。镁原子居于卟啉环的中央，偏向于带正电荷，与其相联的氮原子则偏向于带负电荷，因而卟啉具有极性，是亲水的，可以与蛋白质结合。

卟啉环中的镁原子可被氢离子、铜离子、锌离子所置换。用酸处理叶片，氢离子易进入叶绿体，置换镁原子形成去镁叶绿素，使叶片呈褐色。去镁叶绿素易与铜离子结合，形成铜代叶绿素，颜色比原来更稳定。根据这一原理用醋酸铜处理来保存绿色植物标本。

（3）叶绿素的生理功能

① 抗突变作用　叶绿素、叶绿酸具有强烈的抑制突变作用，可以钝化致突变物质的活性，其中叶绿酸对致突变物质的作用强。叶绿素、叶绿酸可以与 Trp-P-2 活体形成复合物，降低活性，抑制致突变性物质的代谢，促进机体的解毒作用，阻碍致突变物质的生物合成。叶绿素具有抑制黄曲霉素、苯并芘等致癌物的致突变作用。叶绿素铁对过氧化酶的活性有抑制作用。

② 抗变态作用　叶绿素具有抗过敏和抗补体的作用。口服叶绿素铜衍生物对慢性荨麻疹及顽固性荨麻疹、支气管炎、慢性湿疹、冻疮等变态反应有明显作用。

③ 促进伤口愈合　叶绿素能够促进刀伤、烧伤、溃疡等伤口肉芽的新生，加速伤口的痊愈。叶绿素铜具有保护胃壁和抗胃蛋白酶的作用。

④ 降低胆固醇　叶绿素、脱镁叶绿素、脱镁叶绿酸等具有降低胆固醇的作用，降低胆

固醇的作用与叶绿素中配位金属的元素有关。

⑤ 脱臭作用　叶绿素对脚臭、腋臭及抽烟等产生的口臭都有良好的除臭作用，叶绿素可以除去臭味的原因是抑制机体代谢过程中产生的硫化物。

（4）叶绿素与疾病

人们对叶绿素的治疗作用进行了大量研究，发现叶绿素对人体具有广泛的药用价值，可以祛病延年，被誉为"天然长寿药"。

① 叶绿素与感染　叶绿素具有很强的清除感染能力，无论对机体内感染或者外伤均有显著治疗作用，尤其对厌氧菌感染效果更好。叶绿素溶液可以内服，也可涂搽患处。

② 叶绿素与炎症　叶绿素具有防止炎症扩散、止疼等功能。感冒患者将叶绿素溶液内服、口腔含漱，每日数次，1～2 天后症状减轻。每日三餐前饮一杯叶绿素浓溶液，可以显著减轻关节炎患者的疼痛，并对胃、十二指肠溃疡有治疗作用。叶绿素浓溶液漱口可治疗牙槽溢脓、牙周炎等多种口腔疾病。用叶绿素溶液冲洗阴道可以中和毒性物质，保持阴道环境正常，治疗阴道炎，预防宫颈癌。

③ 叶绿素与贫血　叶绿素是天然的造血原料。大量研究表明，叶绿素可增强心脏功能，促进肠道机能还能刺激红细胞生成，对治疗贫血有益。

④ 叶绿素与维生素　叶绿素是人体生命活动中不可缺少的物质，还可以保持体液的弱碱性，有利于健康。

⑤ 叶绿素与机体异味　叶绿素还是良好的除臭剂，只要多喝点含叶绿素的蔬菜汁，就能使口腔、鼻腔、身体散发出的口臭、汗味、尿味、粪便味等异味消失。

叶绿素还具有促进肠蠕动、缓解便秘的功能，以及美容养颜的作用等。

（5）叶绿素的制备

$$新鲜绿叶 \xrightarrow[20℃/丙酮（少量碳酸钙）萃取]{韦氏搅切器（切碎）} 过滤 \xrightarrow[弃去丙酮和水溶杂质]{石油醚，丙酮} 石油醚溶液$$

$$\xrightarrow[洗涤]{石油醚/甲醇} 黄绿色悬浮液 \xrightarrow[蔗糖粉末柱（去掉类胡萝卜素）]{无水硫酸钠（干燥）} 叶绿素 a 及叶绿素 b$$

11.4.2　皂苷

皂苷（亦称皂素）是苷元为三萜或螺旋甾烷类化合物的一类糖苷，中草药如人参、远志、三七、桔梗、甘草、知母和柴胡等的主要有效成分都含有皂苷。

（1）皂苷的结构和性质

皂苷由皂苷元与糖构成。组成皂苷的糖常见的有葡萄糖、半乳糖、鼠李糖、阿拉伯糖、木糖、葡萄糖醛酸和半乳糖醛酸等。苷元为螺旋甾烷类（C-27 甾体化合物）的皂苷称为甾体皂苷。燕麦皂苷 D 和薯蓣皂苷为甾体皂苷。苷元为三萜类的皂苷称为三萜皂苷，大部分三萜皂苷呈酸性，少数呈中性。皂苷根据苷元连接糖链数目的不同，可分为单糖链皂苷、双糖链皂苷及三糖链皂苷。

皂苷的化学结构中的苷元具有不同程度的亲脂性，糖链具有较强的亲水性，使皂苷成为一种表面活性剂，水溶液振摇后能产生持久性的肥皂样泡沫。一些富含皂苷的植物提取物被用于制造乳化剂、洗洁剂和发泡剂等。皂苷在植物界分布很广，用皂荚洗衣服的原因是皂荚中含有皂苷类化合物。

（2）皂苷的生理功能

① 免疫调节作用　皂苷对人体的免疫系统具有调节作用，包括免疫促进和免疫抑制作

用。免疫促进作用的方式包括促进粒细胞和巨噬细胞的吞噬作用，增强 T 细胞活性，促进淋巴细胞转化。免疫抑制作用为抑制细胞的活化和对其他细胞的细胞毒作用。

许多皂苷具有调节人体免疫系统的功能，如人参皂苷、绞股蓝皂苷等。从皂树（蔷薇科）中得到的皂苷作为免疫辅助剂在市场上有售，其中皂苷成分的 Q521 是从中分离出来具有很强活性而无细胞毒作用的分子。具有免疫抑制作用的其他皂苷包括从人参、刺五加（五加科）、坡柳、大叶合欢（豆科）、金盏花、银柴胡（石竹科）和扁豆（豆科）等植物中分离的皂苷。

② 抗肿瘤作用 百合科的虎眼万年青胆固醇类皂苷及其同系物，它们在体外对人体细胞无毒性，而对恶性肿瘤细胞却具有极强的毒性，可达临床常用抗癌药物如丝裂霉素、顺铂、喜树碱和紫杉醇的 100 倍。

七叶一枝花（百合科）中的螺旋固醇烷皂苷 Pb，如埃及酸叶木（蒺藜科）、龙血树（龙舌兰科）、苦茄（茄科）、灰叶烟草（茄科）和挂兰（百合科）等植物的类固醇类皂苷具有抗肿瘤和细胞毒作用。

肥皂草、铁仔、长春藤、阔藤子（豆科）、白蜡槭（槭树科）、韭叶柴胡（伞形科）、镰扁豆（豆科）、腺毛唐松草（毛茛科）、绞股蓝（葫芦科）、紫藤（豆科）和大豆（豆科）等植物的三萜皂苷也具有抗肿瘤作用。

③ 心血管活性 皂苷可以提高浆膜的渗透性、正性肌力、抗心律失常、舒张血管、降低血压、止痛、抗高胆固醇和保护毛细血管等。人参中的达玛烷皂苷、黄芪中的阿屯皂苷和重楼中的类固醇皂苷等具有心血管活性。强心苷（洋地黄苷）是一类对心脏有独特作用的重要化合物。

直接用于临床的药物是类固醇类总皂苷，治疗心脑血管系统疾病疗效显著。地奥心血康胶囊就是植物黄山药中提取的含 8 种类固醇类皂苷的纯中药制剂，具有活血化瘀、行气止痛、扩张冠脉血管、改善心肌缺血的功效。心脑舒通就是蒺藜果实总类固醇类皂苷的制剂，用于治疗冠心病、心绞痛、心肌缺血、脑动脉硬化症和脑血栓形成的后遗症、慢性肺原性心脏病等。

④ 抗微生物作用 三萜皂苷和类固醇类皂苷均具有植物抗病原体和人类抗病原体的作用。

皂苷抗真菌的机制是皂苷与真菌浆膜中的类固醇形成一种复合物而破坏了真菌细胞膜的半透性。显示杀真菌活性的皂苷通常为具有 4～5 个单糖的单糖链皂苷，短的糖链导致低水溶性及弱的杀真菌活性。

甘草的甘草酸单钾盐（香树脂素皂苷）体外浓度在 $5\mu mol/L$ 时可灭活麻疹病毒和疱疹病毒。柴胡皂苷能抑制多种 DNA 和 RNA 病毒，能不可逆地灭活单纯疱疹病毒，对人类免疫缺陷病毒也有抑制作用。鹅掌草（毛茛科）的弛缓素 B 可抑制 RNA 肿瘤病毒的逆转录。海绿（报春花科）、匙羹藤（萝摩科）、钩藤（茜草科）、金盏草（菊科）的皂苷具有抗各种病毒的活性。海星、刺冠海星和海燕的类固醇类皂苷，可抑制流感病毒复制。

积雪草的三萜皂苷具有抗致腹泻细菌的作用，龙血树的螺旋固醇烷皂苷、海星的紫菀皂苷具有抗革兰氏阳性菌作用。

⑤ 抗炎、抗渗出及抗水肿作用 炎症的初期阶段往往表现为血管通透性增加，组胺、血胺和碱性多肽的释放，并伴充血和水肿。具有抗渗出、抗水肿作用的皂苷也是抗炎物质，如甘草皂苷等。

⑥ 其他作用　大多数皂苷对黏膜有非特异性的刺激作用，从远志、报春花根、甘草、丝石竹属和长春藤属等中分离出的皂苷具有祛痰作用。从丝瓜（葫芦科）中分离出的皂苷具有镇咳作用。黄芪、木通、治疝草、硬毛治疝草、问荆、刺芒柄、三色堇和豇豆等提取的皂苷因对肾小球有局部刺激作用，因而能有利尿作用。人参皂苷和柴胡皂苷等具有减少促肾上腺皮质激素和皮质酮分泌的作用。

（3）皂苷的提取

中草药如三七 $\xrightarrow[\text{减压浓缩}]{\text{甲醇或工业乙醇}}$ 提取物 $\xrightarrow[\text{（弃去脂溶性成分）}]{\text{氯仿＋水或乙酸乙酯＋水}}$ $\xrightarrow[\text{浓缩}]{\text{正丁醇/水}}$ 总皂苷

第三篇
功能性食品原料来源

第12章
海洋生物功能性食品

海洋是巨大的物质宝库，也是功能性食品原料的重要来源。迄今为止，从各类海洋生物中分离获得的一万余种化合物，近二分之一具有各种生物活性。海洋生物包括海洋动物、海洋植物和海洋微生物。

占地球总面积71%的海洋蕴藏着极其丰富的生物资源，生物种类大约20万种。由于海洋环境的特殊性，很多的海洋生物在高盐、高压、缺氧等艰难而苛刻的生活环境中生长，长期进化和发展的过程中，为适应生存和竞争生存空间，形成并产生了许多结构独特而药理作用显著的海洋次生代谢物质，如抗菌、抗病毒、抗肿瘤、抗氧化等活性物质。

对海藻、鱼类、牡蛎、龟鳖类进行深加工，用现代科技手段将其中具有生理调节功能的物质提取制成功能食品。目前螺旋藻的开发已成为热点，并被誉为21世纪的优秀健康食品，螺旋藻的藻蓝蛋白已作为一种食用色素，用于生产眼睑膏、口红等。

从海洋生物中提取的具有抗心血管疾病天然活性物质的研究是海洋功能性食品原料研究的又一重点。目前，科研人员已获得一批具有药理活性的天然化合物，多为萜类、多糖类、多不饱和脂肪酸、喹啉酮类、生物碱类、肽类和核苷类等物质。藻酸双酯钠（ppsNa）、甘糖酯等先后投产上市，使人们看到了海洋药物产业化的希望。

在已发现的海洋天然产物中的化合物结构新颖、独特，活性十分显著，海洋天然产物已成为重要的有效化合物或先导化合物来源。已从海洋生物中获得抗肿瘤、抗病毒、抗心脑血管疾病的新药，其中海洋生物抗肿瘤活性物质研究进展很快，是海洋药物开发的重要方向。

12.1 海洋动物类

鱼类是海洋脊椎动物中一大家族。近年来，随着对鱼类药用研究的深入，已从鱼类中提取出了多种抗凝血、抗血栓活性物质。其中，二十碳五烯酸（EPA）和二十二碳六烯酸（DHA）均能减少血浆甘油三酯和脂蛋白水平，防止微循环血小板聚集和抑制免疫细胞黏附，减缓动脉粥样硬化的发展。

① 鲨鱼软骨：鲨鱼软骨中含有大量的黏多糖，具有抗凝血、溶血栓、提高机体免疫力等生理功能。最早从鲨鱼软骨中提取的药用成分为硫酸软骨素，主要治疗心血管疾病，可以抗动脉硬化和血管内部斑块形成，可以防止脂蛋白脂肪酶的激活作用引起的脂质沉积，抑制血栓形成，具有抗凝血和降血脂作用。

鲨鱼软骨作为抗肿瘤药是非特异性的，是通过阻止肿瘤周围毛细血管生长而达到抑制肿瘤生长的作用。鲨骨精胶囊对肺癌、肝癌、乳腺癌、消化道肿瘤、子宫颈癌、骨癌等有治疗作用。

鲨肝醇是从鲨鱼肝中取得，后发现在其他如柔鱼蟹类等中亦有存在。口服可升白细胞、抗放射损伤，现用于各种原因引起的粒细胞减少症。鲨鱼油以姥鲨鱼肝油中的角鲨烯及多种不饱和酸的综合成分研制成口服乳剂，能明显增强机体的抗癌能力，经组织学观察表明，其能趋向性进入肿瘤细胞内，使肿瘤细胞退化和坏死。

② 斑海马：斑海马的甲醇提取物（ETH）有效成分为长链不饱和脂肪酸，实验表明对颈动脉血栓以及脑血栓形成有极其显著的抑制作用，提示 ETH 具有抑制血小板黏附聚集的功能。

③ 海豹肽：海豹肽为从海豹骨骼肌肉中提取的含有 20 种氨基酸的肽类，对肿瘤亦有一定疗效。

④ 降钙素：降钙素是由鲑鱼、鳗鱼、鳟鱼等鳃体组织中提取 32 个氨基酸组成的直链多肽，主要用来治疗骨转移性肿瘤的高钙血症及早期诊断甲状腺髓样癌。

⑤ 鱼肝油酸钠：用鱼肝油酸钠制成注射液，作为硬化剂用于下肢静脉曲张及晚期宫颈癌。多不饱和脂肪酸又称高度不饱和脂肪酸（HUFA），以鱼类、藻类为原料的鱼油制剂种类很多，ω-3 系的二十二碳六烯酸（DHA）有防止大脑功能衰退及抗癌作用。

⑥ 海参：我国传统的补益药膳原料，含有多种活性物质。从刺参体壁中提取的一种黏多糖（SJAMP），其化学成分为氨基己糖、己糖醛酸、岩藻糖和硫酸酯，平均分子量为55000。初步临床实验证明，SJAMP 对弥漫性血管内凝血（DIC）和血栓形成具有较强的抑制效果。

⑦ 海葵：具有神经毒性和抗凝血作用，其抗凝血成分可延长凝血时间（为肝素的 14倍）。研究比较深入的是海葵多肽毒素（Ap-A，Ap-B，Ap-C），它们具有显著的强心作用，可以增强心肌收缩力，并有降血脂、抗凝血、降低血液黏度、抑制血栓形成以及改善心肌梗死等作用。

⑧ 海仙人掌：有抗应激、抗氧自由基、降低全血黏度、防止血栓形成、预防或改善心脑血管疾病的作用。

⑨ 黏性甲壳素：经过脱乙酰基后又称为壳聚糖，再经过低分子化处理后得到的氨基多糖，有降低血清胆固醇作用，并能使血小板黏附率降低。对比羧甲基壳聚糖、羟乙基壳聚糖和乙基壳聚糖的抗凝血活性，研究结果表明羧甲基壳聚糖的抗凝血活性最高。

12.2　海洋植物类

海洋药用植物种类繁多，绝大多数是各种藻类（包括褐藻、红藻、绿藻和蓝藻等）。科学家研究了藻类中所含的抗血栓活性物质。藻类是硫酸多糖的重要来源，作为抗凝血物质的藻类抗凝多糖主要从褐藻、红藻中分离，极少来自绿藻。海藻提取物具有抗凝血、抗血小板聚集和降血脂等生理活性。

海藻含有多种多样结构新颖独特的化合物，海藻所含抗菌活性物质包括脂类、酚类、萜类、多糖类、卤化物、含硫化合物等。

海藻是一类海洋低等隐花植物，种类多，分布广。我国有着丰富的海藻资源，包括了蓝藻、红藻、褐藻和平绿藻等。现已开发利用的经济藻类主要有：褐藻门的海带、裙带菜、巨藻、马尾藻，红藻门的紫菜、江蓠、麒麟菜、石花菜等。

海藻不仅具有降血脂、胆固醇，预防脂肪肝，而且还具有消除和抑制脂肪生成的减肥功能。海藻还具有抗肿瘤、抗衰老等生理功能。

① 降低胆固醇：从绿藻礁膜中分离出的 β-丙氨酸甜菜碱（β-Alanine betaine）能降低血浆胆固醇的含量。

② 降血压、降血脂：海藻中的昆布具有明显的降压、强心的功能。

③ 抗肿瘤：海藻中的血细胞凝集素具有抗肿瘤活性。这些凝集素的分子量通常在 4200～60000 之间，能凝集多种细胞，包括恶性肿瘤细胞。当含凝集素的海藻提取液与肿瘤细胞接触时，即可起到抑制其活性的作用。

④ 抗菌作用：褐藻门、红藻门、绿藻门对大肠杆菌、枯草杆菌、啤酒酵母菌、青霉菌都具有不同程度的抗菌作用。从舟形藻属的硅藻提取物分离出十六碳四烯酸和十八碳四烯酸两种生物活性成分，前者对金黄色葡萄球菌、表皮葡萄球菌和鼠伤寒沙门菌都有显著的抑制作用，后者对普通变形杆菌也有明显的抑制作用。

⑤ 抗病毒作用：从红藻和角叉菜中提取的琼胶和卡拉胶均含有抗菌、抗病毒活性的聚半乳糖醛酸酯多糖聚合物。琼胶对脑膜炎病毒、卡拉胶对 B 型流感病毒都具有抑制作用。

12.2.1 褐藻

褐藻门藻类裙带菜、海带、马尾藻等均可用于提取影响血管功能的血管活性物质。中药海藻为马尾藻科植物海蒿子或羊栖菜的干燥藻体，具有软坚散结、消痰利水之功效。中药海蒿子表现出较弱的抗凝活性。

① 海带是褐藻门的一种常见褐藻。海带中 3 种主要多糖褐藻胶、褐藻糖胶和海带淀粉在体内体外均有抗凝血作用。海带中提取的褐藻糖胶粗多糖，具有抗凝血作用。

② 临床上应用的藻酸双酯钠（PSS）是在褐藻酸钠的分子上分别引入磺酰基以及丙二醇基而形成的双酯钠盐，具有明显的抗凝血、抑制血小板聚集等作用，其换代产品甘糖酯（PGMS）疗效更高。

③ 以褐藻酸为原料经过磺化、酯化而成的硫酸酯的钠盐系列之一褐藻酸钠硫酸酯（SASs），能延长大鼠凝血酶原时间和减缓动脉血栓形成，具有类似肝素样抗凝物质的作用。

④ 褐藻糖胶即褐藻多糖硫酸酯（简称 FPS），是褐藻中特有的一种化学成分，其主要成分是 α-L-岩藻糖-4-硫酸酯的多聚物，同时含有不同比例的半乳糖、木糖、葡萄糖醛酸和少量的蛋白质。

12.2.2 红藻

紫菜、石花菜、江篱等是红藻门常见海藻。紫菜多糖分子量约为 74000，能促进蛋白质的生物合成，增加机体的免疫力，对多种老年性疾病有防治作用。同时，它还具有抗凝血、降低血液黏度和抑制血栓形成的作用，对预防动脉粥样硬化、改善心肌梗死症状具有重要意义。

12.2.3 绿藻

绿藻中多糖类物质的抗凝血活性所见报道不多。从长松藻分离出的半乳聚糖硫酸酯具有抗凝血活性。对 30 种海洋绿藻的脂肪酸进行分类与评价，结果分 5 类，Ⅰ 类含 EPA 和 DHA 最高，Ⅳ 类含总（ω-3）PUFAs 最高。由于 EPA、DHA 具有强抗凝血作用，某些海洋绿藻 PUFAs 可作为抗凝血物质的良好来源。

12.3 海洋微生物

从一株海洋假单胞菌中分离制备出一种具有纤溶活性以及抗血栓形成作用的酶——海洋假单胞菌碱性蛋白酶，在对大鼠静脉给药后，发现具有较强的直接溶解纤维蛋白的作用，血栓形成时间明显延长，血小板聚集率显著降低，具有明显的抗血栓作用。

第13章
藻类功能性食品

13.1 螺旋藻

螺旋藻是蓝藻门的一种海藻，通常所说的螺旋藻指形体较大的钝顶螺旋藻和巨人螺旋藻。螺旋藻是至今为止自然界中营养最丰富最全面的天然食物。它含有丰富的蛋白质、氨基酸、多糖、不饱和脂肪酸、β-胡萝卜素、藻蓝素、多种维生素、矿物质和微量元素，具有抗疲劳、降血脂、降胆固醇、助消化、增强免疫力、抗肿瘤、抗衰老、增强学习记忆力、抗辐射保护等多种功效。

（1）蛋白质与脂肪

螺旋藻的蛋白质不论在数量还是在质量上都有其独特的优势，其蛋白质含量高达60%～70%，这在自然界天然食物中可能是最高的。

海藻凝集素是一类单纯蛋白质，氨基酸组成多为甘氨酸、丝氨酸及酸性氨基酸。海藻凝集素具有细胞凝集、激活淋巴细胞、抑制肿瘤细胞增殖和抑制血小板凝集等生物活性。

螺旋藻中的大量γ-亚麻酸具有健脑益智、清除血脂、调节血压及胆固醇的作用。

（2）维生素

螺旋藻细胞分裂活跃、生长迅速、代谢旺盛，因此与生长发育直接相关的各种维生素也很丰富，尤其是胡萝卜素、维生素E和维生素C的含量较高，每100g干藻中上述维生素的含量分别达到400mg、4mg和8.8mg。螺旋藻还含有普通食物所罕见的牛磺酸、藻蓝素及新陈代谢酶。

β-胡萝卜素是最有效的自由基清除剂之一，也是最有效的抗肿瘤维生素之一，它在螺旋藻中的含量高达200～400mg/100g。β-胡萝卜素在体内还可转化为维生素A，对视觉系统有保健作用。

（3）微量元素

螺旋藻的矿物质含量相当高，也含有丰富的微量元素，相对于普通陆生食物来说其硒的含量尤其高。钝顶螺旋藻含有丰富的活性铁，对贫血小鼠有良好的防治效果。

（4）多糖

螺旋藻多糖的抗肿瘤作用主要是通过增强免疫系统活力来实现的。

① 海藻多糖硫酸酯是天然类肝素物质，能提高人体免疫力，具有抗肿瘤、抗艾滋病毒的功效。螺旋藻多糖具有明显的抗癌作用。螺旋藻中分离出的水溶性多糖——螺旋藻多糖（SP-1），动物实验表明它能提高机体免疫力，抑制癌细胞增殖。

② 以螺旋藻为原料制成的富含螺旋藻多糖的片剂，对造血损伤有治疗作用，可提高血

浆中 SOD 含量，增强机体抗氧化能力，减轻化疗的毒副作用，并具有增强食欲和体质的功效。

③ 螺旋藻片对老年人的高血压、胃及十二指肠溃疡、糖尿病等均有显著功效，对体虚、精神萎靡、食欲不振的老年人的效果也较好。

13.2　小球藻

小球藻（又称日本小球藻）是属于单细胞藻类的海洋原绿球藻。小球藻营养丰富，藻体中蛋白质含量为 40%～50%，脂肪 10%～30%，碳水化合物 10%～25%，灰分 6%～10%，并含有 8 种必需氨基酸和高含量的维生素。

小球藻是优良的功能性食品资源，原因是其细胞壁薄，纤维素含量低，机体易于消化吸收。

小球藻既可作为水产养殖的饵料，又可以作为食品、辅助食品或食品添加剂，其藻粉可添加到面包、小吃、果汁饮料、酱品等多种食物中。

13.3　杜氏藻

盐生杜氏藻（又名盐藻）属绿藻门，真绿藻纲，团藻目，盐藻科，杜氏藻属。杜氏藻形态上类似于衣藻，为单细胞绿藻，通常为卵形，可运动。

杜氏藻的主要产品是胡萝卜素，副产品有甘油和蛋白质等。存在于杜氏藻中的二羟基丙酮还原酶已实现工业化分离、纯化和商业销售。

杜氏藻合成积累类胡萝卜素也是对环境条件的适应，并受多种环境因素的影响。当培养基中 NaCl 浓度为 5%～15% 时，细胞呈绿色；当 NaCl 浓度达 20% 时，细胞呈黄色；当 NaCl 浓度为 25% 时，细胞呈红橙色。这种红橙色的细胞，每 109 个细胞内约含 30mg 类胡萝卜素。若光强增加超过正常生长所需的光强，以及在缺 N、P 和低溶氧条件下，杜氏藻合成积累大量的类胡萝卜素。类胡萝卜素的积累可保护细胞免受高光强辐射引起的损伤，这是细胞的一种主动保护反应。

甘油是杜氏藻细胞的渗透调节剂，当细胞在不同盐浓度的培养基中生长时，细胞内的甘油含量与细胞的盐浓度呈正比。

第14章
根茎类功能性食品

14.1 大蒜

大蒜为百合科植物蒜的鳞茎，原产亚洲西部，我国种植时间已大约有 2000 年。大蒜是生活中的蔬菜和调料，具有去腥解腻、提味增香及杀菌等作用。

大蒜（按鳞茎的外皮）$\begin{cases} \text{紫（红）皮蒜：蒜瓣少而大，辣味浓，产量高（产地主要在华北、西北及东北}\\ \qquad\text{等地），耐寒性差，春季种植，成熟晚。}\\ \text{白皮蒜：有大瓣和小瓣之分，辛辣味较浓，较紫皮蒜耐寒，秋季种植，成熟}\\ \qquad\text{较早。} \end{cases}$

14.1.1 大蒜的化学组成与活性成分

以白皮蒜为例。

大蒜的营养成分（大约含量，可食部分）$\begin{cases} \text{粗纤维：1.0（g/100g）}\\ \text{还原糖：8.8（g/100g）}\\ \text{碳水化合物：26.6（g/100g）}\\ \text{蛋白质：7.3（g/100g）}\\ \text{脂肪：0.2（g/100g）}\\ \text{水：63.5（g/100g）}\\ \text{维生素 C：19.8（mg/100g）}\\ \text{矿物质}\begin{cases}\text{P：85.6（mg/100g）}\\ \text{Ca：17.8（mg/100g）}\\ \text{Fe：2.1（mg/100g）}\\ \text{Zn：2.0（mg/100g）}\end{cases} \end{cases}$

大蒜中含有 17 种氨基酸，其中赖氨酸、亮氨酸、缬氨酸的含量较高，蛋氨酸的含量较低，白皮蒜的必需氨基酸含量略低于红皮蒜，但氨基酸总量略高于红皮蒜。大蒜中的矿物质 P 含量最高，其次是 Ca、Fe、Zn 等。大蒜中还含有维生素 A、维生素 B_1、维生素 B_2、蒜氨酸、酶（蒜氨酸酶、水解酶、聚果糖苷酶、果糖苷酶、转化酶及过氧化酶等）、低聚肽类、柠檬醛、芳樟醇、α-水芹烯、前列腺素及皂素等。大蒜含有丰富的硫化合物，大约有30 种。

大蒜在组织完整时没有气味，一旦组织被破坏如食用或切开时就会有气味。原因是完整大蒜中所含蒜氨酸无色无味，在大蒜细胞中还含有蒜苷酶，它们彼此不接触，当细胞破裂时，蒜氨酸与蒜苷酶接触后水解成具有强烈辛辣气味的大蒜辣素。大蒜辣素不稳定，放置或水蒸气蒸馏后形成大蒜素和其他硫化物。

① 大蒜辣素（亦称蒜素），分子式为 $C_6H_{10}S_2O$，化学名为 2-丙烯基硫代亚磺酸丙酯，结构为：

$$\begin{array}{c} S-CH_2-CH{=}CH_2 \\ | \\ O{\leftarrow}S-CH_2-CH{=}CH_2 \end{array}$$

大蒜辣素

大蒜辣素呈油状液体，具有大蒜臭味，对皮肤有刺激作用，不耐热，对碱不稳定但对酸稳定，在水中的溶解度为 2.5%，水溶液呈弱酸性，与乙醇、乙醚及苯等混溶。大蒜辣素具有强力广谱杀菌活性，但性质不稳定。

② 蒜氨酸，分子式为 $C_6H_{11}NO_3S$，化学名为 S-烯丙基-γ 半胱氨酸亚砜，结构为：

$$CH_2{=}CH-CH_2\underset{\underset{S}{\overset{\uparrow}{}}}{}CH_2\underset{\underset{CH}{}}{}COOH$$

$$\overset{O}{\underset{}{\uparrow}} \qquad \overset{NH_2}{\underset{}{|}}$$

$$CH_2{=}CH-CH_2-S-CH_2-CH-COOH$$

蒜氨酸

蒜氨酸为无色无味针状结晶，易溶于水，不溶于乙醇、乙醚等有机溶剂，在大蒜中占 0.24%。

③ 大蒜新素（亦称大蒜素），分子式为 $C_6H_{10}S_3$，化学名为二烯丙基三硫化物，结构为：

$$\begin{array}{c} S-CH_2-CH{=}CH_2 \\ | \\ S \\ | \\ S-CH_2-CH{=}CH_2 \end{array}$$

大蒜新素

大蒜新素具有浓烈的大蒜臭味，难溶于水，溶于有机溶剂。大蒜新素具有较强抗霉菌和细菌能力，性质稳定，具有预防动脉硬化、降低血压、稳定血糖等生理活性。

14.1.2　大蒜的生理功能

（1）大蒜与心血管系统

① 降血脂和预防动脉硬化　食用大蒜后，内源性胆固醇合成减少，可以明显减少肝脏中脂质的合成。大蒜油（二烯丙基二硫化物）抑制了含有巯基基团的酶或底物的活性，从而降低了血脂。

② 抗血小板聚集　大蒜能够升高血小板的 cAMP（环磷酸腺苷）水平，抑制血小板的凝聚，能够改变血小板的理化性质，抑制血小板上纤维蛋白受体，使血小板膜上的巯基发生变化，从而影响血小板功能。

③ 增强纤维蛋白溶解活性　大蒜及其提取物可以有效降低高胆固醇饮食所引起的血浆纤维蛋白原水平的增加，有效抑制纤维蛋白溶解系统活性。

④ 扩张血管，降血压　大蒜糖配体是降血压作用的主要成分。

（2）大蒜与肿瘤

某些真菌与肿瘤的发生密切相关，真菌毒素可以直接致癌也能够促进其他致癌物质的合成如亚硝胺的合成。

大蒜及其有效成分具有抑菌作用，可阻断和抑制某些微生物对亚硝胺类在体内的合成并保护亚硝胺所致的组织损害，而且对肿瘤细胞有直接杀伤作用。

大蒜还能增强肿瘤患者的免疫反应，防止癌细胞的繁殖和扩散。

腌制蔬菜是一种富集硝酸盐的食物，硝酸盐可以被硝酸盐还原菌还原为亚硝酸盐，尤其是蔬菜腌制 2～5 天时间内的泡菜，都会出现"亚硝峰"，即亚硝酸盐高于新鲜的蔬菜。试验证明，大蒜对蔬菜乳酸发酵中亚硝酸盐形成的抑制率在 98％以上。其作用机理是大蒜的有效成分巯基化合物消除了发酵过程中所产生的亚硝酸盐，生成硫代硝酸酯类化合物，同时大蒜抑制了硝酸盐还原菌的生长，促进了乳酸菌的生长。

（3）大蒜与肝脏

肝细胞中含有很多的线粒体和小胞体。线粒体可以保护细胞，防止有害物质侵入，并且能把有害物质转变成对人体有利的物质，还能把由于人体疲劳而蓄积的无用物质排出体外；小胞体不仅能够制造蛋白质，而且还能够根据人体需要，把蛋白质送到全身的各个部位，从而起到消除疲劳、增强体力的作用。线粒体和小胞体都是细胞活动不可缺少的重要组织，也是决定肝细胞生存和死亡的重要组织。试验证明，食用蒜汁可以大大增加肝细胞中的线粒体和小胞体。

大蒜具有良好的抗肝病毒活性，大蒜挥发油中的蒜氨酸及微量成分巯基半胱氨酸、甲巯基半胱氨酸的抗病毒活性最强。大蒜对肝功能尤其是解毒功能有着强有力的增强作用，因此对肝脏疾病如肝炎尤其是慢性肝炎有较好的功效。大蒜只能协助肝功能障碍的排除、保护肝脏免受强毒性物质危害、加强和维护正常的肝功能，对肝炎和其他已发生肝功能障碍或已恶化的疾病如肝硬化没有明显的效果。

（4）大蒜与血糖

大蒜具有降低血糖的作用，其原因是大蒜能够影响肝脏中糖原的合成，降低其血糖水平并提高血浆的胰岛素水平。

（5）大蒜与免疫功能

大蒜能提高机体细胞的免疫功能，给患者注射大蒜注射液，其淋巴细胞转化率和玫瑰花结反应都显示出免疫指标的升高。大蒜挥发油部分能够增强白细胞吞噬细菌的能力。

（6）大蒜与衰老

透明质酸是结缔组织中一种重要的酸性糖胺聚糖，在玻璃体液、关节液、皮肤等中含量丰富，它通常是以水合物形式存在。透明质酸受到自由基攻击引起降解反应时，透明质酸中的水分子失去而生成氨基聚糖，则体内游离水增多，是引起某些炎症和衰老的原因之一。大蒜含有丰富的 SOD，因此大蒜具有清除 O_2^-·自由基的作用，可以抑制肝脏脂质过氧化反应对细胞膜脂层结构的损伤反应，有利于保护肝脏结构和代谢功能的完整性，减轻经 O_2^-·诱导的透明质酸解聚的作用。大蒜对 O_2^-·诱导透明质酸解聚有保护作用，因此大蒜中的抗氧化成分对维护结缔组织和骨关节的生理功能是有益的，也可控制某些炎症的发展。大蒜及其水溶性提取液对羟自由基和超氧阴离子自由基等活性自由基有较强的清除能力。而熟的大蒜对活性自由基清除能力较差，其原因是熟大蒜内部的蛋白质变性或降解而失去了活性和大蒜中的某些挥发性成分丢失。

（7）大蒜与抗菌

大蒜是植物广谱抗生素，大蒜辣素和大蒜新素对多种球菌、杆菌、霉菌、真菌、病毒、阿米巴原虫、阴道滴虫、蛲虫等均有抑制和杀灭作用。大蒜辣素的抗菌作用原理是其分子中的氧原子与半胱氨酸结合使之不能转变成胱氨酸，从而影响了细菌体内的重要氧化还原反应的进行。

（8）大蒜的其他功能

大蒜对胃黏膜有保护作用，其作用机制可能是通过诱发内源性前列腺素的合成和释放而实现的。

大蒜可以增加机体对维生素 B_1 的吸收，还可以促进激素分泌，具有抗诱变的作用。

14.2　姜

14.2.1　生姜

生姜为姜科植物姜的根茎，多年生草本，叶 2 列，线状披针形，光滑无毛。根茎扁平块状，指状分枝。姜的新鲜根茎味辛，性温，具有温中散寒、回阳通脉、燥温消痰等作用。用于脘腹冷痛、呕吐腹泻、肢冷脉微、痰饮喘咳。

14.2.1.1　生姜的化学组成与活性成分

生姜主要含有大量的挥发油、姜辣素、姜二酮、姜二醇等多种成分。

① 挥发油中主要成分　姜醇、姜烯、没药烯、α-姜黄烯、芳樟醇、桉油素及 α-龙脑，其中芳香性成分为 α-萜品醇、柠檬醛 a 和柠檬醛 b、倍半水芹烯、芳姜黄烯、橙花叔醇和倍半水芹醇等。

② 生姜中辛辣成分　姜辣素及分解产物姜酮（包括 6-生姜酚、8-生姜酚、10-生姜酚）。

14.2.1.2　生姜的生理功能

（1）抗衰老的功能

生姜中的有效成分（芳香性和酚性化合物、生育酚及磷脂类化合物等）能防止脂肪食物中的过氧化反应，即可减慢其氧化变质的速度。生姜中的姜辣素进入体内消化吸收后，能产生一种抗衰老活性的抗氧化酶（过氧化物歧化酶），抑制体内脂质过氧化物和脂褐素（老年斑）的产生，延缓衰老的出现。

（2）对心血管疾病的预防作用

生姜含有一种类似水杨酸的有机化合物，对降血脂、降血压、防止血栓形成有很好的作用。生姜中含有一种油树脂，具有明显的降血脂和降胆固醇的作用。6-生姜酚具有增强心肌收缩力的作用，姜提取物制作的血浆稀释剂可防止血浆凝固。

（3）具有强化消化功能

① 抗溃疡　姜烯具有保护胃黏膜的作用，生姜的辛辣成分 6-生姜酚对胃黏膜损伤具有预防作用。

② 止吐　生姜浸膏具有止吐作用，姜油酮、姜烯酮的混合物也具有止吐作用。

③ 促进胃液分泌　生姜水提取液能够使胃液分泌量、胃液总酸度及总酸排出量显著增加。

④ 加强胃肠道蠕动　生姜（6-生姜酚、6-生姜酮）可以作用于交感神经及迷走神经系

统，有抑制胃机能及直接兴奋胃平滑肌的作用。

⑤ 保肝利胆　6-生姜酚、6-生姜酮对 CCl_4 性和半乳糖胺性肝损伤有抑制作用。

（4）具有消炎排毒的功能

鲜姜注射液对大鼠蛋清性和甲醛性足肿有显著的抑制作用；生姜油明显抑制组胺和醋酸所致毛细血管通透性增加，对二甲苯所致小鼠耳廓炎症和蛋清所致大鼠足肿有明显抑制作用，且能明显抑制大鼠棉球肉芽组织增生，减轻幼年大鼠胸腺质量，并能增加肾上腺生理作用；姜烯酮对角叉菜胶性足肿有明显抑制作用。

（5）抗病原体作用

生姜提取物对金黄色葡萄球菌、白色葡萄球菌、伤寒杆菌、宋内氏痢疾杆菌、绿脓杆菌均有显著抑制作用，生姜提取液可以拮抗乙肝病毒表面抗原（HbsAg），生姜水浸膏在体外对伤寒杆菌、霍乱弧菌、沙门菌、葡萄球菌、链球菌、肺炎球菌有显著的抑制作用，姜油酮、姜烯酮对多种病原菌均有强大的杀菌作用。姜汁对铁锈色毛癣菌、堇色毛癣菌、红色癣菌、趾间癣菌、絮状表面癣菌等有抑制作用，姜醇、姜酚具有杀灭软体动物和血吸虫的作用。

（6）调节中枢神经系统

6-生姜酚、6-生姜酮抑制中枢神经系统，具有安神、镇痛作用，可以改善或促进睡眠。

（7）拮抗 5-羟色胺

羟色胺是一种醇类（酒精）和酚类（酸性物质）的功能团，胺是氨分子被羟化后形成的碱性物质。5-羟色胺能导致回肠、胃和胸主动脉的收缩，引起体温降低、腹泻等生理变化，生姜是 5-羟色胺的抗体，能够解酒，抑制胃肠道收缩，止吐，抑制晕车。

（8）抑制癌细胞的生长

生姜能够抑制致癌物质亚硝胺的合成。亚硝胺是一种由腐烂的蔬菜和腌菜（咸肉、熏鱼等）中含有的亚硝酸盐进入人体后合成的强烈的致癌物质。生姜对生成亚硝胺反应有明显阻断作用。

14.2.2　干姜

（1）干姜的化学成分

干姜中含挥发油，含有辛辣成分姜辣素及分解产物姜酮，还含有多种氨基酸等。

（2）干姜的生理功能

① 对消化系统有保护作用　干姜水提取液对大鼠应激性胃溃疡、幽门结扎型胃溃疡、醋酸诱发胃溃疡均有明显的抑制作用，而对消除炎痛型胃溃疡无作用。

② 对心血管系统的作用　给麻醉大鼠静脉注射干姜水提取液初期呈现暂时性升压，继而产生降压作用，心率呈一过性减慢。

③ 提高缺氧耐力　用干姜石油醚提取物给小鼠灌胃，能减慢小鼠耗氧速度，延长在常压缺氧和氰化钾缺氧条件下的存活时间。

④ 具有消炎功能　给小鼠皮下注射干姜甲醇提取物，对醋酸所致腹腔毛细血管通透性升高有抑制性倾向。抗炎机理与干姜所含酚类化合物对前列腺素（PG）合成的抑制作用和促进肾上腺皮质激素释放有关。

⑤ 调节中枢神经系统　干姜对中枢神经系统有轻度抑制作用。

⑥ 对肾上腺皮质功能影响　干姜及其有效成分对肾上腺皮质功能有增强作用，促进肾

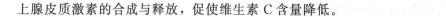

上腺皮质激素的合成与释放，促使维生素 C 含量降低。

14.3　人参

人参是五加科植物人参的干燥根。在我国，食用人参已有很长的历史，早在《神农本草经》里就将它列为滋补上品。唐朝时人们就开始从朝鲜购入野生人参。人参分为野山人参、园参和高丽参 3 个品种。各种参按照加工方法还可以细分为生晒参、白参、红参和糖参等。

14.3.1　人参的化学成分

（1）人参皂苷

人参皂苷是人参所含的最为重要的一类生理活性物质，约占人参组成的 4%。已从生晒参、白参、红参中分离出的人参皂苷有 32 种，如人参皂苷 Ra1、Ra2、Rb1、Rb2、Rb3、Rc、Rd、Re、Rf、Rgl、Rg2、Rh1、Ro。

（2）人参多糖

人参含有的糖类成分主要有单糖、低聚糖和多糖。有一定生理活性的人参糖类成分为人参多糖，人参果胶中分离出的有生理活性的多糖有 SA、SB、PA、PN 等。

（3）挥发油

人参中的挥发油成分主要由倍半萜类、长链饱和羧酸以及少量的芳香烃类物质组成，其中最重要的成分是倍半萜类。相对于挥发油中的长链饱和羧酸和芳香烃类物质，人参中的倍半萜类物质在生理活性方面也发挥着更为重要的作用。

倍半萜是一类由三个异戊二烯单元组合的萜类化合物。人参中所含的倍半萜类化合物主要有反式 β-金合欢烯、β-芹子烯、α-古芸烯、β-榄香烯、β-愈创木烯、艾里莫酚烯等十多种。

倍半萜中的 β-榄香烯是一种具有抗肿瘤作用的重要生理活性物质，分子式为 $C_{15}H_{24}$。β-榄香烯能有效抑制癌细胞的生长，降低癌细胞 RNA 和 DNA 含量且毒性很小，对人体的造血功能和免疫功能影响较小，因此是一种理想的抗肿瘤物质。

在人参中挥发性成分还有正十四碳酸、正十五碳酸、棕榈酸、均三异丙苯、3,3-二甲基己烷、正十七烷、2,7-二甲基辛烷、1-乙基-3-异丙基苯等几十种羧酸类和烃类化合物。

（4）其他成分

人参中含有 12 种以上生物碱，如腺苷、胆碱等，含有具有生物活性的低聚肽及多肽等成分；含有天冬氨酸、苏氨酸、丝氨酸、谷氨酸等 20 种以上的氨基酸，其中有些是人体所必需的氨基酸。

人参中还含有多种对人体有益的微量元素、维生素及酶类物质。人参茎叶中还含有山奈酚、三叶豆苷、人参黄酮苷等黄酮类化合物以及酚酸类、甾醇类成分。

14.3.2　人参的生理功能

（1）提高学习能力，增强记忆

人参及其制品，在提高学习能力、增强记忆等方面具有明显的促进作用。通过人参中各成分对学习记忆影响的试验证明，人参皂苷 Rg1 和 Rb1 是人参益智的主要有效成分，其中的 Rg1 效果更好。人参皂苷 Rg1 可改善记忆全过程，Rb1 仅对记忆获得和记忆再现阶段有促进作用。人参皂苷等活性成分对学习记忆的促进作用是通过多种分子水平上的调节机制得以实现的：促进 RNA 及蛋白质的生物合成，促进神经递质的传递，增强抗缺氧能力。

（2）调节免疫功能

人参具有调节人体免疫功能的作用：增强体内吞噬细胞的活性，刺激机体对各种抗原产生相应的抗体，促进 T 淋巴细胞和 B 淋巴细胞转化增殖等。人参主要影响网状内皮系统（RES）吞噬功能、特异性抗体形成、淋巴细胞转化、NK-IFN-IL-2 调节网。人参的免疫功能与环核苷酸水平有关。

（3）抗衰老作用

人参的抗衰老作用是通过增强物质代谢、提高抗体免疫功能、调节内分泌、抗氧化等形式实现的。

人参中含有某些能够清除自由基的抗氧化物质，如酚酸类化合物，包括麦芽醇、水杨酸、香草酸等。麦芽醇的抗氧化作用是通过抑制 NADPH 脂质过氧化系统中链的引发反应，阻止 O_2^-·自由基产生，从而达到抗氧化的目的。水杨酸则是通过与 OH·自由基反应生成 2,3-二羟基苯甲酸和 2,5-二羟甲苯甲酸，达到清除 OH·自由基的目的。人参皂苷有一定的抗氧化活性。人参皂苷 Rb1 不仅可以直接清除 O_2^-·自由基，也可以通过增强肝细胞胞浆 GSH-Px 及 CAT 的活性间接地清除自由基。

（4）保护心血管系统

① 人参中人参皂苷对心血管具有明显的强心作用，能增加心肌的收缩力、减慢心率、增加心输出量和冠脉血流量。人参皂苷抑制 Na^+-ATP 酶、K^+-ATP 酶的活性，提高心肌细胞内钙离子浓度，增强心肌的收缩张力。

② 人参具有扩张血管的功能，可降低总外周阻力，增加机体各组织的血流量，抑制血管收缩剂 5-羟色胺对血管的作用。人参皂苷 Rb1 和 Ro 对血管的扩张作用是非选择性的，而 Rg1 则选择性地对抗钙离子引起的血管收缩。

③ 人参对心肌具有保护作用。这种作用通过人参皂苷提高机体抗缺氧能力，增加冠脉血流量，改善心肌营养等多种功能实现。人参皂苷对缺血再灌注损伤也有保护作用，人参皂苷抑制血小板聚集的作用机理又与它提高血小板内 cAMP 含量、钙拮抗等作用有关。

④ 人参及其提取物对骨髓造血功能的保护作用也得到了证实。人参能刺激骨髓细胞合成 DNA、RNA、蛋白质和脂质，促进骨髓细胞的有丝分裂，增加血液中红细胞、白细胞和血红蛋白含量。

14.4 甘草

甘草是豆科植物甘草的根及根状茎，广泛分布于中国的东北、西北、华北等地。从甘草中提取的一种活性成分甘草甜素的甜度约为蔗糖的 $50 \sim 100$ 倍，是一种颇具潜力的功能性食品甜味剂，具有抗龋齿、抗炎症、抗胃和十二指肠溃疡等多种生理功能。甘草中还含有甘草多糖、黄酮类等活性物质，具有解毒、镇咳、解痉挛等功能。

14.4.1 甘草的化学及活性成分

甘草的化学组成复杂，从甘草中分离出的化合物有甘草甜素、甘草次酸、甘草苷、异甘草苷、新甘草苷、新异甘草苷、甘草素、异甘草素、甘草西定、甘草醇、异甘草醇、7-甲基香豆精、伞形花内酯等数十种化合物。大量的研究表明，甘草甜素和黄酮类物质是甘草中最重要的生理活性物质，主要存在于甘草根表皮以内的部分。

（1）甘草甜素

甘草甜素（甘草酸）是甘草的根和茎中所含的一种五环三萜皂苷。甘草甜素的分子式 $C_{42}H_{62}O_{16}$，分子量 822.92，熔点 220℃，难溶于冷水和稀乙醇液，易溶于热水，水溶液呈弱酸性，冷却后呈黏稠状胶冻。甘草甜素是由 2 分子葡萄糖醛酸与甘草次酸结合而成的，其中甘草次酸是甘草甜素的皂苷配基，也是甘草甜素的有效活性成分之一。

甘草甜素具有解毒、抗龋齿、抗炎症等功能。甘草甜素无溶血作用，因为它可以通过红细胞表面吸收溶血素从而阻止溶血素向红细胞靠近。甘草次酸则有溶血作用，同时也具有抗炎症、抗过敏、抗消化道溃疡等功能。

甘草甜素还具有较大的甜度，少量的甘草甜素与蔗糖共用可减少蔗糖的用量。

（2）黄酮类物质

甘草中黄酮类物质是甘草中的重要生理活性物质，在甘草抗溃疡、解痉挛等生理功能中起到了重要作用。甘草黄酮类物质包括甘草素、异甘草素、甘草苷、异甘草苷、新甘草苷、新异甘草苷、异甘草素-4-β-葡萄糖-β-洋芫荽糖苷等。

（3）甘草多糖

甘草多糖是甘草中的一种抗病毒成分。初筛 7 种病毒，发现甘草多糖（GPS）对其中的 4 种具有明显的抑制作用。

14.4.2 甘草的生理功能

（1）肾上腺皮质激素样作用

甘草具有肾上腺皮质激素样作用，有盐皮质类甾醇样和糖皮质类甾醇样两种作用。其中甘草甜素和甘草次酸具有盐皮质类甾醇样作用。甘草的糖皮质甾醇样作用则表现在它能显著增强并延长可的松的效果。

甘草肾上腺皮质激素样作用的机制，是其对皮质激素竞争性抑制的结果。由于甘草甜素和甘草次酸在结构上同肾上腺皮质激素相似，甘草甜素和甘草次酸可以竞争性地抑制皮质激素与血浆蛋白的结合，提高皮质激素的游离血浓度。另一方面，结构上的相似也使得甘草甜素和甘草次酸可以保护肾上腺皮质激素在体内免遭破坏。

（2）抗炎及抗变态反应

① 抗炎作用 甘草甜素和甘草次酸对大鼠的棉球肉芽肿、甲醛性浮肿、结核菌素反应、皮下肉芽囊性炎症、角叉菜胶浮肿等均有抑制作用。

② 抗过敏作用 甘草甜素可明显抑制鸡蛋清引起的豚鼠过敏反应，甘草次酸则可抑制组胺对血管通透性的影响。

③ 抑制变态反应 甘草次酸可显著减轻卡介苗引起的皮肤变态反应。

（3）抗消化性溃疡

甘草制剂用于治疗消化性溃疡。甘草浸膏、甘草甲醇提取物 FM100 对大鼠结扎幽门、水浸应激、消炎痛等引起的消化道溃疡都有明显的抑制作用，其中甘草甜素以及甘草黄酮类成分中的甘草苷、甘草素、异甘草苷都是甘草抗消化性溃疡的有效活性成分。

消化性溃疡的根本原因是胃液分泌过多，超过了胃黏液对胃的保护作用和十二指肠液对胃酸的中和能力，导致胃液对胃壁的自身消化。研究结果表明，FM100 腹腔注射能拮抗促胃液分泌素对胃液分泌的促进作用，同时降低大鼠胃蛋白酶的活性。甘草抗溃疡的重要原因是抑制胃液分泌以及降低胃蛋白酶的活性。人体试验还表明，甘草甜素对十二指肠溃疡患者具有解痉挛作用。

（4）解毒作用

甘草中的甘草甜素具有解毒功能的生理活性。甘草甜素能显著降低士的宁对实验动物的毒性及死亡率，解除急性氯化铵造成的中毒。甘草还能显著降低组胺、水合氯醛、乌拉坦、可卡因、苯砷等的毒性，对咖啡因、乙酰胆碱、毛果芸香碱、烟碱、可溶性巴比妥等神经毒素，白喉毒素、破伤风毒素等细菌毒素，蛇毒、河豚毒等生物毒素也有一定的解毒作用。甘草与某些药物配合还能减轻后者的毒副作用，如甘草与抗癌药物喜树碱合用，不仅明显抑制喜树碱降低白细胞的副作用，也使其抗癌效果得到增强。

（5）甘草的其他生理功能

① 润肺止咳　甘草浸膏覆盖在发炎的咽部黏膜，可以减少刺激。甘草甜素体内代谢物的18-β甘草次酸衍生物对刺激神经引起的咳嗽有良好的镇咳效果。

② 解痉挛作用　甘草提取液、甘草素、异甘草素以及 FM100 均能明显抑制动物离体肠管的运动，也能解除乙酰胆碱、氯化钡、组胺引起的肠痉挛。

③ 抑制某些肿瘤　甘草甜素能抑制实验动物皮下移植的吉田腹水肉瘤，甘草次酸能抑制大鼠移植的奥伯林-盖兰（Oberling-Guerin）骨髓瘤，由甘草甜素单铵盐、甘草次酸钠以及甘草次酸衍生物组成的混合物对小鼠艾氏腹水瘤及肉瘤 S180 有明显抑制效果。

④ 影响机体的免疫功能　甘草次酸对机体非特异性细胞免疫具有增强作用并能诱导机体产生干扰素，而对 T 淋巴细胞、B 淋巴细胞的特异性免疫功能通常具有抑制作用。

其他块茎如葛根、薤白、山药、白茅根、芦根、白芷等都含有不同的生理活性物质。

第15章
叶类功能性食品

茶叶、银杏叶、桑叶、荷叶、芦荟、紫苏等含有具有生理活性功能的成分，可以作为功能性食品。

15.1 茶叶

茶叶的故乡是中国，采制和饮用的历史已有几千年，唐代茶仙陆羽的《茶经》系统和详细地介绍了茶叶饮用等方面问题。茶叶的分类有以下几种。

$$茶叶\begin{cases}基本茶类：绿茶、红茶、乌龙茶（即青茶）、白茶、黄茶、黑茶\\再加工茶类：花茶、紧压茶、萃取茶、香味果味茶、保健茶、含茶饮料\end{cases}$$

15.1.1 茶叶的化学组成

15.1.1.1 茶叶的化学成分

$$茶叶（干体）\begin{cases}无机物：水溶性部分及水不溶性部分\\有机物：蛋白质、氨基酸、生物碱、茶多酚、碳水化合物、有机酸、脂质、色素、\\\qquad 香气成分、维生素、皂苷、甾醇\end{cases}$$

茶叶的香气、滋味、颜色、营养及保健功能与这些成分有关。茶作为饮品，食用的是它的水溶性成分，茶叶的水溶性成分占干重的48%，主要包括30%多酚类物质、7%氨基酸、4%咖啡碱、3%糖类和4%矿物质；不溶性的物质占茶重的52%，主要是22%纤维素、16%蛋白质、8%脂类物质、4%果胶、0.5%淀粉和1.5%色素。

15.1.1.2 茶叶的功能性物质

（1）茶多酚

茶叶中的酚类及其衍生物的总称就是茶多酚，主要由儿茶素、黄酮及黄酮醇、花青素、酚酸及缩酚酸组成。

① 儿茶素占儿茶酚总量的70%左右，儿茶素由6种成分组成：（一）-表没食子酸儿茶素（L-EGC），（一）-表没食子酸儿茶素没食子酸酯（L-EGCG），（一）-表儿茶素（L-EC），（一）-表儿茶素没食子酸酯（L-ECG），（一）-没食子儿茶素（DL-GC），（十）-儿茶素（DL-C）。

儿茶素是茶叶功能性活性成分，具有防止血管硬化、防止动脉硬化、降血脂、消炎抑菌、抗氧化、抗衰老、防辐射、抗癌等功能。绿茶中儿茶素的含量最高。发酵茶如红茶、乌龙茶等中的儿茶素，加工过程被氧化成为茶黄素、茶红素、茶褐素等一系列有色化合物，是影响茶叶的品质和汤色的主要因素。

② 茶叶中的黄酮及黄酮醇类化合物多与糖结合成苷，主要含有槲皮素、山柰素、杨梅素、槲皮苷、山柰苷、牡荆素和皂草素。

③ 花青素主要有芙蓉花白素、飞燕草花白素、芙蓉花色苷元、飞燕草花苷元等。

④ 酚酸及缩酚酸主要有茶没食子素、没食子酸、绿原酸、咖啡酸、间双没食子酸等。

（2）茶嘌呤碱

茶嘌呤碱是一类含有多个氮原子的环状结构化合物，主要有茶素、咖啡碱及少量可可碱组成。

① 茶素是构成苦味的主要成分，富有刺激性，有提神强心之效，具有强化筋骨功能，可作为烟碱的解毒剂和酒精的醒酒剂，可中和由于偏食蛋白质或脂肪引起的胃酸。

② 咖啡碱能够增加血液中儿茶酚的合成和分泌，故是中枢神经的兴奋剂。其能够使血管中平滑肌松弛，增大血管有效直径，增强心血管壁的弹性和促进血液循环，有利尿作用和刺激胃液分泌功能。

③ 茶嘌呤碱中可可碱含量较少。

（3）茶多糖

茶多糖是茶叶复合多糖的总称。茶叶复合多糖是由糖类（30.92%）、果胶（12.92%）和蛋白质（17.87%）等组成的复合物。茶多糖具有抗辐射、增强机体免疫力、降血糖等功能。

15.1.2　茶叶的生理功能

15.1.2.1 茶与提神

茶具有提神解乏之功效。

（1）咖啡碱和黄烷醇类化合物

咖啡碱和黄烷醇类化合物能够促进肾上腺素垂体的活动，阻止血液中儿茶酚胺的降解，诱导儿茶酚胺的合成。

咖啡碱能够兴奋心脏，促进血液循环，刺激人体中枢神经系统，特别是使处于迟缓状态的大脑皮层转为兴奋，进一步引起延脑的兴奋，而后达到驱除睡意、解除疲劳、集中思路的作用。人体的疲劳感是由于人体肌肉和脑细胞在代谢过程中产生许多乳酸，当乳酸过多会引起肌肉酸疼硬化、脑细胞活动和思维能力降低，咖啡碱的利尿作用可以将乳酸排出体外，使疲劳的机体得以恢复。咖啡碱还具有增强条件反射的能力，起到提高思维效率的作用。

（2）儿茶酚

儿茶酚具有促进兴奋的功能，对心血管系统具有强大的作用。

15.1.2.2 茶与利尿

（1）饮茶具有利尿排泄的功能

① 茶褐素、咖啡碱及茶叶芳香油的综合作用可以通过肾促进尿液中的水滤出率来调节人体的代谢机能而引起排尿量增加。

② 槲皮素及黄酮醇类化合物对咖啡碱的利尿作用有增效作用。

③ 6，8-二硫辛酸具有利尿和镇吐之功效。

（2）饮茶具有醒酒的功能

① 利尿的功能有利于醒酒。

② 咖啡碱、茶多酚能够刺激麻痹的大脑中枢神经，有效促进代谢作用，从而达到解酒的目的。

③ 维生素C（特别是绿茶）是肝脏分解酒精时的催化剂。

（3）饮茶对吸烟者有益

① 维生素C可以补充吸烟者体内维生素C的缺乏。

② 茶多酚可以与尼古丁和焦油（内含苯并芘、二甲基亚胺等致癌物质）等有害物质相结合而产生沉淀，抑制由烟雾引起的损害。饮茶可加速体内尼古丁的降解。

15.1.2.3　茶与炎症

茶类中以绿茶杀菌活性最强。

茶多酚具有凝结蛋白质的收敛作用，能与菌体蛋白质结合而致细菌死亡。绿茶中的茶多酚可以抑制艾滋病病毒的增殖。

L-EGC、L-EGCG对伤寒杆菌、副伤寒杆菌、霍乱弧菌、金黄色溶血性葡萄球菌、金黄色链球菌和痢疾杆菌等具有明显的抑制作用。茶叶中的有效成分可以消除霍乱弧菌、副溶血弧菌和金黄色溶血性葡萄球菌在人体内形成的毒素对人体造成的毒害作用，饮茶对痢疾杆菌、大肠杆菌、葡萄球菌或其他细菌及病毒导致的腹泻有良好的疗效。水杨酸、苯甲酸及对香豆酸具有杀菌作用。茶黄烷醇具有杀菌作用，可以促进肾上腺素垂体的活动，降低毛细血管的通透性，减少血液渗出，同时对发炎因子组胺具有良好的拮抗作用，起激素消炎作用。

15.1.2.4　茶与口臭

（1）口臭与口腔异味形成的原因

① 消化不良　饮食后残留在口腔内的食物残渣在酶的作用下产生氨基酸，氨基酸在口腔微生物作用下形成甲基醇化合物而产生口臭。

② 食用某些食物　食用某些食物如葱、蒜等会引起口臭与口腔异味。

③ 吸烟　烟碱与口腔中的蛋白质共同产生臭味。

（2）茶叶除口臭与异味的缘故

茶皂苷的表面活性具有清洗作用，可以消除口腔中的食物残渣以及由此产生的腐败细菌。饮茶或咀嚼茶叶可以除去口腔中的葱、蒜等食物的异味。茶对吸烟引起的口臭也有消除和减弱的功能。

15.1.2.5　茶与消化

（1）茶助消化的原因

茶能增加胃液的分泌，加强肠胃对蛋白质的消化吸收；茶叶中的咖啡碱和黄烷醇类化合物可松弛消化道，有助于食物消化，预防消化道疾病的发生；食用肉或脂肪偏多的人可以饮用茶消除酸液过多。茶叶能够吸收有害物质，对肠道有净化作用。茶叶减脂的原因是消化除腻，减少脂肪的吸收和促进排泄功能。

（2）茶能够预防消化道溃疡

消化道溃疡产生是因为人体蛋白酶的消化作用与胃黏膜的防御功能之间平衡失调所致。而茶叶中的儿茶素（主要是L-EGCG和DL-C）对人体蛋白酶消化作用的抑制与胃黏膜防御功能的增强两方面发挥作用，同时儿茶素还抑制胃酸的分泌。

15.1.2.6　茶与龋齿

（1）氟元素

事实证明氟元素具有防龋齿的作用。茶树是富集氟元素的植物，茶叶嫩叶含氟量为40～720mg/kg，茶叶老叶含氟量为250～1600mg/kg，因此可通过茶叶的氟来防龋齿。

（2）茶多酚

茶多酚具有杀死龋齿细菌，抑制葡聚糖聚合酶活性的功能（以 EGC、EGCG 最强），使葡萄糖不能在牙表面聚合，病原菌不能在牙床表面附着，龋齿则不能形成。α-淀粉酶能够使淀粉分解成葡萄糖，而儿茶素化合物对 α-淀粉酶有抑制作用（茶黄素活性最强，其次是EGC、EGCG）。

15.1.2.7　茶与心血管疾病

（1）高血压形成的主要原因

90％以上高血压病属原发性高血压和肾动脉狭窄引起的肾血管性高血压，其形成主要是受肾素-血管紧张素（angiotensin）类物质控制，在血管紧张素 I 转换酶（ACE）的催化下，将不活化的血管紧张素 I 中的 C 位末端二肽（组氨酸-亮氨酸）切断，变为具有强升压作用的血管紧张素 II。

（2）茶叶降血压的原因

ECG、EGCG、茶黄素对 ACE 酶有显著的抑制作用；咖啡碱、儿茶素类化合物能够松弛血管，增加血管的有效直径，使血管舒张，从而降低血压；茶多糖能够使血压下降，心率减慢，并且可以增加离体冠状动脉流量；谷氨酸在酶促的作用下降解生成的 γ-氨基丁酸也具有降压作用。

（3）饮茶降低胆固醇的原因

咖啡碱与磷酸、戊糖形成的核苷酸对脂肪具有很强的降解作用；咖啡碱能够促进胃液和消化液的分泌，增加肠胃对脂肪的吸收；儿茶素类化合物能够促进机体脂肪的分解，防止血液和肝脏中甾醇和中性脂肪的积累。

（4）茶叶能够预防血栓的形成

儿茶素、茶黄素及茶红素具有抗血小板聚集、抗凝血，促进纤维蛋白溶解的作用；茶多糖可以延长复钙和凝血时间。

15.1.2.8　茶与血糖

茶叶具有降血糖的原因是：茶多糖具有修复糖代谢紊乱的功能；0.5％ ECG 与铝的复合物对血糖降低具有明显作用；二苯胺对降低血糖有明显效果；酯型儿茶素和茶黄素对 α-淀粉酶和蔗糖酶具有明显的抑制作用；茶多酚、维生素 C 具有保持人体血管正常韧性和通透性的作用，对微血管脆弱的糖尿病患者，可恢复其正常功能，有利于糖尿病的治疗。

15.1.2.9　茶与免疫

茶具有提高免疫力的原因是：茶多糖可以增强血清凝集素为指标的体液免疫，促进单核巨噬细胞系统吞噬功能；同时饮茶可以使消化道中的双歧杆菌增殖并生长，也对有害细菌具有杀死和抑制作用，提高免疫力。

15.1.2.10　茶与衰老

茶防止衰老的作用主要在于：茶叶（尤其是绿茶）中的茶多酚能够清除机体内产生的自

由基（EGCG 和 DL-C 清除自由基效果最好），同时茶多酚具有抗氧化作用，因此茶有抗衰老作用；茶多酚能够提高机体内抗自由基损伤的酶系 SOD、CAT 和 GSH-Px 等活力，减轻诱发细胞 DNA 单链断裂的作用；茶多酚和 EGCG 可以抑制皮肤线粒体中脂氧合酶活性和脂质过氧化，起到抗衰老作用；儿茶素类化合物具有明显的抗氧化活性（EGCG＞ECG＞EGC＞EC），以此看出，化合物中的羟基愈多其抗氧化性愈强。

15.1.2.11　茶与眼睛

茶具有明目的功能。茶叶中的胡萝卜素（70～200mg/kg）在体内转化为维生素 A，然后与赖氨酸作用形成视黄醛，因此可以增强视网膜辨色能力。

15.1.2.12　茶与辐射

茶叶抗辐射的原因是：茶多酚、黄酮类化合物能够将放射性同位素如 ^{90}Sr 加速排出体外，以减少肠道对放射性同位素的吸收；茶多酚类化合物是供氢体，因此可以减少自由基生成，增强 GSH-Px 和 SOD 活性作用，对辐射损伤有很好的防护作用；茶多糖能增加白细胞（辐射治疗引起白细胞大幅度下降）的数量，改善白细胞分类异常和血小板减少症，对造血功能有明显的保护作用。

15.1.2.13　茶与肿瘤

茶具有抗突变和抑制肿瘤的原因是：茶多酚、儿茶素类化合物等具有抗氧化和清除自由基的功能；单宁、绿原酸及没食子酸类物质等具有抗诱变作用，抑制致癌物的形成；绿茶中的茶多酚、EGCG 能够抑制致癌物质的致癌过程；绿茶提取物具有抑制肿瘤细胞 DNA 合成，阻止由 G_1 期（复制前期）向 S 期（DNA 复制期）移进，阻断效应发生在细胞分化早期；茶叶中的茶多糖等有效成分能够增强免疫机能，间接杀死癌细胞；茶多酚和儿茶素类化合物具有抑制 NADPH-细胞色素 c 还原酶活性，通过和细胞色素 P450 活化系统作用使亲电子代谢物减少，从而使富含电子基团的大分子如蛋白质起共价结合反应的代谢物减少，从而降低了诱变和致癌活性；鲜茶叶提取物、绿茶提取物、儿茶素-铝配合物、绿茶中的单宁、EGCG 等具有抑制致癌的促成过程和引发作用。

15.2　银杏叶

银杏又名白果。银杏叶中含有 30 余种黄酮化合物和萜类、酚类、微量元素及氨基酸等有效成分，具有降低血清胆固醇、增加冠状动脉血流量、改善脑循环、解痉挛、松弛支气管和抑菌等生理作用，临床上对治疗冠心病、心绞痛、心脑血管疾病、脑功能障碍、脑伤后遗症和抗衰老均有效果。

15.2.1　银杏叶的化学组成

银杏叶含多种化学组分，包括黄酮类、萜类、烃基酚类和多烯醇类等。

（1）黄酮类化合物

① 单黄酮苷　如芹黄素葡萄糖苷、黄色黄素葡萄糖苷、杨梅黄素芸香，以及山奈酚鼠李葡萄糖苷和槲皮素鼠李葡萄糖苷。

单黄酮苷类的苷元主要有山奈黄素、槲皮素、异鼠李黄素、黄色黄素等。如槲皮素分子中 C3 上没有—OH，即是黄色黄素。异鼠李黄素为 3′-甲氧基甲基山奈黄素。由这些苷元衍生成各类苷。山奈黄素和槲皮素相应的苷类即在 C3—OH 上与 1 或 2 个糖形成苷，常见的糖有葡萄糖（Glc）、鼠李糖（Rha）或由它们组成的二糖。

② 银杏黄酮苷　银杏黄酮苷又称黄酮醇香豆酸酯苷，是血管动力因子，可有效防治心脑血管病。有一类少见的黄酮苷类，其结构特点是苷元-糖-苷元，由黄酮醇-糖-对羟基苯丙烯酸组成。

③ 双黄酮类　双黄酮类是银杏叶中早有所知的黄酮类化合物，以游离苷元存在。

（2）萜内酯类化合物

银杏萜内酯类属二萜内酯类，包括银杏萜内酯A、银杏萜内酯B、银杏萜内酯C和银杏萜内酯M，是银杏叶中极为重要的有效成分。银杏萜内酯类味苦，加热至280℃以上分解，无明确的熔点，对浓的无机酸很稳定，具有强抗氧化性质。

白果内酯可用于治疗神经病、脑病和脊髓病，其原理是改变神经纤维的髓鞘质层。保证髓鞘质完整的重要性在于维持正常的神经功能，髓鞘质受损必然导致丧失神经正常连接性疾病状态，直接或间接地引起原发和继发性型症状。

15.2.2 银杏叶的生理功能

（1）银杏叶与心血管系统

实验表明，银杏叶中黄酮类化合物的提取物灌注于豚鼠和家兔离体心脏可引起冠状血管扩张，对大鼠和家兔后肢血管也有扩张作用；给家兔离体耳血管和主动脉注入银杏叶粗提取物，可拮抗肾上腺素所致的收缩作用；银杏叶的水和乙醇提取物对猫和家兔血压、心脏及呼吸均没有影响；给麻醉家兔静脉注射银杏叶的水和乙醇提取物达临床用量的20～40倍时对血压、呼吸也没有影响，对高于血管扩张剂量100～1000倍注射于豚鼠，可引起中度的降压作用并引起心率与呼吸的加快。

（2）银杏叶与保护脑神经系统

食用银杏叶制品，能增加帕金森病患者的脑血流，改善脑血栓患者的脑循环、葡萄糖代谢与呼吸等，对功能性中枢神经损伤有明显功效；银杏叶中的黄酮类活性成分是强力自由基清除剂，它同时又是血管调节剂、抗血栓剂和代谢增强剂，还能防止自由基及血小板活化因子（PAF）引起的膜紊乱，对于抗衰老有一定的作用；经口摄取银杏叶提取物，对大鼠大脑皮层去甲肾上腺素的含量有双向调节作用。

（3）银杏叶与清除自由基

银杏叶提取物是比较强的自由基清除剂。实验证明，银杏叶提取物在体外易与羟自由基反应，能将大鼠微粒体中因自由基诱发脂过氧化而使还原型辅酶Ⅱ产生的 NADPH·Fe^{3+}离子减少；经口给予银杏叶提取物对阿霉素所致的大鼠后爪炎症具有减轻作用；口服给予银杏叶提取物对注射四氧嘧啶所致高血糖动物的视网膜病变具有拮抗作用。

（4）银杏叶与对抗血小板活化因子

银杏叶中的萜内酯类成分对PAF有显著的拮抗作用。银杏叶中的萜内酯类成分是特异性PAF拮抗剂，对家兔血小板细胞膜上分离的PAF受体进行试验，其中银杏萜内酯B活性最强，银杏叶制品具有较显著地防治动脉硬化的功效。

（5）银杏叶对平滑肌的作用和抗过敏

银杏叶中的黄酮类特别是双黄酮类，对豚鼠离体肠管有解痉挛作用且作用较持久。银杏叶所含的双黄酮类成分对缓激肽所致豚鼠肠肌痉挛也是同样有解痉挛作用。对豚鼠离体气管和回肠，银杏叶的乙醇提取物能拮抗组织胺和乙酰胆碱的致痉挛作用，在肠管试验中还有对抗氯化钡的致痉挛作用，腹腔注射可制止组织胺所引起的豚鼠哮喘。

（6）银杏叶的其他功能

银杏叶提取物静脉或口服喂养，对大鼠体内、体外血小板聚集均有明显的抑制作用。银杏叶提取物灌胃给予，对正常大鼠凝血酶原时间（PT）有一定的延长作用。银杏叶提取物对高胆固醇血症患者可降低血清胆固醇，对高血压患者有降压作用。

第16章
花草类功能性食品

16.1　花粉

在《神农本草经》和历代本草药籍中对花粉的药用、食用功能都有很详细的介绍，服用花粉可以"强身、益气、延年"，亦有"驻颜美容、润心肺、活血、调节内分泌"等功效。

16.1.1　花粉的化学组成

花粉营养成分十分丰富，被誉为"浓缩的营养库"，含有蛋白质、氨基酸、维生素、脂类、酶类、核酸和黄酮类化合物等物质。同时花粉中的生物活性物质，对机体的生理功能具有奇妙的调节作用。

（1）蛋白质

花粉中蛋白质含量在 7%～20%，花粉蛋白质其生物活性（必需氨基酸含量）超过牛奶蛋白（酪蛋白）。

花粉中氨基酸含量在 13% 以上，其人体必需氨基酸含量约为牛肉、鸡蛋的 5～6 倍。必需氨基酸是人体不能合成的物质，必须从食物中获得的氨基酸。花粉显现出完美的生物活性，食用价值很高。

（2）富含核酸或多核苷酸

核酸或多核苷酸这类高分子化合物是遗传信息的载体。在生殖细胞核内的细胞质中还有大量脱氧核糖核酸，在无性细胞核中主要集中了核糖核酸。

（3）脂质

花粉含有脂质 1%～2%，主要成分是脂肪、磷脂、甾醇等。

花粉的脂肪组成主要有月桂酸、十四烷酸、棕榈酸、十八烷酸、花生酸、油酸、十七烷酸、亚油酸、亚麻酸和其他脂肪酸。亚油酸、亚麻酸和花生四烯酸起到调节激素活性的功能，能降低血液中胆固醇浓度，并使胆固醇从机体中释放出，达到预防和治疗动脉粥样硬化的作用。

花粉的磷脂有胆碱磷酸甘油脂、肌醇磷酸甘油脂、氨基乙醇磷酸甘油脂（脑磷脂）、磷脂酰丝氨酸等。这些物质都是人体和生物体细胞半渗透膜的组成部分，它有机地调整离子进入细胞，积极参与物质交换。

花粉富含植物甾醇类，其中最具有明显作用的是谷甾醇，它是机体中胆固醇的对抗物，起拮抗动脉粥样硬化作用。

花粉的脂质中有烷烃类物质——二十三烷、二十五烷、二十七烷和二十九烷，这些物质都是树叶、树茎、树干和植物果实的组成部分。

（4）糖类

花粉中的糖类包括：果糖、葡萄糖、鼠李糖、木糖、阿拉伯糖、蔗糖、桦子糖、水苏糖、麦芽糖、异麦芽糖、松二糖、糊精、淀粉、果胶、膳食纤维等碳水化合物。

（5）酚类化合物

花粉含有大量酚类化合物——类黄酮和酚酸，它对人体有广谱作用——渗化微血管作用、消炎作用、抗动脉粥样硬化作用、抗辐射作用、抗氧化作用、增进胆汁分泌作用、抗肿瘤作用、刺激甲状腺作用等。花粉酚类化合物组成大部分是氧化形态，即黄酮醇、白花色素、苯邻二酚和绿原酸。

（6）维生素

花粉含有大量维生素，有维生素 E、维生素 C、维生素 B_1、烟酸、泛酸、维生素 B_6、维生素 H 等。

（7）各种化学元素

花粉含有丰富的化学元素：钾、钙、磷、镁、硫、铜、铁、硅、氯、锰、钡、银、金、钯、钒、钨、银、锌、砷、锡、铂、钼、铬、锶、铀、铝、氮、铅等元素。花粉中的锗、铬、钼、锌、锶显示了重要的生理活性，这些微量活性元素有众多的营养保健功能，如抗氧化、防衰老、抗癌等。

16.1.2　花粉的生理功能

（1）增强免疫力

花粉能促进免疫器官（脾脏、骨髓、淋巴结和胸腺）的发育，阻止免疫抑制剂对免疫器官的损害，加速抗体的产生和延缓抗体的消失，促进 T 淋巴细胞和巨噬细胞的增加，并能提高巨噬细胞的吞噬能力，从而全面提高机体的免疫功能。

（2）抗衰老

研究表明，人体内超氧化物歧化酶（SOD）活性、过氧化脂质（LPO）和脂褐质含量与衰老有关。SOD 活性的提高、LPO 及脂褐质含量的降低，有助于延缓机体衰老。

花粉能为人体补充营养需要、提高免疫活力、增强新陈代谢、调节内分泌功能、增加应激能力等，对延缓衰老有益。

花粉中由于所含营养成分有助于提高 SOD 的活性，并降低 LPO 和脂褐质的含量，因而具有增强体质和抗衰老的作用。

（3）防治心脑血管病

花粉中含有芸香苷和黄酮类物质，这些物质能明显降低血脂含量，防治心血管硬化、高血压、脑溢血、静脉曲张、中风后遗症等。

花粉中含有烟酸，它具有降低胆固醇的作用。临床上烟酸是扩张周围血管和治疗血管疾病的药物。

花粉中含有维生素 C，可增加毛细血管的致密性，减低血管的通透性和脆性，是临床上治疗动脉硬化的药物。

花粉中所含的镁、必需脂肪酸等也有降低胆固醇的作用，因而能起到防治心脑血管病的功效。

（4）防治胃肠疾病

花粉既能增进食欲又能增强消化功能，对于胃口不佳、消化吸收能力差的消瘦症能有效康复。

花粉中还含有抗菌和抗病毒作用的物质，对沙门菌、大肠杆菌、伤寒杆菌等有良好的杀灭作用，因而有"肠内警察"的美称，能减轻由肠内致病微生物引起的肠炎、腹泻。同时花粉对胃肠功能紊乱、胃溃疡、便秘也有良好的治疗作用。

（5）保护肝脏

花粉可防止脂肪在肝脏的积累，因此能防止肝脏演变为脂肪肝，对肝脏起到良好的保护作用。

花粉是恢复肝功能的高级营养剂，对肝炎有良好的疗效。花粉的这一功效可能与所含有的激素、维生素、氨基酸、核酸及多种微量元素有关，根本原因是花粉提高了机体的免疫功能。

（6）美容作用

花粉中既有丰富的能被皮肤细胞直接吸收的氨基酸，又有皮肤细胞所需要的天然维生素、各种活性酶和植物激素，因而能促进皮肤细胞新陈代谢，改善营养状况，增强皮肤的活力，延缓皮肤细胞衰老，增加皮肤弹性，使皮肤柔软、细腻、洁白、鲜润，并能清除各种褐斑，去除皱纹。花粉既可食用，又可涂抹；既能治表，又能治里，是天然美容佳品。

（7）减肥作用

研究发现肥胖的原因是 B 族维生素供应不足所致，因为 B 族维生素是机体脂肪转化为能量的媒介。

花粉中含有丰富的 B 族维生素，可以使脂肪转化为能量得以释放，导致脂肪减少，从而得到减肥的效果。

花粉中生物活性物质对机体的各种生理功能、各个器官系统的生理活动具有很好的调节作用，使人体的新陈代谢正常，特别是可以去除体内多余的脂肪。

（8）抗癌作用

花粉能激活免疫系统，增强免疫力，诱导干扰素；增强血清免疫球蛋白，激活巨噬细胞，从而提高机体对癌症的免疫能力。

花粉能抑制癌细胞 DNA 的合成，阻止致癌基因同细胞 DNA 的紧密结合；阻止外来致癌基因的活化，解除外来致癌基因的毒性；增强机体天然适应能力，修复细胞 DNA 损伤；阻止癌细胞的分裂与生长。因而花粉表现出良好的抗癌作用。

（9）增强体力

花粉含有增进和改善组织细胞氧化还原能力的物质，加快神经与肌肉之间冲动传递速度，提高运动员反应能力。实践证明，运动员食用花粉后，背肌有力、握力提高、心肺功能改善，并能增强体力、耐力和爆发力，增大肺活量，迅速消除疲劳和保持良好的竞技状态。花粉是理想的体力增进剂。

（10）健脑益智

花粉含有丰富的蛋白质、氨基酸、维生素和微量元素等营养物质，还含有合成神经递质的原料。因此花粉能为脑细胞的发育和生理活动提供丰富的营养素，促进脑细胞的发育和新陈代谢，增强中枢神经系统的功能和调节平衡，使大脑保持旺盛的活力，改善记忆功能，增强智力，并对阿尔茨海默症有良好的防治效果。

此外，花粉还能调节神经系统，有利于睡眠，抑制前列腺增生，防止贫血，抗辐射以及有利于糖尿病人的康复等。

16.2 蒲公英

蒲公英（亦称地丁或孛孛丁菜）是多年生草本植物，高 10～25cm，含白色乳汁，常见于路旁、田野、山坡。

16.2.1 蒲公英的化学组成

蒲公英的根含蒲公英醇、蒲公英赛醇、ψ-蒲公英甾醇、蒲公英甾醇、β-香树脂醇、豆甾醇、β-谷甾醇、胆碱、有机酸、果糖、蔗糖、葡萄糖、葡萄糖苷以及树脂等。叶中含叶黄素、蝴蝶梅黄素、叶绿醌、维生素 C 和维生素 D。

蒲公英花中含山金车二醇、叶黄素和毛茛黄素，花粉中含 β-谷甾醇、叶酸和维生素 C，绿色花萼中含叶绿醌。

蒲公英花茎中含 β-谷甾醇和 β-香树脂醇，以及考迈斯托醇、核黄素和胡萝卜素。

16.2.2 蒲公英的生理功能

（1）抗病原菌

蒲公英注射液对肺炎双球菌、脑膜炎球菌、白喉杆菌、绿脓杆菌、变形杆菌、痢疾杆菌、伤寒杆菌等有一定的杀菌作用。蒲公英注射液在试管内对金黄色葡萄球菌耐药菌株、溶血性链球菌有较强的杀菌作用。

蒲公英提取液（1∶400）在试管内能抑制结核菌，蒲公英水煎剂（1∶80）能延缓 ECHO11（小 RNA 病毒科肠道病毒属 B 组肠道病毒）病毒细胞病变。

蒲公英醇提取物能杀死钩端螺旋体。水浸剂对多种皮肤真菌有抑制作用。

（2）保肝利胆

用蒲公英水煎剂灌胃或用蒲公英注射液注射，对四氯化碳引起的谷丙转氨酶升高有明显抑制作用，能显著缓解四氯化碳性肝损伤引起的组织学改变。

蒲公英有利胆作用。临床上对慢性胆囊痉挛及结石症有效。

（3）抗肿瘤

蒲公英具有抗肿瘤活性，蒲公英多糖抗肿瘤活性与其免疫激活效果有关。

（4）抗胃溃疡

蒲公英提取液对应激性溃疡有显著保护作用，对无水乙醇所引起的大鼠胃黏膜损伤有显著保护作用。

蒲公英与党参、川芎三者有协同抗胃溃疡作用。其复方对抗胃溃疡与胃黏膜损伤作用的机制可能与影响胃组织内源性 PGE2（前列腺素 E2）含量有关。

（5）增强免疫功能

蒲公英提取液在体外能显著提高人外周血淋巴细胞母细胞转化率。蒲公英多糖腹腔注射能显著增强小鼠抗体依赖性巨噬细胞的细胞毒作用。

（6）其他功能

蒲公英有利尿作用，蒲公英根及全草作苦味健胃。内服蒲公英叶提取液可治蛇咬伤。蒲公英具有促进妇女乳汁分泌功效。

16.3 马齿苋

马齿苋为马齿苋科植物马齿苋的全草，味酸，性寒，入大肠、肝及脾经。马齿苋为1年生肉质草本，分布于全国大部分地区，生长于田野、荒芜地及路旁。

16.3.1 马齿苋的化学组成

马齿苋全草含有大量甲肾上腺素、ω-3多不饱和脂肪酸、钾盐，如硝酸钾、氯化钾、硫酸钾等，以K_2O计算，鲜草含钾盐1%，干草含钾盐17%。

马齿苋还含有多巴胺（二羟基苯乙胺）、多巴（二羟基苯丙氨酸，DOPA）、甜菜素、异甜菜素、甜菜苷、异甜菜苷、生物碱、香豆精类、黄酮类、强心苷、蒽醌类化合物、苹果酸、柠檬酸、Glu、Asp、Ala、蔗糖、Glc等。

马齿苋成分（每100g马齿苋可食部分中）含2.3g蛋白质、0.5g脂肪、3g糖分、0.7g粗纤维、85mg Ca、56mg P、1.5mg Fe、2.23mg胡萝卜素、0.03mg维生素B_1、0.11mg维生素B_2及23mg维生素C。

16.3.2 马齿苋的生理功能

（1）对心血管系统的影响

马齿苋注射液静脉注射可使兔血压一过性下降，对麻醉犬的心跳、血压及呼吸无明显影响。马齿苋鲜汁或沸水提取物对心脏和气管有异丙肾上腺素样作用，使心肌收缩力加强，心率加速，离体气管松弛。马齿苋有中枢及末梢性血管收缩作用，水提取液对离体蛙心有抑制作用。

（2）抗菌作用

马齿苋乙醇提取物对大肠杆菌、变形杆菌、痢疾杆菌、伤寒杆菌、副伤寒杆菌有高度的抑制作用，对金黄色葡萄球菌、真菌如奥杜盎氏小芽孢癣菌、绿脓杆菌、结核杆菌也有不同程度的抑制作用。

马齿苋水提取液对志贺氏杆菌、宋内氏杆菌、鲍氏杆菌及福氏痢疾杆菌均有抑制作用，但与马齿苋多次接触培养后会产生显著的抗性。

（3）对子宫的作用

临床试验和动物实验表明，鲜马齿苋汁或马齿苋提取物对离体及在位子宫有收缩作用。产妇口服鲜马齿苋汁可见子宫收缩次数增多，强度增加。

马齿苋注射液对豚鼠、大鼠、家兔的离体子宫和家兔及犬的在位子宫均有明显的兴奋作用。

马齿苋的水煎醇沉提取液收缩子宫的作用最强，酸性醇提取液无明显作用，而碱性水提取醇沉液对小鼠子宫有抑制作用。

（4）对骨骼肌的作用

马齿苋的甲醇、乙醚和水提取物及可透析成分对大鼠膈神经偏侧膈肌，产生由开始时颤搐张力增加，随后长时间持续松弛的双向反应，并可显著降低K^+和咖啡因所致挛缩的颤搐/强直比例，减轻烟碱所致腹肌挛缩。上述提取物引起肌肉松弛的作用可能与细胞外液的 Ca^{2+} 相关。

（5）对小肠的作用及其他功能

马齿苋鲜汁及沸水提取物对豚鼠离体回肠有剂量依赖性乙酰胆碱样作用。该作用与前列腺素 E 兴奋肠平滑肌的作用类似，使收缩张力、振幅和频率均增加。马齿苋水提取液对豚鼠离体小肠有抑制作用。

马齿苋水溶和脂溶提取物能延长某些四氧嘧啶性糖尿病大鼠和兔的生命，但不影响血糖水平，可能与改善动物的脂质代谢紊乱有关。

马齿苋所含的 ω-3 多不饱和脂肪酸有降胆固醇作用，并含丰富的维生素 A 样物质，能促进上皮细胞生长，有利于溃疡愈合。此外，马齿苋对家兔有利尿作用。

16.4 红花

红花是一年生草本植物，高 30~90cm，全体光滑无毛。全国各地多有栽培。

16.4.1 红花的化学组成

（1）红花的花

红花的花中主要含黄酮类化合物、脂肪酸、色素、挥发油、多炔及其他成分。其中，黄酮类化合物主要由红花醌苷、新红花苷、山奈酚、槲皮素、6-羟基-山奈酚、黄芪苷、槲皮黄苷、山奈酚-3-芸香苷、芦丁、槲皮素-3-葡萄糖苷等组成。脂肪酸主要含有油酸、亚油酸、棕榈酸、肉豆蔻酸、月桂酸、二棕榈酸、甘油酯等不饱和脂肪酸。色素主要包括红花黄色素和红色素。挥发油主要是低脂肪酸和少量芳香酯和烷烃。多炔主要为十三碳-1,3,11-三烯-5,7,9-三炔。红花还含有二十九烷、β-谷甾醇-3-O-葡萄糖苷。红花的花中不仅含钾、钠、氯等常量元素，而且还富含铬、锰、锌、钼等微量元素。红花还含多糖和腺苷等物质。

（2）红花种子或种子压榨成的油渣饼

红花种子含有抗氧化和消除游离基活性的色胺衍生物。5-羟色胺的氨基与阿魏酸或香豆酸发生酰化反应生成阿魏酰基-5-羟色胺、香豆酰基-5-羟色胺或是二聚体。还含有类甾醇、吲哚衍生物及黄酮类物质。

红花种子油渣饼中含有人体必需的氨基酸：亮氨酸、异亮氨酸、缬氨酸、苯丙氨酸、赖氨酸、苏氨酸及蛋氨酸。从油饼中分离出七种抗氧化成分。

16.4.2 红花的生理功能

（1）保护心血管系统

① 心脏和氧代谢　红花具有轻度兴奋心脏、降低冠脉阻力、增加冠脉流量和心肌营养性流量的作用。小剂量红花提取物对蟾蜍心脏有轻微兴奋作用，使心跳有力，振幅加大，对心肌缺血有益；大剂量对蟾蜍反而有抑制作用，扩张体冠动脉及股动脉。红花能解除血管平滑肌的痉挛，使组织得到血液灌流，改善组织缺氧状态并增强耐缺氧能力，阻止血栓进一步发展并逐步溶解血栓，达到降低胆固醇的作用。

② 抗凝血和抗血栓　红花及红花黄色素（SY）有抑制二磷酸腺苷（ADP）诱导血小板聚集、增加纤维蛋白溶解、防止血栓形成等作用，从而起到治疗心脑血管疾病的作用。

③ 降血压和降血脂　红花提取物对狗、猫均有较持久的降低血压的作用，口服红花油可降低胆固醇、甘油三酯及非酯化脂肪酸水平。

（2）提高耐缺氧力，镇痛、抗炎

① 提高耐缺氧力　红花注射液、红花提取物及红花苷具有提高机体耐缺氧力的作用。

② 镇痛和镇静　红花黄色素对小鼠有较强而持久的镇痛效应，对锐痛（热刺痛）及钝痛（化学性刺痛）均有效。

③ 抗炎　红花的甲醇提取物和水提取物均能抑制角叉菜胶所致足肿胀。红花能增大毛细血管的直径和开放数，有抗炎作用；长链赤型 6,8-双醇化合物是抗炎活性的主要有效成分。

（3）抗氧化、抗衰老和抗疲劳

① 抗氧化　红花种子中色胺衍生物及黄酮类化合物具有预防和缓解骨质疏松症及动脉粥样硬化等退行性病变的作用。

② 抗衰老　红花活性物质 5-羟色胺衍生物能消除机体内的游离基活性，延缓衰老。

③ 抗疲劳　红花提取物能延长小鼠耐缺氧时间及在寒冷环境下的生存时间，表明红花能增强机体对有害刺激的抵抗力和对内外环境变化的适应能力，因此提高生命力和生存能力。

第17章
果品类功能性食品

17.1 山楂

山楂为蔷薇科植物山楂或野山楂的果实,味酸、甘,性微温,入脾、胃、肝经。

17.1.1 山楂的化学组成

（1）有机酸

山楂中的有机酸主要有山楂酸、柠檬酸、绿原酸、熊果酸、苹果酸、草酸、齐墩果酸、棕榈酸、硬脂酸、油酸、亚油酸、亚麻酸、琥珀酸。

（2）黄酮类化合物

山楂中含有的黄酮类化合物有槲皮素、牡荆素、金丝桃苷、表儿茶精、芦丁。

（3）其他化学成分

山楂中还含有豆甾醇、香草醛、胡萝卜素、维生素 B_1、维生素 B_2、维生素 C、苷类、糖类、脂肪、烟酸、鞣质及矿物质如 Ca、P、Fe 等。

山楂果肉和果核中的脂肪酸均以亚油酸含量最高,还含有亚麻酸、油酸、硬脂酸及棕榈酸。

17.1.2 山楂的生理功能

（1）对心血管系统作用

① 与血脂的关系 山楂不同部位的提取物对不同动物建立的各种高脂模型有较肯定的降脂作用。熊果酸为山楂核中调节血脂、预防实验性动脉硬化的有效成分。

山楂提取液和醇浸膏可使动脉硬化兔血中卵磷脂比例提高,胆固醇和脂质在器官上的沉积降低;山楂浸膏对幼鼠的高胆固醇有降低作用。

山楂核乙醇提取物可降低雄鹌鹑的高胆固醇血症血清总胆固醇、低密度和极低密度脂蛋白胆固醇,提高血清高密度脂蛋白胆固醇水平,并明显提高大鼠高脂血症血清卵磷脂胆固醇酰基转移酶活性。

山楂核乙醇提取物可明显减少胆固醇尤其是胆固醇脂在鹌鹑动脉壁中的沉积,降低动脉斑块发生率,防止实验性动脉粥样硬化的发生和发展。

山楂水提取液可抑制豚鼠体内的胆固醇合成酶活力,可使其肝细胞微粒体和小肠黏膜的羟甲基戊二酰辅酶 A 还原酶活力下降。

山楂和益母草混合物可以使体内 SOD 活性提高,而 MAO 活性明显降低,同时过氧化脂质（LPO）和脂褐素显著降低，可消除冠状动脉的脂质沉积，弹性纤维断裂、缺损，溃疡及血栓形成等病理变化。

② 与心脏病的关系　山楂有增加心肌收缩力、增加心输出量和减慢心率的作用。

山楂黄酮、山楂水解物、山楂浸膏对蟾蜍有强心作用，心脏收缩增强 20％～30％且持续时间长。山楂内所含的三萜酸能改善冠状动脉循环而使冠状动脉性衰竭得以代偿，达到强心的作用，它对自然疲劳或因 10％水合氯醛致衰弱心脏的停跳有复跳及消除疲劳作用。

山楂聚合黄酮、羟乙基芦丁、山楂叶粗提物、牡荆素对麻醉犬完全性心肌缺血有保护作用。

山楂也具有增加冠状动脉血流量，降低心肌耗氧量，对心肌缺血、缺氧有保护作用。

山楂浸膏和水解物可以增加小鼠心肌营养性血流量；山楂制剂对豚鼠的心脏能引起显著和持久的扩张冠状动脉作用，并增强心搏能力；山楂提取物对豚鼠由异丙肾上腺素造成的心肌损伤有保护作用；给犬静脉注射山楂浸膏及总黄酮苷可以使冠状动脉血流量增加，对心肌耗氧量开始时稍有增加，而后逐渐减少；山楂黄酮对兔实验性心肌梗死模型能缩小心肌梗死的范围，降低 S-T 段改变；山楂浸膏对动物垂体后叶素、异丙肾上腺素所致急性心肌缺血有一定保护作用；对垂体后叶素引起的心律不齐有一定的抑制作用，三萜烯酸类能增加冠状动脉血流量，提高心肌对强心苷作用的敏感性，增加心排出量，减弱心肌应激性和传导性，具有抗心室颤动、心房颤动和阵发性心律失常等作用。

高血压患者饮用山楂糖浆后血压明显降低，同时可以增进食欲，改善睡眠。

（2）清除自由基、增强免疫力和抗肿瘤

山楂水提取液能够清除自由基并且对自由基的清除能力有明显的剂量依赖关系。山楂能显著抑制小鼠肝匀浆（离体）脂质过氧化反应，并能抑制白酒慢性诱导小鼠（整体）肝脏脂质过氧化物的生成。山楂对自由基诱导透明质酸解聚有保护作用，并能明显抑制乙醇中毒模型小鼠肝腺苷脱氨酶活性，表明了具有保护肝功能的作用。

山楂具有显著增强体液免疫及细胞免疫功能的作用。给兔子皮下注射山楂注射液（100％，0.2mL/kg）持续 10 天，在 2 天、5 天皮下注射抗原（20％绵羊红细胞），第 10 天测定血清溶菌酶含量、血清血凝抗体滴度，心血 T 淋巴细胞 E 玫瑰花环形成率及心血 T 淋巴细胞转化率均有显著提高，说明山楂具有显著增强体液免疫及细胞免疫功能的作用。

山楂提取液能够消除合成亚硝胺的前体物质，即能阻断亚硝胺的合成。山楂提取液对大鼠和小鼠体内合成甲基苄基亚硝胺等诱癌物质有显著的阻断作用，山楂丙酮提取液对致癌剂黄曲霉毒素 B_1 的致突变作用有显著抑制作用。

（3）抗菌

山楂注射液（100％）或乙醇提取物（95％）对痢疾杆菌、变形杆菌、大肠杆菌等具有较强的抑制作用；山楂果、茎、叶提取液对金黄色葡萄球菌、炭疽杆菌有明显抑制作用；山楂核馏油对绿脓杆菌、大肠杆菌、金黄色葡萄球菌有较强的抑制作用。

（4）助消化

山楂具有健脾胃和消积食的功能，尤其是油腻肉积所引起的消化不良、腹泻及腹胀等。其作用原理是山楂内的脂肪酶能促进脂肪食积的消化，并能增加胃消化酶的分泌，促进消化。山楂对胃功能具有一定调节作用。

17.2　枸杞子

枸杞子是茄科植物枸杞的干燥成熟果实，主要产地是河北和宁夏。枸杞子呈椭圆形或纺锤形，肉质柔润，表面为鲜红色或暗红色。味甘，性平，入肝、肾经。

17.2.1　枸杞子的化学组成

（1）枸杞子的主要成分

枸杞子的主要成分有甜菜碱、胡萝卜素、硫胺素、核黄素、烟酸、抗坏血酸、β-谷甾醇、亚油酸、玉蜀黍黄素、酸浆果红素、隐黄素、阿托品、天仙子胺、莨菪亭。

（2）挥发性的成分

枸杞子中的挥发性成分包括藏红花醛、β-紫罗兰酮、3-羟基-紫罗兰酮、左旋 1,2-去氢-α-香附子烯、马铃薯螺二烯酮。

（3）矿物质元素

枸杞子中还有多种矿物质元素，如 Na、Ca、K、Mg、Cu、Fe、Zn、Mn、Sr、Ni、Pb、As、Cr、Cd、Co、Se 等，其中包括人体必需微量元素 Fe、Zn、Se 等。

（4）氨基酸

枸杞子中的氨基酸有天冬氨酸、谷氨酸、脯氨酸、胱氨酸、精氨酸、丙氨酸、苯丙氨酸、亮氨酸、丝氨酸、甘氨酸、异亮氨酸、赖氨酸、苏氨酸、组氨酸、酪氨酸、色氨酸、蛋氨酸、γ-氨基丁酸、牛磺酸。

（5）枸杞子多糖

枸杞子多糖是重要的有效活性成分。能够抗氧化和抗衰老的中性枸杞子多糖和酸性枸杞子多糖均具有清除 1,1-二苯基-2-三硝基苯肼（DPPH）自由基、超氧阴离子和羟自由基的作用。含有微量元素的枸杞子多糖具有增强免疫作用等。

17.2.2　枸杞子的生理功能

（1）增强免疫功能

枸杞子、果柄、枸杞子叶中的枸杞子多糖（LBP）均具有显著提高吞噬细胞的吞噬比例和吞噬指数；枸杞子、果柄中的枸杞子多糖均能显著提高血清溶菌酶活力；枸杞子多糖能够显著提高正常健康人的淋巴细胞转化率。

枸杞子提取液及枸杞子多糖可明显对抗铅降低外周淋巴细胞数，抑制迟发型超敏反应和降低抗体效价等免疫毒性，表明枸杞子对铅的免疫毒性有明显的拮抗作用。

恶性肿瘤放疗患者口服枸杞子（50g/d，连续 10 天）显示，枸杞子能够提高放疗或恶性肿瘤所致免疫功能低下患者的淋巴细胞转化率和巨噬细胞吞噬率，提高患者的免疫力。

枸杞子多糖适宜剂量可增加 T 细胞（Ts）的活性并且有明显的调节作用，增强 Ts 细胞的活性。低剂量 LBP 可增加 Ts 细胞抑制抗体的功能；剂量增加时 LBP 对 Ts 细胞功能的增强作用明显下降。说明 LBP 对淋巴细胞有选择作用，并具有免疫调节功能。

（2）降血脂、抗脂防肝

枸杞子具有降低血清胆固醇的作用，防止动脉粥样硬化的形成；以硫酸-醋酐法测定血清胆固醇，证实枸杞子和枸杞子叶对 DL-乙硫氨酸造成的肝损伤有保护作用。

（3）抗肿瘤

通过细胞体外培养的方法观察枸杞子对癌细胞的生物效应，证明枸杞子及叶对胃腺癌 kato-Ⅲ，枸杞子果柄及叶对人宫颈癌 Hela 细胞均有明显抑制作用。它们的作用机理主要表现为抑制 DNA 合成，干扰细胞分裂，使细胞再殖能力下降。对癌细胞超微结构观察发现，枸杞子、果柄及叶对线粒体的改变明显，从而细胞氧化产生能量减少，进而影响 DNA 的复制和蛋白质的合成，使细胞增殖能力受到抑制。

（4）抗衰老

枸杞子提取液可以明显抑制血清过氧化脂质（LPO）生成，使 GSH-Px 活力增强，从而显示枸杞子提取液具有延缓衰老作用。

（5）抗应激

枸杞子总皂苷可以增强耐受缺氧的能力，降低脂质过氧化产物丙二醛（MDA）含量；枸杞子多糖（LBP）具有抗应激作用；枸杞子干粉具有增强 Mn-SOD 活性的作用。

（6）造血系统的影响

枸杞子及其果柄能够显著地升高白细胞。恶性肿瘤患者在放疗过程中口服枸杞子干果（50g/d，连续服用 10 天），能够显著增加白细胞数；在食品中加入枸杞子也能够增加患者白细胞数量，使得患者耐受放疗能力提高。枸杞子对环磷酰胺导致的白细胞减少具有保护作用。

枸杞子可以促进造血功能的恢复，因此，肿瘤患者在放疗、化疗期间，可以配食枸杞子以预防和缓解白细胞减少症，延长患者治疗期而提高放疗、化疗的疗效。

17.3 栀子

栀子为茜草科植物山栀的干燥成熟果实，主要产地是浙江、江西、福建和湖南。栀子果实为倒卵形或长椭圆形，有翅状纵棱，果顶端有宿存花萼，内有许多种子黏结成团。

17.3.1 栀子的化学组成

栀子主要含有：黄酮类栀子素，三萜类化合物藏红花素，藏红花酸及 α-藏红花素，环烯醚萜苷类栀子苷，异栀子苷，去羟栀子苷，京尼平龙胆二糖苷，山栀子苷，栀子酮苷，鸡屎藤次苷甲酯，脱乙酰车叶草苷酸甲酯，京尼平苷酸等。其中，藏红花酸及 α-藏红花素是自然界罕见的水溶性类胡萝卜素类。

栀子果实中含有 20 多种微量元素，如 Fe、Zn、Mn、Cu、Mo、V、Ni 等，还含有甘露醇、β-谷甾醇、二十九烷、熊果酸。

栀子花分离出抗早孕的有效成分即栀子花甲酸和栀子花乙酸。栀子的茎、根含有甘露醇、齐墩果酸和豆甾醇等成分。

17.3.2 栀子的生理功能

（1）栀子与心血管系统

① 抗动脉硬化　栀子水提取物能够刺激体外培养的牛主动脉内皮细胞的增殖，并能有效地增进 [3]H-胸腺嘧啶脱氧核苷和 [14]C-亮氨酸的掺入，显著增加细胞中 DNA 和蛋白质的合成。栀子水提取物对增殖的刺激作用可被 1μmol/L 蛋白质合成抑制剂放线菌酮所抑制。栀子中的低分子量成分能够刺激内皮细胞的增殖，从而使血管内膜得以修复。

② 降压作用　对麻醉或未麻醉的猫、兔、大鼠口服或腹腔注射或静脉注射栀子提取液和醇提取物均有降压作用。栀子的降压作用对肾上腺素升压作用及阻断颈动脉血流的反向加压均无影响，也没有加强乙酰胆碱的降压作用。栀子降压作用部位在中枢，主要是加强了延脑副交感中枢紧张度。

③ 对心脏功能的影响　栀子提取物具有降低心肌收缩力的作用。麻醉犬、鼠静脉注射栀子提取物可因心收缩容积及心输出量下降而导致血压下降。大鼠大剂量静脉注射栀子甲醇提取物，心电图可呈现心肌损伤和房室传导阻滞。

（2）栀子与消化系统

① 促进胰腺分泌　栀子及其不同提取物对大鼠胆流量及胰腺活性的影响，栀子及其提取物有明显的利胰、利胆及降胰酶反应。去羟栀子苷（亦称京尼平苷）可显著降低胰淀粉酶活性，而其酶解产物京尼平增加胰胆流量。用于胰腺炎时，栀子可以提高机体抗病能力、减轻胰腺炎症和稳定腺泡细胞膜，实验表明，栀子可能通过对抗自由基的产生和加强自由基的消除而保护胰腺。

② 保肝利胆　栀子提取物对肝细胞无毒性作用。栀子能够降低血清胆红素含量，但与葡萄糖醛酸转移酶无关。栀子可以减轻 CCl_4 引起的肝损害。山栀子正丁醇提取物对异硫氰酸 α-萘酯引起的肝组织性坏死、胆管周围炎和片状坏死等均有明显的保护作用。栀子可以用于胆道炎症引起的黄疸。

人口服栀子水提取液后胆囊有明显的收缩，说明栀子水提取液具有收缩胆囊加速排空作用。栀子的醇提取物和藏红花苷及藏红花酸能够使胆汁分泌量增加，栀子及环烯醚萜苷类栀子苷等成分有利胆作用。

栀子的主要成分京尼平苷在消化道水解成京尼平，京尼平苷的利胆作用是通过生成京尼平而生效。给予京尼平后，胆汁中出现的代谢产物是京尼平-O-葡萄糖醛酸苷，并在肝细胞和胆汁中解离，以阴离子存在，在肝细胞血管转运时随钠排出。此时因隔着肝细胞膜而产生渗透梯度，由此造成水的移动，从而具有利胆作用。

③ 对胃功能的影响　京尼平可以抑制胃液分泌，使胃液总酸度降低。对离体肠管，京尼平对乙酰胆碱及毛果芸香碱所致的收缩呈弱的竞争性拮抗作用。

④ 导泻作用　口服或十二指肠注射栀子水提取物及京尼平苷，对动物均有显著的导泻作用。

（3）调节中枢神经

栀子醇提取物腹腔注射显示对小鼠具有镇静作用，并且对环己烯巴比妥钠催眠作用有明显的协同作用，延长小鼠睡眠时间 12 倍。同时显示小鼠的体温下降，栀子的熊果酸可能是镇静、降温作用的有效成分。

（4）抗菌消炎

栀子水提取物对金黄色葡萄球菌、脑膜炎双球菌、卡他球菌等具有抑制作用，栀子水浸出液（1∶3）在体外对多种皮肤真菌如毛癣菌、黄癣菌等有抑制作用，能够杀死钩端螺旋体及血吸虫成虫。

栀子水提取物、栀子乙醇提取物及京尼平苷外敷对二甲苯和巴豆油所致小鼠耳壳肿胀具有明显抑制作用，有一定的抗炎和治疗软组织损伤作用。

（5）止血作用

栀子有一定止血作用。生栀子研成细末，以鸡蛋、面粉、白酒适量调成糊状，外敷治疗关节扭伤，有明显的消肿止痛作用。

17.4 沙棘

沙棘（又名沙枣、醋柳果）是胡颓子科植物沙棘的干燥成熟果实，藏药和蒙古药的药材。沙棘味酸、涩，性温。沙棘为落叶灌木或乔木，高5～10m。

17.4.1 沙棘的化学组成

（1）沙棘的主要成分

沙棘中含有糖分2.85%～4.79%、果胶类物质0.80%～0.55%、类胡萝卜素2.50%～4.90%、油脂2.50%～4.90%、维生素C 0.04%～0.123%、含氮化合物0.25%～0.38%及矿物质。

（2）沙棘果实成分

沙棘果实中含有黄酮类化合物槲皮素、异鼠李素、山柰酚及其苷，还含有大量的维生素C、维生素E、维生素B_1、维生素B_2、维生素B_6、维生素B_{12}、叶酸及胡萝卜素。

（3）果肉和种子成分

沙棘的果肉和种子中含有肉豆蔻酸、棕榈烯酸、棕榈酸、硬脂酸、油酸、亚油酸、反油酸、反亚油酸、花生四烯酸、月桂酸等，果肉、果汁及种子还含有蛋白质，果肉和果汁含有18种氨基酸，种子含有13种氨基酸。此外，果肉和种子中还含有多种有机酸、皂苷、甾醇、糖类及15种微量元素。

17.4.2 沙棘的主要活性成分

（1）沙棘黄酮

沙棘是目前自然界中黄酮含量最多、活性成分最全的植物。沙棘黄酮具有调节血脂，预防心脑血管疾病，改善肝功能，抗辐射，抑制肿瘤，抗菌消炎，促进伤口愈合，抗自由基，调节免疫，延缓衰老的功能。可以较好地保护呼吸系统，具有止咳祛痰、平喘的作用。

（2）沙棘脂肪酸

沙棘中含有大量的人体自身不能合成但又必需的不饱和脂肪酸，特别是亚油酸和亚麻酸，在人体内发挥着不可替代的作用。沙棘脂肪酸具有降血脂、降血糖、延缓衰老、预防过敏性疾病、抑制血小板聚集和防止血栓形成的作用。

17.4.3 沙棘的主要生理功能

（1）改善心血管系统

沙棘浓缩果汁和沙棘籽油有抗心肌缺氧作用，对心肌缺血有一定的保护作用。沙棘总黄酮对抗心肌细胞团自发性搏动节律失常，并抑制$CaCl_2$、异丙肾上腺素对培养心肌细胞团的正性频率效应，使量效曲线最大反应降低。沙棘总黄酮具有钙拮抗作用，与其抗心律失常有关，这与抑制腺苷酸环化酶（AC）、降低环磷酸腺苷（cAMP）水平有关。沙棘总黄酮的血管扩张作用与阻滞钙通道有关。

（2）增强免疫功能

以沙棘浓缩果汁给小鼠灌胃，能极显著地增加小鼠血清溶菌酶的含量、提高巨噬细胞的吞噬功能。沙棘籽油能增强小鼠的吞噬功能。

给大鼠灌胃沙棘原汁两周，可使大鼠血清中免疫球蛋白及补体水平明显增高。以沙棘籽油灌胃大鼠两周，血清中 IgG、IgM、补体 C_3 水平增高。

沙棘浓缩果汁促进淋巴细胞转化率，提高酯酶染色阳性率。

（3）抗肿瘤

以沙棘汁和沙棘油腹腔注射或灌胃对移植性肿瘤 S 180、B 16 黑色素瘤和 P 388 淋巴细胞白血病有明显的抗癌作用。体外试验证明，沙棘汁能杀伤 S 180、P 388、L 1210 人胃癌 SGC-9901 等癌细胞。

沙棘汁在体外模拟人胃液条件下，可以阻断 N-亚硝基吗啉合成。

（4）清除自由基

沙棘总黄酮对佛波醇酯多克隆刺激剂（PMA）刺激多形核人白细胞（PMN）生成的活性氧自由基有明显清除作用。

沙棘油腹腔注射，有抗氧化作用和防止脂肪肝作用，并能调节组织中脂质过氧化速度及维生素 E 水平。沙棘油对高脂血清损伤的血管平滑肌细胞有保护作用，能明显降低高脂损伤平滑肌细胞内升高的脂质过氧化物（LOP）的含量，明显提高 SOD 活性，减轻高脂血清对细胞膜的损伤，保护并促进细胞的健康生长。

（5）保护消化系统

沙棘果汁对 CCl_4、扑热息痛（对乙酰氨基酚）所致小鼠损伤肝中丙二醛（MDA）的增高有明显抑制作用，并能显著降低 CCl_4 中毒小鼠的谷丙转氨酶（SGPT）活力，对抗扑热息痛中毒小鼠肝谷胱甘肽（GSH）的耗竭。沙棘果实提取物中的中性脂质成分有很强的抗溃疡作用，对利舍平所致胃溃疡有显著的对抗作用。沙棘油加速胃溃疡和肠损伤的愈合，降低胃黏膜脂质过氧化物并提高中性氨基酸的浓度。

（6）抗辐射

沙棘中的胡萝卜素、5-羟色胺等活性成分具有直接抗辐射的作用，而且，沙棘能够提高机体的免疫能力，增强机体的自我保护和自我修复能力，在一定程度上使受损的细胞和器官逐渐恢复正常功能。所以，沙棘有良好的抗辐射作用。

第18章
种子类功能性食品

18.1 枣类

枣是落叶灌木或小乔木，高可达 10m。一般多为栽培，分布全国各地。本植物的根（枣树根）、树皮（枣树皮）、叶（枣树叶）、果核（枣核）亦供药用。

18.1.1 大枣

大枣别名红枣、小枣，来源于鼠李科植物枣的果实。大枣味甘，性温，入脾、胃经。

无刺枣呈枕头形态，与枣无明显区别。

（1）大枣的化学组成

大枣含有桦木酸、齐墩果酸、山楂酸、儿茶酸、油酸等有机酸，三萜苷类山楂酸和朦胧木酸的对香豆酰酯，枣皂苷Ⅰ、枣皂苷Ⅱ、枣皂苷Ⅲ与酸枣仁皂苷B等；N-去荷叶碱和阿西米诺宾异喹啉生物碱。

大枣中的氨基酸有赖氨酸、天冬氨酸、甘氨酸、谷氨酸、丙氨酸、脯氨酸、缬氨酸、亮氨酸等13种氨基酸。

大枣中糖类有葡萄糖、果糖、蔗糖，由葡萄糖和果糖组成的低聚糖、阿拉伯聚糖及半乳聚糖等。大枣中含有一种酸性多糖（大枣果胶A），它是由半乳糖醛酸、L-鼠李糖、L-阿拉伯糖和果糖组成。

大枣中还含有谷甾醇、豆甾醇、链甾醇、cAMP，维生素C、维生素B_1、维生素B_2、胡萝卜素、尼克酸等多种维生素，树脂、黏液质、香豆素类衍生物、儿茶酚、鞣质及36种矿物质。

（2）大枣及其枣仁

大枣及枣仁中含有 6,8-二葡萄糖基-2(S)-柑橘素、6,8-二葡萄糖基-2(R)-柑橘素及当药黄素等黄酮类化合物。

无刺枣果实含有的苷类化合物包括无刺枣苄苷、无刺枣催吐醇苷、长春花苷，生物碱包括酸枣碱、无刺枣碱A、荷叶碱、衡州乌药碱、原荷叶碱、观音莲明碱，环肽化合物包括无刺枣环肽-1、无刺枣因S_3等。另外还有催吐萝芙木醇、6,8-二-C-葡萄糖基-2(S)-柚皮素、6,8-二-C-葡萄糖基-2(R)-柚皮素、棕榈油酸、11-十八碳烯酸、油酸、环磷酸腺苷、无刺枣阿聚糖、糖脂及磷脂等。

（3）大枣的生理功能

① 防治心血管病 大枣中含有丰富的维生素C和维生素P，对于健全毛细血管、维持血管壁的弹性、抗动脉粥样硬化很有益。大枣中含有环磷酸腺苷，能扩张血管，增加心肌收

缩力，改善心肌营养，故可防治心血管疾病。

② 抗肿瘤 大枣中含有能抗癌的三萜类化合物和含有使癌细胞向正常细胞转化作用的环磷酸腺苷。

③ 抗过敏 大枣含有环磷酸腺苷，食用大枣后免疫细胞中环磷酸腺苷的含量也升高，由此会抑制免疫反应，达到抗过敏效应。

④ 解毒保肝 大枣中含有丰富的糖类和维生素 C 以及环磷酸腺苷等，能减轻各种化学药物对肝脏的损害，并有促进蛋白质合成、增加血清总蛋白质含量的作用。在临床上，大枣可用于慢性肝炎和早期肝硬化的辅助治疗。

⑤ 造血美颜 大枣中含有丰富的维生素和铁等矿物质，能促进造血，防治贫血，使肤色红润。加之大枣中丰富的维生素 C、维生素 P 和环磷酸腺苷能促进皮肤细胞代谢，使皮肤白皙细腻，防止色素沉着，达到护肤美颜效果。

另外，食用大枣对妇女更年期潮热出汗、情绪不稳定有控制和调补作用。大枣还具有增强人体耐力和抗疲劳的作用。

18.1.2 酸枣仁

酸枣为高 1～3m 的落叶灌木或小乔木，生长于阳坡或干燥瘠土处，常形成灌木丛。酸枣仁是鼠李科植物酸枣的种子，味酸、甘，性平，入心、脾和胆经。

18.1.2.1 酸枣仁的化学组成

酸枣仁含酸枣仁皂苷 A、酸枣仁皂苷 B、白桦脂酸、白桦脂醇、黄酮、脂肪油、蛋白质等。

18.1.2.2 酸枣仁的生理功能

（1）对中枢神经系统的影响

① 镇静催眠作用 酸枣仁对多种动物均可产生明显的镇静催眠作用，其煎剂对正常或咖啡因所引起的中枢兴奋状态也有明显的镇静催眠作用。酸枣仁镇静催眠作用的有效成分是酸枣仁皂苷和黄酮类。应注意，酸枣仁反复应用可产生耐受性，但停药一段时间可恢复。

② 安定作用 给多种动物灌服酸枣仁提取物后，都可产生安静嗜睡状态，但外界刺激即可惊醒，中毒剂量亦不能使动物产生麻醉。且酸枣仁煎剂能对抗吗啡所引起猫的躁狂现象，还可抑制小鼠防御性条件反射，而不抑制非条件反射。表明酸枣仁有类似安定药的作用。

③ 抗惊厥作用 酸枣仁有抗惊厥作用。实验证明，酸枣仁煎剂能明显降低士的宁所致小鼠惊厥率和病死率。

此外，酸枣仁尚有一定的镇痛、降温作用。

（2）对心血管系统的影响

① 改善心肌缺血、提高耐缺氧能力 酸枣仁能对抗垂体后叶素所致大鼠心肌缺血，其总皂苷对体外培养的大鼠缺氧、缺糖的心肌损伤有保护作用。

② 降低血压 酸枣仁及其有效成分总皂苷、黄酮类均有降血压作用。其降压作用是黄酮类物质直接作用于外周血管扩张的结果。

③ 抗心律失常　酸枣仁对乌头碱、氯仿、氯化钡所诱发的动物心律失常有预防和治疗作用，这可能是其对心脏直接抑制所致。

（3）降血脂作用

酸枣仁油有明显的降血脂作用。研究证明，给实验性高脂血症动物口服酸枣仁油，可明显降低其血清甘油三酯、总胆固醇和低密度脂蛋白，升高高密度脂蛋白和低密度脂蛋白的比值（HDL/LDL），并能明显减轻肝脏的脂肪性病变。酸枣仁油的降血脂作用与其油中所含的不饱和脂肪酸及不皂化物有关。

此外，酸枣仁油有抗血小板聚集的作用，这与其所含的三烯脂肪酸有关。酸枣仁还有促进免疫功能和抗辐射作用。

18.2　赤小豆

赤小豆一年生直立草本，高可达90cm。种子矩圆形，两端较平截。表面暗红色，有光泽，侧面有白色线性种脐，不突起。子叶两片肥厚，呈乳白色。

18.2.1　赤小豆的化学组成

赤小豆中含蛋白质、脂肪、碳水化合物以及钙、磷、铁等矿物质，还含有硫胺素、核黄素、烟酸等。赤小豆蛋白质中赖氨酸含量较高，含 α-球蛋白、β-球蛋白、植物甾醇、三萜皂苷等。

18.2.2　赤小豆的生理功能

（1）利尿作用

赤小豆含有较多的皂角苷，可刺激肠道，因此有良好的利尿作用，能解酒、解毒，对心脏病、肾病和水肿有益。

（2）通便润肠、降血脂等作用

赤小豆含有较多的膳食纤维，具有良好的润肠通便作用，具有降血压、降血脂、调节血糖、解毒、防癌、预防结石、减肥等功能。

（3）具有催乳的功能

赤小豆含有叶酸，产妇、乳母多食用赤小豆有催乳的功能。

18.3　苦杏仁

杏是落叶乔木，高达6m。多栽培于低山地或丘陵山地，主产区在内蒙古、吉林、辽宁、河北、山西、陕西。种子扁心形，表面黄棕色至深棕色，一端尖，另端钝圆，肥厚，左右不对称。尖端一侧有短线形种脐，圆端合点处向上具多数深棕色的脉纹。种皮薄，富油性，味苦。

18.3.1　苦杏仁的化学组成

苦杏仁含苦杏仁苷、脂肪油、苦杏仁酶、苦杏仁苷酶、樱叶酶、雌酮、α-雌二醇、链甾醇、蛋白质及各种游离氨基酸等。杏仁油脂中以油酸、亚油酸含量最高，其次是棕榈酸、硬脂酸、亚麻酸、十四烷酸、棕榈油酸等。

18.3.2 苦杏仁的生理功能

（1）抗肿瘤作用

苦杏仁中含有一种生物活性物质——苦杏仁苷，可以进入血液杀死癌细胞，而对健康细胞没有作用，因此可以改善晚期癌症病人的症状，延长病人生存期。同时，苦杏仁含有丰富的胡萝卜素，因此可以抗氧化，防止自由基侵袭细胞，具有预防肿瘤的作用。

（2）养颜美容

苦杏仁含有丰富的营养成分，可以润肤美容。苦杏仁含有丰富的挥发油、维生素 B_1、维生素 B_2 等，外用可以滋润皮肤，改善皮肤血液循环，减少皮肤皱纹和减缓皮肤衰老。

（3）抗炎、镇痛作用

苦杏仁苷能够抑制小鼠束缚-冷冻应激性胃溃疡，促进大鼠醋酸灼烧胃溃疡愈合，减少幽门结扎所致胃溃疡的溃疡面积，降低胃蛋白酶活性。文献报道，苦杏仁苷在小鼠热板法和醋酸扭体法中均显示镇痛作用，镇痛作用可维持 4h 以上，且不产生耐受性。

（4）镇咳、平喘作用

苦杏仁在肠道中被分解，产生微量氢氰酸，对呼吸中枢具有镇静作用，从而达到止咳平喘之功效。

（5）对消化系统的作用

苦杏仁不但营养均衡，而且含有丰富的纤维素，可以润肺清火，通便排毒，是无毒且不形成依赖作用的排毒食物。

18.4 薏苡仁

薏苡仁为禾本科植物薏苡的种仁，种仁宽卵形或椭圆形。表面乳白色，偶有残存的淡棕色种皮。一端钝圆，另端微凹，有淡棕色点状种脐。背面圆凸，腹面有 1 条较宽而深的纵沟。质地坚实，断面白色，粉性。气微，味微甜。

18.4.1 薏苡仁的化学组成

薏苡仁含蛋白质、脂肪、碳水化合物、少量维生素 B_1。种子含氨基酸（为亮氨酸、赖氨酸、精氨酸、酪氨酸等）、薏苡素、薏苡仁酯、三萜化合物。

18.4.2 薏苡仁的生理功能

（1）具有抗癌作用

薏苡仁蛋白质中含有抗癌有效成分薏苡仁酯，薏苡仁酯是一种不饱和脂肪酸的衍生物，经催化加氢反应，能吸收二分子氢，转变为饱和酯。薏苡仁酯对艾氏腹水癌、吉田肉瘤、宫颈癌 U-14 有抑制作用。在运用酶催化技术对薏苡仁蛋白质进行催化反应所得的薏苡仁多肽中发现，薏苡仁多肽不仅保留了薏苡仁蛋白质的有效成分，而且比原蛋白质具有更多的生理活性物质。动物实验表明：薏苡仁多肽对癌细胞有抑制作用。将薏苡仁多肽用于原发性和继发性肝癌，个别有增进食欲作用，无不良反应。薏苡仁多肽对于治疗绒毛膜上皮癌效果显著。

（2）其他作用

将薏苡仁多肽用于治疗扁平疣效果明显。薏苡仁多肽还可治疗皮疹，治愈率达 90%；

对于皮肤损坏大、损坏病灶增大变红、炎症剧增的患者，服用薏苡仁多肽后，受损病灶逐渐干燥和脱屑，以至消退；薏苡仁油或碳数在 10～18 的饱和脂肪酸皆能阻止或降低横纹肌（非神经肌接头部位）的收缩作用；薏苡仁油及碳数在 12 以上的脂肪酸皆可使血糖有所下降，可用丙酮酸拮抗，血清钙亦有所降低，碳数较低的脂肪酸（如癸酸）对血糖、血钙皆无影响。薏苡仁油（主要为棕榈酸及其酯）对呼吸的作用为小剂量兴奋，大剂量麻痹（中枢性），能使肺血管显著扩张。

18.5　黑芝麻

黑芝麻为芝麻科植物芝麻的干燥成熟种子。黑芝麻呈扁卵圆形，长约 3mm，宽约 2mm。表面黑色，平滑或有网状纹。尖端有棕色点状种脐。种皮薄，白色，富油性。气微，味甘，有油香气。

18.5.1　黑芝麻的化学组成

黑芝麻油中的主要成分为油酸、亚油酸、软脂酸、硬脂酸等甘油酯。

黑芝麻中含有蛋白质、钙、磷、铁，还含有芝麻素、花生酸、芝麻酚、油酸、棕榈酸、硬脂酸、甾醇、卵磷脂、维生素 A、维生素 B、维生素 D、维生素 E 等营养物质。

18.5.2　黑芝麻的生理功能

黑芝麻中含有的营养物质具有延缓人衰老作用。

黑芝麻可使皮肤保持柔嫩、细致和光滑。黑芝麻能润肠，治疗便秘，并具有滋润皮肤的作用。黑芝麻中含有防止人体发胖的物质蛋黄素、胆碱、肌糖，因此黑芝麻吃多了也不会发胖。

第19章
菌类功能性食品

19.1 灵芝

灵芝为多孔菌科真菌赤芝或紫芝的干燥子实体，是寄生于栎及其他阔叶树根部的蕈类。伞状，坚硬，木质，菌盖肾形或半圆形，紫褐色，有漆状光泽。各地均有分布，近来有人工培养，培养品形态有变异，但其疗效相同。灵芝自古就被誉为"仙草"，是传统的名贵中药材。《本草纲目》记载，灵芝可保神、益精气、坚筋骨、好颜色，久服轻身、不老。

19.1.1 灵芝的化学组成

（1）灵芝多糖

从灵芝中已分离到 200 多种灵芝多糖，其中有效成分为 β-1-3D 葡聚糖，它的多糖链有三条单糖链构成，是一种螺旋状立体构型物，与 DNA、RNA 相似，分子量由数万到数十万。灵芝多糖以 β-1-3D 为主链，β-1-6D 为侧链，被认为是免疫活性最强且易被人体吸收的葡聚糖构型，含量不少于 50%。灵芝多糖具有三维螺旋结构，破坏此结构会影响其活性。

（2）三萜类

三萜类（亦称灵芝酸）是灵芝产品的苦味来源，苦味越重，灵芝酸含量越高。从赤芝孢子粉酸性脂溶部分中分离到 8 个三萜类化合物：赤芝孢子酸 A、灵芝酸 B、灵芝酸 C、灵芝酸 E、灵芝酸 M、灵芝酸三醇、赤芝孢子内酯 A、赤芝孢子内酯 B。

灵芝酸具有强烈的生理活性，有止痛、镇静、抑制组胺释放、解毒、保肝、杀灭肿瘤细胞等功能。采用多种复合生物提取技术，能完美、充分提取灵芝内的有机灵芝酸。

（3）核苷、甾醇、生物碱

核苷类是灵芝中有广泛生理活性的物质，能降低血液黏稠度，抑制体内血小板聚集，调节血脂的合成与分解，提高血液供氧能力，改善血液微循环，增加对心脑的供氧能力。甾醇、生物碱能提高人体对缺氧的耐受力，具有增加冠脉流量等作用。

（4）氨基酸、多肽类

灵芝中的氨基酸主要有天冬氨酸、谷氨酸、精氨酸、赖氨酸等 17 种氨基酸，其中人体中必需的氨基酸灵芝中都有，灵芝还含有多种中性、碱性、酸性多肽，这些物质都是人体生命活动中不可缺少的成分。

（5）矿物元素

灵芝中含有钙、铁、锗、硒等矿物元素。大量研究表明，锗、硒都具有确切的防癌、抗癌作用。钙、铁等更是人体不可或缺的营养元素。

19.1.2 灵芝的生理功能

（1）提高机体免疫功能

研究结果表明，灵芝在提高机体免疫功能方面至少具有下列几方面的功效：促进淋巴细胞的增殖，增强巨噬细胞的吞噬能力，提高小鼠 NK 细胞的活性。NK 细胞是一种无特异性的自然杀伤细胞，可不经诱导而能对任何异常细胞（如肿瘤）及外来微生物起杀伤作用，肿瘤的发生、发展、转移与 NK 细胞的活力有着密切的关系。

灵芝可提高激活状态下巨噬细胞产生白细胞介素-1 的能力。白细胞介素-1 是一种免疫调节剂，能从多方面调节机体的免疫功能。用脂多糖 $10\mu g/mL$、灵芝液 $500\mu g/mL$ 处理巨噬细胞，处理过的巨噬细胞分泌白细胞介素-1 的量比对照组高 24.1%。

灵芝可促进脾细胞产生白细胞介素-2，白细胞介素-2 是机体克服、抑制肿瘤生长的重要免疫因子。老年人和肿瘤病人的白细胞介素-2 水平比较低，如能提高其体内的数量，可以使这些人少生疾病。

灵芝可促进巨噬细胞产生肿瘤坏死因子。肿瘤坏死因子是一种蛋白质，能导致肿瘤出血、坏死，具有直接杀伤肿瘤细胞的能力，能提高粒细胞的功能。

（2）清除体内自由基

灵芝有提高超氧化物歧化酶的作用，能清除和降低体内的自由基与丙二醛的含量，提高细胞膜的流动性和封闭度，保护细胞膜、细胞器、核酸、酶等生物活性物质不受自由基破坏。

（3）提高细胞膜的流动性和封闭度

细胞膜的流动性是指细胞膜具有半液体容易移动的物理性状。正常细胞膜具有很强的流动性。细胞对营养物质的吸收是在细胞膜运动过程中完成的。细胞膜流动性降低后，膜蛋白质就容易暴露到水溶液中，从而影响酶活性。封闭能力的下降使得细胞选择性吸收能力也下降，容易误将有害物质吸收到细胞内，并使细胞内有用物质流到细胞外，致使细胞的生理功能下降，从而产生疾病。大鼠服用灵芝后细胞膜的封闭度可提高 11%~30%。

（4）提高细胞的变形能力和降低血小板的聚集性能

血栓是心脑血管疾病的主要致病因素。脑血栓、心肌梗死都是由血栓造成的。血栓的形成与血小板聚集能力过强和红细胞变形能力较差有关。灵芝能提高红细胞的变形能力和降低血小板的聚集性能。

（5）提高细胞合成 DNA、RNA 和蛋白质的能力

机体内的肝细胞、骨髓细胞、红细胞等能通过不断繁殖来补充衰老与死亡的细胞，从而提高机体的抗病能力，使损伤的机体得到修复。细胞分裂再生能力的强弱与细胞合成 DNA、RNA 和蛋白质的能力有关。灵芝能显著提高 DNA 多聚酶的活性和蛋白合成酶的活性。

（6）提高肝脏的解毒、排毒能力

肝脏是机体营养成分的储藏、加工、转化和重新分配的场所，也是机体排毒、解毒的场所。在代谢过程中，机体每天产生许多有毒物质，机体亦会误食一些有毒害物质，如农药污

染的粮食、蔬菜，过量的酒精等。有毒物质进入体内主要是靠肝脏分解并排出，肝脏受到过量毒物或肝炎病毒侵袭时就会变黑、粘连，肝细胞中的谷丙转氨酶和谷草转氨酶等就会进入血液，从而使血清谷丙转氨酶、谷草转氨酶值升高。灵芝对保护肝脏免受化学物质和病毒的损害有着重要的作用。

（7）降低血液黏度，改善心律

血液循环是动物机体最基本的生理活动之一。血液循环畅通，机体组织和细胞就能获得必需的氧和营养物质。灵芝对改善血液循环有显著效果。给豚鼠腹腔注射灵芝液，其冠状动脉血流量较给药前每分钟增加 5.405mL，增值率为 96.45%。据报道，灵芝能阻止内毒素引起的血小板减少，可阻止高血脂大鼠在内毒素作用下肝静脉血栓形成。

（8）能抑制肿瘤的生长

S180 肉瘤、恶性肌纤维瘤、小鼠艾氏腹水癌等多种癌细胞接种小鼠后，连续给小鼠口服和腹腔注射灵芝菌丝或子实体提取液，结果小鼠染上的癌细胞得到明显的抑制，抑制率达 85%～95%。

（9）减轻放射线和有害化学物质的损害

放射线和有害化学物质对机体有极大的损害，能损伤骨髓，破坏免疫系统和造血系统，损伤肝脏，从而使机体抗病能力、生理功能全面下降。小鼠注射有害化学物质环磷酰胺 20h 后再注射灵芝提取液，然后杀死、解剖检验，结果小鼠的肝脏、骨髓、血液合成 DNA、RNA 和蛋白质的能力，以及血小板、白细胞、红细胞的量，与正常小鼠接近。而未注射灵芝提取液的，上述各项指标与正常小鼠相比显著下降。

（10）其他功能

灵芝可提高小鼠骨髓有核细胞和外周血白细胞的含量。小鼠口服灵芝 10 天后，白细胞和有核细胞数比对照组分别高 14.7% 和 39.5%。灵芝可提高血液的供氧能力，能镇静、镇痛，能提高机体的生命力。灵芝能抑制肥大细胞释放组胺，对抗组胺引起的气管平滑肌痉挛性收缩，可促进慢性支气管炎的气管黏膜细胞再生、修复，具有镇咳、祛痰、降血糖等作用。

19.1.3　灵芝孢子

灵芝孢子是灵芝发育后期释放出来的种子，是灵芝的精华。成熟的孢子呈卵形、棕色，单个孢子只有几微米大，是肉眼看不见的，在高倍显微镜下观察方可看清它的形态特征，呈粉末状。

（1）直接杀死癌细胞

灵芝孢子能够直接杀死癌细胞，杀死率高，从而使肿块缩小或消失。其机理是灵芝孢子能破坏癌细胞的端粒酶，使癌细胞失去增殖能力。降低癌细胞表面电荷，使肿瘤细胞的分裂调节基因发挥作用，从而抑制癌细胞的快速分裂。并有效提高机体免疫能力，使免疫细胞在肿瘤早期将癌细胞杀死、吞噬。同时，灵芝孢子还能提高纤维蛋白的形成能力，大量的纤维蛋白将癌肿块紧紧包裹，使它与外界隔开，断绝了癌肿块的营养来源，从而使它不能增殖生长。

（2）提高机体的免疫能力

灵芝孢子能有效提高机体的免疫能力，表现为提高自然杀伤细胞（NK 细胞）的活性。NK 细胞通过释放可溶性因子杀伤癌细胞，还可产生干扰素和白细胞介素-2，提高其他免疫细胞的能力来实现免疫调节，同时提高激活状态下巨噬细胞产生白细胞介素-1和促进脾细胞产生白细胞介素-2的能力。这两种物质都是重要的免疫调节剂，是抑制肿瘤生长的重要免疫因子，能有效促进巨噬细胞产生肿瘤坏死因子（TNF），使肿瘤出血、坏死，有直接杀伤癌细胞的功能。

（3）具有抗辐射作用

灵芝孢子具有抗辐射及减轻有害化学药物（如环磷酰胺等）损伤的作用，这些有害物质能损伤骨髓，破坏免疫系统和造血系统，损伤肝脏，从而使机体抗病能力、生理功能全面下降。

19.2　茯苓

茯苓为多孔菌科真菌茯苓的干燥菌核。呈球形、扁圆形或不规则的块状，大小不一。表面黑褐色或棕褐色，外皮薄而粗糙，有明显隆起的皱纹。体重，质坚硬，不易破开。断面不平坦，呈颗粒状或粉状，外层淡棕色或淡红色，内层全部为白色，少数为淡棕色，细腻，并可见裂隙或棕色松根与白色绒状块片嵌镶在中间。气味无，嚼之粘牙。以体重实坚、外皮呈褐色而略带光泽、皱纹深、断面白色细腻、粘牙力强者为佳。白茯苓均已切成薄片或方块，色白细腻而有粉滑感。质松脆，易折断破碎，有时边缘呈黄棕色。

19.2.1　茯苓的化学组成

茯苓菌核含 β-茯苓聚糖约占干重93%，还有三萜类化合物乙酰茯苓酸、茯苓酸、3β-羟基羊毛甾三烯酸。此外，尚含树胶、甲壳质、蛋白质、脂肪、甾醇、卵磷脂、葡萄糖、腺嘌呤、组氨酸、胆碱、β-茯苓聚糖分解酶、脂肪酶、蛋白酶等。

19.2.2　茯苓的生理功能

（1）免疫调节能力

茯苓能激活淋巴T细胞和B细胞，抗胸腺萎缩，抗脾脏增大，增强巨噬细胞吞噬能力。

（2）辅助抑制肿瘤

茯苓对小鼠肉瘤S180有良好的抑制作用，有效率19.6%～35%（单用），如与其他抑制药物（如环氟胺）共用，有效率达38.9%～69%。对白血病病人（L1210）能延长存活时间，单用延长70%，与环氟胺合用延长寿命1.68倍。

（3）延缓衰老作用

茯苓可以抑制自由基过氧化反应，降低脂质过氧化作用，减少脂褐质形成。对小鼠血清、心肌的脂褐质均较对照组有明显降低的作用，故有延缓机体衰老的功能。

19.3　冬虫夏草

冬虫夏草为麦角菌科真菌冬虫夏草菌寄生在蝙蝠蛾科昆虫幼虫上的子座及幼虫尸体的复合体。虫体与从虫头部长出的真菌子座相连而成。虫体似蚕，表面深黄色至黄棕色，有环纹，近头部的环纹较细，头部红棕色，质脆，易折断，断面略平坦，淡黄白色。子座细长，圆柱形，表面深棕色至棕褐色，有细纵皱纹，上部稍膨大，质柔韧，断面类白色。气微腥，味微苦。

19.3.1 冬虫夏草的化学组成

冬虫夏草含有虫草素、虫草酸（分子式 $C_7H_{12}O_6$，即 1,3,4,5-四羟基环己酸）、脂肪（包括饱和脂肪酸、不饱和脂肪酸）、碳水化合物、粗蛋白、粗纤维、虫草多糖、微生素 B_{12} 等。

19.3.2 冬虫夏草的活性成分

（1）虫草素

虫草素是冬虫夏草中主要生理活性物质。虫草素是一种淡黄色结晶粉末，在试管内能抑制链球菌、鼻疽杆菌、炭疽杆菌、猪出血性败血症杆菌。虫草素能抑制癌细胞的生长，还有抗病毒、抗癌和抗真菌作用，也有滋肺补肾、促进骨髓造血功能等作用，可辅助治疗久咳、失眠、支气管炎、夜尿等症。冬虫夏草含有虫草菌素，是一种有抗生素作用或抑制细胞分裂作用的与核酸有关的物质。

（2）虫草酸

虫草酸是一种 D-甘露糖醇，虫草酸是奎宁酸的异构物。

虫草酸是冬虫夏草的主要生理活性物质，冬虫夏草约含虫草酸 7%。研究表明，虫草酸具有促进人体的新陈代谢、改善人体微循环系统、明显降血脂、增强抵抗力等作用，以及具有镇咳、祛痰、平喘的功效。

（3）虫草多糖

虫草多糖能提高人体的免疫力，起扶正固本作用。对老年慢性支气管炎、肺源性心脏病有显著的疗效，能提高肝脏的解毒能力，起护肝作用。

药理试验表明，虫草多糖具有抗肿瘤、增强单核巨噬细胞的吞噬能力、对体外淋巴细胞转化有促进作用、抗辐射等多种功能。

（4）超氧化物歧化酶

冬虫夏草中含有相当丰富的超氧化物歧化酶（SOD）。超氧化物歧化酶是一种非常重要的抗氧化酶，是在人体内自然生成的一种酶，它是保护身体细胞的物质。它可以帮助体内清除细胞粒腺体过多产生的自由基，避免细胞受到氧化、老化和破坏。衰老自由基学说认为，自由基对机体的损坏和毒害是引起人体衰老和死亡的重要因素之一。红细胞内的 SOD 活性增强，可活化细胞，达到抗老作用。

蛹虫草及古尼虫草的培养菌丝体中，也富含超氧化物歧化酶。

（5）蛋白质和氨基酸

冬虫夏草中含有丰富的蛋白质和 19 种氨基酸（其中包括人体必需的 8 种氨基酸），分别是赖氨酸、苏氨酸、谷氨酸、丝氨酸、组氨酸、甘氨酸、精氨酸、酪氨酸、丙氨酸、色氨酸、蛋氨酸、缬氨酸、脯氨酸、亮氨酸、鸟氨酸、半胱氨酸、苯丙氨酸、异亮氨酸和天冬氨酸，种类齐全，数量充足。冬虫夏草粗蛋白含量在 30% 左右，氨基酸总量达到 25%。粗蛋白含量是决定氨基酸含量的主要因素，粗蛋白含量高，氨基酸的总量及各种氨基酸的含量也高。

（6）麦角甾醇

冬虫夏草中含有丰富的麦角甾醇。麦角甾醇为白色晶体，是一种重要的医药化学原料，可用于可的松和激素黄体酮等药物，也可作为保健类食品和药品的添加剂。麦角甾醇是维生素 D_2 的前体，经紫外线适当照射可得到维生素 D_2。麦角甾醇可以预防骨质疏松症，防治佝偻病和贫血，对健美也有重要意义。

（7）矿物质元素

冬虫夏草中含有人体必需的矿物质元素（磷、镁、铁、钙等含量较高，其次为铝、硅、锌、锰、铜、钛、铬等，还有钾、镍、锶等）17 种以上，其中人体必需矿物质元素，抗癌之王——硒，含量高。虫草具有提高人体免疫的功效。

（8）维生素

冬虫夏草中含有丰富的维生素，其中维生素 A、维生素 B_{12}、维生素 B_6、维生素 C、维生素 B_1、维生素 B_2、维生素 D、维生素 E 的含量均高于菇类。维生素 A 含量是猪肝的 13 倍，维生素 B_2 的含量是人参的 4.038 倍和猪肝的 13 倍，维生素 C 的含量是香菇的 8 倍。

维生素是机体维持正常功能必需物质之一，但在体内不能合成或合成很少，必须由食物提供或提供维生素的前体。维生素在物质代谢调节和维持生理功能等方面发挥着重要作用，长期缺乏会引起维生素缺乏症。

（9）核苷酸

冬虫夏草中含有多种核苷类物质包括腺嘌呤、腺嘌呤核苷、尿嘧啶、胸腺嘧啶、次黄腺嘌呤核苷等，这些物质对辐射伤害具有十分显著的保护作用，对血小板凝结具有抑制作用。

19.3.3 冬虫夏草的生理功能

（1）调节免疫系统功能

免疫系统对内抵御肿瘤，清除老化、坏死的细胞组织，对外抗击病毒、细菌等微生物感染。人体每天都可能出现突变的肿瘤细胞。免疫系统功能正常的人体可以逃脱肿瘤的厄运，免疫系统功能出现问题的人，却可能发展成肿瘤。

冬虫夏草既能增加免疫系统细胞、组织数量，促进抗体产生，增加吞噬细胞、杀伤细胞数量，增强其功能，又可以调低某些免疫细胞的功能。

虫草多糖能提高机体的免疫功能。它对机体网状内皮系统及腹腔巨噬细胞的吞噬功能具有明显的激活作用，能促进淋巴细胞的转化。

冬虫夏草能保护和提高巨噬细胞指数和巨噬比例，使肝、脾巨噬指数值显著提高，并保护 T 淋巴细胞免受损伤，增强细胞免疫功能，增强肝脏功能，促进新陈代谢。食用冬虫夏草免疫能力可提高 80%。

虫草可以直接诱导 B 淋巴细胞的增殖反应放大，调节 B 淋巴细胞的应答反应，增强体液免疫功能。

（2）直接抗肿瘤作用

冬虫夏草提取物在体外具有明确的抑制、杀伤肿瘤细胞的作用。冬虫夏草中含有虫草素，是其发挥抗肿瘤作用的主要成分。

冬虫夏草能抑制癌细胞裂变，阻碍癌细胞扩散，显著提高体内 T 细胞、巨噬细胞的吞噬能力。

虫草多糖能选择性地增加脾脏营养性血液量，能使脾脏明显增重，脾中浆细胞明显增多，具有一定的抗放射作用。虫草多糖还能提高血清的皮质酮含量，促进机体核酸及蛋白质的代谢，具有抑制肿瘤作用。

（3）提高细胞能量、抗疲劳

冬虫夏草能加速血液的流动，迅速地清除乳酸和代谢产物，使各项血清酶的指标迅速恢复正常；对运动不适应期产生的血清免疫球蛋白水平的改变有一定的改善，预防疲劳过度诱发的各种疾病。此外，还能调节人体内分泌，使极度疲劳的机体迅速得到恢复。

冬虫夏草能提高人体能量工厂——线粒体的能量释放，提高机体耐寒能力，减轻疲劳。

（4）调节心脏功能

冬虫夏草可提高心脏耐缺氧能力，降低心脏对氧的消耗，抗心律失常。

（5）调节肝脏功能

冬虫夏草可减轻有毒物质对肝脏的损伤，对抗肝纤维化的发生。此外，通过调节免疫功能，增强抗病毒能力，对病毒性肝炎发挥有利作用。

（6）调节呼吸系统功能

冬虫夏草能保肺益肾，止血化痰，明显地舒张支气管平滑肌，增强肾上腺素作用，改善脾功能，对老年慢性支气管炎、哮喘、肺气肿、肺心病等能减轻症状，延缓复发时间。

（7）调节肾脏功能

冬虫夏草能减轻慢性肾脏病变，改善肾功能，减轻毒性物质对肾脏的损害。

（8）调节造血功能

冬虫夏草能增强骨髓生成血小板、红细胞和白细胞的能力。

（9）调节血脂

冬虫夏草可以降低血液中的胆固醇和甘油三酯，提高对人体有利的高密度脂蛋白含量，减轻动脉粥样硬化。

19.4 蜜环菌

蜜环菌（亦称榛蘑），菌盖淡土黄色、蜂蜜色至浅黄褐色，老后棕褐色，菌肉白色。夏秋季在针叶或阔叶树等很多种树干基部、根部或倒木上丛生。常常引起很多树木的根腐病。

19.4.1 蜜环菌的化学组成

蜜环菌子实体含麦角甾醇、苏来醇、阿糖醇、赤藓醇、甘露醇、D-苏糖醇、甲壳素。国外从子实体分离出两种多糖体，一种为水溶性葡聚糖，含有 D-半乳糖、D-甘露糖和 L-岩藻糖残基；另一种为多肽葡聚糖。

蜜环菌还含有腺苷衍生物（AMG-1）、尿嘧啶、卵磷脂、尿苷蜜环菌甲素、蜜环菌乙素、氨基酸和维生素等物质。

19.4.2 蜜环菌的生理功能

蜜环菌中的腺苷衍生物以 $48\mu g/kg$ 皮下注射，对小鼠完全性缺血呈现出有意义的保护作用，其安神、抑制中枢神经过度性兴奋的能力比腺苷更为显著，AMG-1 还具有强烈的降血凝效果，促进血脂块的纤溶，并能降低血管壁阻力，有利于血液循环和提高血液供氧能力。蜜环菌多糖能提高机体免疫力，具有抗肿瘤、抑制病毒生长和繁殖、增强机体抗病力等作用。蜜环菌中含有的维生素 A 能治腰腿痛、预防视力减退、防止皮肤干燥等。密环菌甲素、蜜环菌乙素能治疗胆囊炎和肝炎。

第20章
动物类功能性食品

20.1 海参

海参属棘皮动物门,海参纲,海参属。海参圆筒形的身体上长满肉刺,形似黄瓜。海参是生活在浅海海底的一类棘皮动物,其中大多数种类能食用,有很高的营养价值,素有"海中人参"之称。

20.1.1 海参的化学组成

海参中主要含有水、蛋白质、脂肪、碳水化合物、尼克酸、视黄醇及钠、镁、钾、硒、铁、锰、锌、铅、磷等元素。

(1) 蛋白质及氨基酸

海参蛋白质是由18种氨基酸组成,其中8种是人体自身不能合成的,只能从食物中摄取,称为必需氨基酸。蛋氨酸:参与组成血红蛋白、组织与血清,提高机体活力,促进皮肤蛋白质和胰岛素的合成。赖氨酸:能明显促进大脑发育,是肝及胆囊的组成成分,能促进脂肪代谢,调节松果腺、乳腺、黄体及卵巢功能,防止细胞退化。色氨酸:促进胃液及胰岛素的产生。缬氨酸:促使神经系统功能正常,作用于黄体、乳腺及卵巢。苏氨酸:转变某些氨基酸达到平衡。亮氨酸:降低血液中的血糖值,促进皮肤、伤口及骨头愈合。异亮氨酸:参与胸腺、脾脏及脑下腺的调节及代谢的调节,维持机体生理平衡。苯丙氨酸:参与消除肾、膀胱功能的损耗。这些营养成分可以显著地增强机体免疫力、提高人体免疫细胞活性、促使抗体生成,更具补肾益气、强精健髓的传统功效。

(2) 稀有物质黄酮类

海参中含有的稀有物质黄酮类能抑制多种癌细胞的生长,包括乳腺癌、肠癌、肺癌、白血病、前列腺癌,具有预防心血管疾病的作用,有利于妇女绝经后骨质疏松的预防和治疗,可弥补更年期妇女因绝经而减少的雌激素,从而减轻或避免更年期综合征。

(3) 微量元素

海参含有微量元素。锌:缺锌会引起食欲不振、消化功能减弱、脑功能减退、机体免疫力下降症状。硒:抗癌之王,可以抑制癌细胞的能量来源,增强机体免疫系统的功能。钒:海参中钒的含量居诸食物之首,可使机体内铁元素更加有效吸收,改善贫血,参与脂肪代谢,降血脂,可预防心血管疾病。钙:预防儿童佝偻病、成人骨质疏松症。铁:缺铁会引起贫血、新陈代谢紊乱、胃肠功能紊乱。锰:缺锰会影响新陈代谢、使血糖异常、易引起肥胖症、脂肪肝、功能性贫血等症状。碘：碘缺乏会引起甲状腺肿大、头发稀少、神经系统障碍等症状。磷：磷是人类遗传物质核酸的主要成分，人体缺磷会引起软弱无力、关节痛、心肌炎、食欲不振。

（4）维生素

海参含有丰富的维生素。维生素 B_1 能刺激人体代谢、增加食欲、利于肠胃的消化与吸收、促进碳水化合物代谢、构成辅酶成分等。维生素 B_2 是构成脱氢酶的主要成分，能预防口腔炎、皮炎。维生素 PP，又称尼克酸，是辅酶的主要成分，调节神经系统，维持健康皮肤、延缓衰老。

20.1.2　海参的活性成分

海参在组成成分上有一定特点，即胆固醇含量低，脂肪含量相对少，是典型的高蛋白、低脂肪、低胆固醇食物，对高血压、冠心病、肝炎等病人及老年人堪称食疗佳品，常食对治病强身很有益处。

（1）硫酸软骨素

海参含有硫酸软骨素有助于人体生长发育，能够延缓肌肉衰老，增强机体的免疫力。海参中微量元素钒的含量居各种食物之首，可以参与血液中铁的输送，增强造血功能。

（2）海参毒素

海参毒素能够有效抑制多种霉菌及某些人类癌细胞的生长和转移。食用海参对再生障碍性贫血、糖尿病、胃溃疡等均有良效。中医认为海参具有补肾益精、除湿壮阳、养血润燥、通便利尿的作用。

（3）海参皂苷

海参的居维氏器和体壁均能分泌出毒素和活性很强的物质，这类毒素和活性物质，其实是皂苷的混合物。海参皂苷在化学结构上归属于三萜类寡糖苷。组成寡单糖的主要有木糖、葡萄糖、喹喏糖、3-甲基木糖、3-葡萄糖。药理实验表明，这些海参皂苷大都具有强烈的生理活性，这些生理活性包括抗肿瘤作用、抗真菌作用、抗放射作用、细胞毒性作用及抗胆碱作用等。

（4）海参多糖

海参多糖是从食用海参的体壁中提取到的一种海参酸性糖胺聚糖，该多糖含有氨基半乳糖、己糖醛酸、岩藻糖和硫酸酯，其分子组成为1∶1∶1∶4，是一种硫酸糖胺聚糖。药理实验证明，其具有抗肿瘤和诱导血小板凝集的生理活性。

（5）牛磺酸

人体的器官中，心脏中牛磺酸的含量最高。牛磺酸具有保护心脏、增强心肌功能。牛磺酸对于肝脏及肠胃都有保护作用，能增强人体的免疫功能，调节脑部的兴奋状态，并有助于修复角膜、保持视网膜的健康、预防白内障。牛磺酸几乎存在于所有的生物之中，含量最丰富的是海洋生物。

（6）海参素及其他成分

海参素是一种抗霉剂，可抑制多种霉菌，可以阻断神经传导，具有广谱抗癌作用。

海参还含有其他的活性成分包括活性肽、糖蛋白及活性钙等。这些活性成分也都具有一定的生理功能。

20.1.3　海参的生理功能

（1）延续衰老，消除疲劳，提高免疫力

海参富含蛋白质、矿物质、维生素等50多种天然珍贵活性物质，其中酸性糖胺聚糖和软骨素可明显降低心脏组织中脂褐素和皮肤脯氨酸的数量，起到延缓衰老的作用。

海参体内所含的18种氨基酸能够增强组织的代谢功能，增强机体细胞活力，适宜于生长发育中的青少年。海参还能调节人体的水盐平衡。

海参能消除疲劳，提高人体免疫力，增强人体抵抗疾病的能力，因此非常适合经常处于疲劳状态的中年人以及易感冒、体质虚弱的老年人和儿童等亚健康人群。

（2）补肾壮阳、补血调经

海参体内含有丰富的精氨酸。精氨酸是构成男性精子细胞的主要成分，能够改善脑、性腺神经功能传导作用，减缓性腺衰老，提高勃起力。海参有固本培元、补肾益精的效果。胶东刺参含有丰富的铁及海参胶原蛋白，具有显著的造血、养血、补血作用。

（3）治伤抗炎、护肝保血管

海参特有的活性物质海参素，对多种真菌有显著的抑制作用。海参素A和海参素B可用于治疗真菌和白癣菌感染，具有显著的抗炎、成骨作用，尤其对肝炎患者、结核病、糖尿病、心血管病有显著的治疗作用。

（4）益智健脑、助产催乳

海参中含有两种ω-3多不饱和脂肪酸（EPA和DHA）。其中DHA对胎儿大脑细胞发育起至关重要的作用。人体大脑发育始于妊娠的第三个月，胎儿通过胎盘从母体中获取DHA和EPA。DHA对增强记忆力及智商有显著的益处。海参具有养血润燥、调经养胎、助产催乳、修补组织的作用。

（5）消除肿瘤、抗癌护心脏

在海参的体壁、内脏和腺体等组织中含有大量的海参毒素，又叫海参皂苷。海参毒素是一种抗毒剂，对人体安全无毒，但能抑制肿瘤细胞的生长与转移，有效防癌、抗癌。临床上已广泛应用于肝癌、肺癌、胃癌、鼻咽癌、骨癌、淋巴癌、卵巢癌、子宫癌、乳腺癌、脑癌、白血病及手术后患者的治疗。

20.2　乳及乳制品

20.2.1　乳

乳主要含有乳蛋白、乳脂、乳糖、维生素、矿物质（钙、磷、钾、锌等）、酶和其他物质。牛乳的香味主要由低级脂肪酸、丙酮类、乙醛类、二甲硫醚及其他挥发性物质组成。

（1）乳蛋白

乳蛋白在乳中的含量约为3%～3.7%，乳蛋白中主要成分为酪蛋白、乳清蛋白和少量的脂肪球膜蛋白。酪蛋白占牛奶总蛋白的82%，其质地好，含有人体必需的全部氨基酸，而且蛋白质供给的热量非常平衡。乳清蛋白占总蛋白质不到18%，乳清蛋白中免疫球蛋白有助于提高新生儿的免疫力。乳呈白色是由于酪蛋白与钙结合形成钙盐，与脂肪形成微球悬浮体，微量油溶性叶红素与水溶性黄色素则使原汁乳白中透黄。

（2）乳脂

乳脂主要分为乳脂肪和类脂，是乳的重要组成部分。脂类不溶于水，而溶于乙醚、丙酮等有机溶剂。

乳脂肪的化学组成主要是甘油与各种不同高级脂肪酸形成的复合脂。乳脂肪具有补充消耗了的脂肪和构成脂肪组织的作用，能够供给能量（1g 脂肪氧化后能放出约 9.3kcal 的热量）和产生大量水分以补给身体（100g 脂肪在氧化时产生 107.1g 水）。

类脂主要为磷脂类和甾醇类。磷脂类有卵磷脂（由甘油、脂肪酸、磷酸及含氮有机碱所形成的复合脂类）、脑磷脂（磷脂酰乙醇胺、磷脂酰丝氨酸）及神经鞘磷脂。乳脂是高度乳化的，故极易消化和有效利用，是快速能源。乳中的胆固醇以游离态存在，也与脂肪酸结合成酯。

（3）乳糖

乳糖是哺乳动物从乳腺分泌的一种特有的化合物，是乳的主要成分，在乳中全部以溶液状态存在。牛乳中乳糖含量约为 4.5%～5.0%。其结构为：

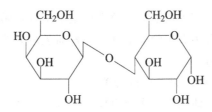

β-D-(+)-半乳糖　α-D-(+)-葡萄糖
α-D-(+)乳糖

乳糖在人体小肠中分解为半乳糖和葡萄糖，生成的葡萄糖吸收快，而半乳糖吸收慢并且作为小肠内细菌的生长促进剂，有利于肠内合成维生素。乳糖在小肠内容易产生酸性发酵，形成乳酸，有利于钙、磷的吸收并有杀菌作用，有助于肠蠕动。

（4）维生素

① 水溶性维生素：维生素 B_1、维生素 B_2、泛酸、维生素 PP、维生素 B_6、维生素 H、叶酸、维生素 B_{12}、维生素 C。

② 脂溶性维生素：维生素 A、维生素 D、维生素 E、维生素 K。

（5）生物碱

生物碱是一般指存在于植物内具有碱性的含氮有机化合物，大多数具有氮杂环的结构，有旋光性，并且有明显的生理效应。哺乳动物中也含有生物碱如胆碱等，主要存在于脂肪球卵磷脂-蛋白质膜中。

（6）酶

乳中的酶来源有三种：一种是乳腺细胞内的酶进入乳中；一种是由进入乳中的微生物代谢所产生的酶；另一种是由白细胞崩坏而产生的酶。

乳中的酶按其作用特点分为两类即水解酶（蛋白酶、脂肪酶、磷酸酶、乳糖酶、淀粉酶）和氧化还原酶（过氧化氢酶、过氧化物酶、黄嘌呤氧化酶、还原酶）。

（7）矿物质

乳中矿物质含量为 0.35～1.21mg/L。其元素有 Ca、Mg、Na、K、Fe、P、S、Cl、I、

Cu、Mn、Si、F、As、Br、V、Sr、Zn、Co、Pb、Ba、B、Li、Mo、Sn、Cr 等。

（8）柠檬酸

乳中柠檬酸为 $0.07\sim0.40\mathrm{mg/L}$，以盐类状态存在，乳中柠檬酸盐呈离子态、分子态和胶态三种形式。其中最主要以柠檬酸钙盐形式存在。柠檬酸钙盐与酪蛋白构成胶粒，柠檬酸和磷酸同钙、镁保持乳中盐类平衡的稳定。

20.2.2　发酵乳

乳经乳酸菌发酵而形成的产品称发酵乳。常见的有酸奶、乳酸菌饮料、干酪、酸性酪乳、酸性稀奶油、马奶酒、双歧杆菌乳及嗜酸菌乳等。发酵乳对人体的特殊功能主要源于乳酸菌。

乳酸菌可分为动物源乳酸菌和植物源乳酸菌。食用大量的动物源乳酸菌易导致人体动物蛋白过敏，其原因是动物源乳酸菌来自动物，并且菌种常处于不稳定状态，其生物功效也较不稳定。植物源乳酸菌易被人体认可而不会产生异体蛋白排斥作用，从而发挥稳定的生物功效。

乳酸菌在功能性食品和医药工业上的功效主要集中维持胃肠道（特别是肠道）的菌群平衡，乳酸菌能在大肠内抑制有害微生物的活动，但普通乳酸菌的活力极弱，只有经过特殊工艺处理的乳酸菌才能到达肠道。

（1）改善胃肠道菌群平衡，调整肠道功能

微生物菌群的平衡，对机体的健康十分重要，而乳酸菌就能够调节这种微生态平衡，保障宿主正常生理状态。乳酸菌是肠道常在菌，服用乳酸菌后，可以改变肠道内环境，抑制有害菌繁殖，调整胃肠道菌群平衡。乳酸菌通过黏附素与肠黏膜细胞紧密结合，在肠黏膜表面定植占位，成为生理屏障的主要组成部分，从而达到恢复宿主抵抗力、修复肠道菌群屏障、治愈肠道疾病的作用。

（2）降低胆固醇，提供营养物质

乳酸菌可以降低血中胆固醇，预防高脂血症和高胆固醇血症的发生。乳酸菌产生的酸性代谢产物使肠道环境偏酸性，而一般消化酶的最适 pH 值为偏酸性（淀粉酶 6.5、糖化酶4.4），这样就有利于营养素的消化吸收。乳酸菌还可加强肠道的蠕动和肠液分泌，促进消化吸收养分。乳酸菌可以提高必需氨基酸和各种维生素（如 B 族维生素和维生素 K 等）及矿物元素（如 Ca、P、Fe 等）的生物活性，进而达到为宿主提供必需营养物质、增强营养代谢、直接促其生长的作用。

（3）改善免疫能力，抗衰老和抗肿瘤

乳酸杆菌和双歧杆菌具有明显激活巨噬细胞的吞噬作用，它能在肠道定植，相当于天然自动免疫。它们还能刺激腹膜巨噬细胞、诱导产生干扰素、促进细胞分裂、产生抗体及促进细胞免疫等，所以能增强机体的非特异性和特异性免疫反应，提高机体的抗病能力。

乳酸菌在肠道内繁殖并产生乳酸，形成酸性环境，抑制腐败性细菌的繁殖，使肠道内有毒物质（吲哚、酚、硫醇等）大量减少。双歧杆菌能清除机体内的氧自由基，从而减少了对身体的伤害，延缓机体衰老进程，增进身体健康。

乳酸菌抑制癌细胞的生长，如乳杆菌可以抑制白血病病毒的活性，嗜酸乳杆菌具有抑制腹水癌细胞的繁殖等。

（4）乳酸菌的其他生理功能

抗菌作用：乳酸菌对一些腐败菌和低温细菌有较好的抑制作用。可用于防治腹泻、下痢、肠炎、便秘和由肠道功能紊乱引起的多种疾病以及皮肤炎症。

抗突变和保护造血系统的作用：实验表明，口服摄取乳杆菌和双歧杆菌具有抗突变和保护造血系统的作用。

第21章
改善生长发育和延缓衰老的功能
活性成分与功能性食品

21.1 改善生长发育的活性物质

生长是指身体各器官、系统的长大和形态变化，是量的改变；发育是指细胞、组织和器官的分化完善与功能上的成熟，是质的改变。两者密切相关，生长是发育的物质基础。

人的体力与智力是人力资源的基础，一个民族的整体体力与智力水平是影响该民族兴亡盛衰的核心因素。现代社会物质文明的高度发达，为儿童的健康成长创造了很多有利条件，但同时也导致儿童出现营养失衡现象。研究开发能促进儿童生长发育、提高智力的儿童功能食品至关重要。

21.1.1 生长发育营养物质的要求

人的生长发育过程中需要能量、蛋白质、矿物元素、脂肪、维生素等。

（1）能量

人每天都要从食物中摄取一定的能量以供生长、代谢、维持体温以及从事各种体力、脑力活动。碳水化合物、脂肪、蛋白质是三大产能营养素。能量供给不足不仅会影响到儿童器官的发育，而且还会影响其他营养素效能的发挥，从而影响儿童正常的生长发育。

（2）蛋白质

蛋白质是人体组织和器官的重要组成部分，参与机体的一切代谢活动，具有构成和修补人体组织、调节体液和维持酸碱平衡、合成生理活性物质、增强免疫力、提供能量等生理作用。儿童正处于生长发育的关键时期，充足的蛋白质摄入对保障儿童的健康成长具有至关重要的作用。如果蛋白质供给不足则会造成儿童出现生长缓慢、发育不良、肌肉萎缩、免疫力下降等症状。

（3）矿物元素

钙是构成骨骼和牙齿的主要成分，并对骨骼和牙齿起支持和保护作用。

铁主要为血红蛋白、肌红蛋白的组成成分，参与氧气和二氧化碳的运输，同时又是细胞色素系统和过氧化氢酶系统的组成成分，在呼吸和生物氧化过程中起重要作用。

锌存在于体内的一切组织和器官中，肝、肾、胰、脑等组织中锌的含量较高。锌是体内许多酶的组成成分和激活剂。锌对机体的生长发育、组织再生、促进食欲、促进维生素 A 的正常代谢、促进性器官和性机能的正常发育有重要作用。

碘是甲状腺素的组成成分，具有促进和调节代谢及生长发育的作用。碘供应不足会造成机体代谢率下降，会影响生长发育并易患缺碘性甲状腺肿大。

硒存在于机体的多种功能蛋白、酶、肌肉细胞中。硒的主要生理功能是通过谷胱甘肽过氧化物酶发挥抗氧化的作用，防止氢过氧化物在细胞内堆积及保护细胞膜，能有效提高机体的免疫水平。

此外，维生素等对人的生长发育也具有重要作用。

21.1.2 儿童的膳食营养

随着现代社会经济快速发展，为儿童的健康成长创造了非常有利的条件，同时也给儿童的生长发育带来了新的问题。充足的营养导致了肥胖婴幼儿比例上升，偏食和挑食使儿童出现营养不良倾向如患有缺铁性贫血、缺钙性骨发育异常、某种维生素缺乏等症状。

（1）儿童生长发育过程中的特点

① 儿科的疾病谱明显改变　二十世纪初儿童死亡的主要原因是急性感染性疾病和烈性传染病、严重营养不良；二十世纪末儿童死亡的主要原因是先天性畸形、意外损伤和中毒、恶性肿瘤、遗传代谢性疾病和环境因素所致的疾病。

② 感染性疾病出现新的特征　感染性疾病的发病概率降低，但是已经得到控制的传染病如结核病的发病率有所回升。

③ 生存问题　当今儿童的生存问题将不成为主要的问题，关注焦点是儿童有健全的体魄，良好的心理素质、学习能力和社会适应能力，尤其要重视儿童精神卫生和心理问题。

④ 向营养失衡转变　目前，儿童的营养问题是营养失衡，如营养过剩和生活方式改变等而致的肥胖，微量营养素缺乏或搭配不当所致的各种营养素紊乱。

⑤ 不同地区儿童的健康水平表现不平衡　经济发展的不平衡使得儿童健康水平出现相对不平衡。

（2）常见的营养缺乏病

佝偻病是婴幼儿常见的营养缺乏病，主要是由维生素 D 的缺乏及钙、磷代谢紊乱造成的。

缺铁性贫血是体内储铁不足和食物缺铁造成的营养性贫血，是一种世界性的营养缺乏症。发病原因首先是先天性因素，其次是膳食因素。

锌缺乏症是人体中的微量元素锌缺乏引起的婴幼儿常见病。母乳不足、未按时增加辅食、锌吸收率低、偏食均可造成锌缺乏症。

蛋白质缺乏会引起能量、营养不良。

（3）膳食结构不合理造成的问题

近年来儿童中的体重超重现象或肥胖症增加是令人忧虑的问题。肥胖会增加青少年高脂血症的发病率，并使动脉粥样硬化提早发生。青春期超重的人群中，死于心脏病或中风者明显增多，关节炎、糖尿病和骨折等的发病率高。脂肪和糖摄取量的增加、运动量的减少等不良的饮食习惯和生活方式是造成儿童肥胖症的主要原因。

厌食是由多种病因引起的病理生理异常的症候群。厌食多是体内缺锌而致。大多数厌食是生理性的即功能性厌食。不良的饮食结构和习惯是厌食的主要原因，其次是挑食、不吃蔬菜、饭前喜吃糖果等零食以及吃饭不定时等。

21.2 改善生长发育的活性物质与功能食品

（1）肌醇

肌醇是白色精细晶体或结晶性粉末。无臭，有甜味。熔点 224～227℃。在空气中稳定，对热、强酸和碱稳定。每克溶于 61mL 水，难溶于乙醇，不溶于乙醚及氯仿。肌醇水溶液对石蕊呈中性，无旋光性。

肌醇能够促进生长发育。肌醇是人、动物和微生物生长所必需的物质，能促进细胞生长，尤其为肝脏和骨髓细胞的生长所必需。此外，肌醇还具有调节血脂、减肥、保护肝脏的作用。

（2）牛初乳

牛初乳是指母牛产犊后 7 天内所分泌的乳汁。牛初乳色泽黄而浓稠，可混有血丝，有特殊乳腥味和苦味，热稳定性差。

牛初乳能够促进生长发育。牛初乳中含有大量的各种生长因子，避免了侏儒症、骨生长异常、细胞分裂及增生异常等。牛初乳富含免疫球蛋白，可增强免疫功能等。

（3）藻蓝蛋白

藻蓝蛋白，蓝色颗粒或粉末，属蛋白质结合色素，因此具有与蛋白质相同的性质，等电点 pH 值 3.4。溶于水，不溶于醇和油脂。对热、光、酸不稳定。在弱酸和中性下稳定（pH 值 4.5～8），酸性时（pH 值 4.2）发生沉淀，强碱可致脱色。

藻蓝蛋白是一种氨基酸配比较好的蛋白质，有促进生长发育、延缓衰老等作用，能抑制肝脏肿瘤细胞、提高淋巴细胞活性、促进免疫系统以抵抗各种疾病。

（4）富锌食品

锌是促进人体生长发育的重要物质之一，对儿童的生长发育非常重要。富锌食品主要有肉类、蛋类、牡蛎、肝脏、蟹、花生、核桃、杏仁、土豆等。

21.3 延缓衰老的活性物质与功能食品

生、老、病、死是自然界一切生物不可避免的规律，人到了老年后整个机体出现某些衰退现象，如结构退化、功能减弱、代谢下降、机体免疫功能降低等。生命是有限的，如何使有限的生命延长即长寿，一直是人们关心的问题。那么，在良好生活条件下，人的正常寿命应是多少？目前有多种学说：寿命系数学说、性成熟系数学说、细胞代谢学说、比较生物学说、α-生育酚学说。

生命与体内自由基有关，而消除体内多余自由基可以延长人的寿命。

21.3.1 衰老与表现

生物在生命过程中，整个机体的形态、结构和功能逐渐衰退。这些变化对生物体带来的不利影响，导致其适应能力、储备能力日趋下降，这一变化过程会不断发生和发展。衰老可理解为机体的老年期变化，其内涵包括四个方面：进入成熟期以后所发生的变化；各细胞、组织、器官的衰老速度不尽一致，但都呈现慢性退行性改变；这些变化都直接或间接地对机体带来诸多不利的影响；衰老是进行的，即随年龄的增长其程度日益严重，是不可逆变化。

老年人的生理特点是代谢机能降低，基础代谢约降低了 20%，脑、心、肺、肾和肝等重要器官的生理功能下降，合成与分解代谢失去平衡，分解代谢超过合成代谢，出现衰老现象：血压升高、头发变白脱落、老年斑、皮肤皱纹；各种老年病，如糖尿病、动脉硬化、冠心病和恶性肿瘤。身体各部位的衰退将以不同的速度出现在不同的人身上，主要取决于人的遗传因素、病史、饮食和一生中的医疗保健状况。

21.3.2 影响衰老的因素

（1）内在因素

① 遗传因素 遗传是决定一个生物体衰老过程和寿命长短的根本因素。父母长寿，这个人长寿的可能性就大。

② 神经-内分泌因素 人体是一个有机的整体，各器官间、各系统间主要靠神经-内分泌来调控。如果神经-内分泌机能不正常，则妨碍生命的过程。例如，甲状腺功能亢进的病人，基础代谢增高，容易早衰。

③ 免疫因素 青春期以后，胸腺随着年龄增长而逐渐萎缩，进入老年，胸腺组织大部分被脂肪组织所取代，但仍残留一定的功能。

④ 酶因素 酶是机体代谢过程的催化剂。研究表明，老年人随着年龄的增高，许多主要的酶活性减弱，代谢反应也随之减低。

（2）外在因素

① 环境因素 影响人衰老的环境因素，包括空气、水土、污染、放射性物质、噪声、饮食等诸多方面，其中饮食营养占有相当重要地位。

② 社会因素 经济条件、意识形态、职业工作、社会制度都属社会因素的范畴。

③ 生活方式 如吸烟、酗酒等会加速人的衰老。

21.4 抗衰老的活性物质

（1）生育酚

生育酚（维生素 E）主要存在于小麦胚芽（0.2%～0.3%）、玉米油（0.1%）、大豆油、棉籽油、向日葵油、蛋、肝、绿色蔬菜中。

维生素 E 具有延缓衰老的功能。维生素 E 的抗氧化作用是抗衰老作用的决定性因素。由于维生素 E 具有消除自由基的能力，可中断高速运转的自由基连锁反应，抑制不饱和脂肪酸过度氧化脂质的形成，所以，在抑制生物膜中多不饱和脂肪酸过氧化时，可减轻细胞膜结构损伤，维护细胞功能的正常运行。

维生素 E 等天然抗氧化剂通过消除自由基的抗氧化作用阻断过氧化脂质的形成，以减轻和修复细胞膜结构损伤，这是维生素 E 具有抗衰老作用的一个原因。维生素 E 的抗衰老作用，也与其可改善机体免疫功能有关。维生素 E 提高机体免疫功能又与过氧化脂质形成量减少的变化相一致。

体内多种天然抗氧化剂——自由基消除剂之间，有一定的协同作用：单一摄入维生素 E 的抗氧化和抗衰老的效果不如与维生素 C 或硒等联合摄入好。

机体衰老时，肝细胞周期也发生变化，而摄取维生素 E 或维生素 E 与维生素 C 同时服用后，可使该指标发生"逆转性变化"，所观察的自由基代谢的变化也与之相适应。

维生素 E 能抑制血小板凝集，改善微循环，保护毛细血管，降低其脆性及通透性。

维生素 E 可有效抑制脑组织中所含必需氨基酸（脑组织中 60% 为脂质）细胞的衰退、坏死，以延长生命期，维持大脑健康旺盛的工作能力。

（2）超氧化歧化酶

Cu·Zn-SOD，呈蓝绿色，主要存在于肝脏、菠菜、豌豆等中。Mn-SOD，分子中含有锰，呈粉红色，主要存在于银杏、柠檬、番茄等中。Fe-SOD，分子中含有铁，呈黄褐色，主要存在于银杏、柠檬、番茄等中。

作为能催化超氧阴离子歧化的自由基清剂，SOD 具有延缓衰老的作用。

SOD 无毒、无抗原性，对睡眠、血压、心脏、神经、消化系统等均无异常表现。

（3）姜黄素

姜黄素由姜黄素、脱甲氧基姜黄素、双脱甲氧基姜黄素和四氢姜黄素等组成。

姜黄素具有延缓衰老的作用。姜黄素具有很强的抗氧化作用，以消除体内有害的自由基，对 HO·自由基的消除率可达 69%。姜黄素能提高大鼠肝组织匀浆中多种抗氧化酶的活性，能使 SOD、过氧化氢酶和谷胱甘肽过氧化酶的活性分别提高约 20%，从而延缓组织的老化。

（4）茶多酚

茶多酚主要存在于茶叶中，一般含有 20%～30% 的多酚类化合物，共 30 余种，包括儿茶素、黄酮及其衍生物、花青素类、酚酸等。

茶多酚为黄至茶褐色，水溶液略带茶香，灰白色粉状固体或结晶，具涩味。易溶于水、乙醇、乙酸乙酯，微溶于油脂。对热、酸较稳定，在碱性条件下易氧化褐变。

茶多酚具有延缓衰老的功能，具有很强的供氢能力，可与体内多余的自由基作用而使氧自由基消除，对 O_2^-·和 HO· 的最大消除率达 98% 和 99%。其抗氧化能力比维生素 E 强 18 倍。

（5）谷胱甘肽（还原型）

谷胱甘肽是由谷氨酸、半胱氨酸和甘氨酸通过肽键缩合而成的活性三肽化合物。

谷胱甘肽白色结晶，溶于水、稀乙醇液，熔点 195℃。谷胱甘肽经氧化脱氢，使两分子谷胱甘肽结合成氧化型谷胱甘肽（GSSG；分子量 612.64），无生理功能，GSSG 经还原后仍为还原型谷胱甘肽。只有还原型谷胱甘肽才能发挥生理作用，其天然产品广泛存在于动物肝脏、血液、酵母、小麦胚芽等中。

谷胱甘肽具有延缓衰老的作用，主要是因为它能抗氧化和消除体内的自由基。

谷胱甘肽由小麦胚芽或富含该肽的酵母经培养、分离、净化提取后精制而成。此外，大枣、松树皮提取物、中国鳖、葡萄籽提取物、肉苁蓉等都富含谷光甘肽，具有延缓衰老的作用。

（6）食物类

① 大豆　大豆所含的大豆皂苷，具有促进人体胆固醇和脂肪代谢，抑制过氧化脂质的生成，以及提高机体免疫功能的作用，故有延缓衰老的作用。

② 玉米　新鲜玉米中含有维生素 E、谷胱甘肽，能促进细胞分裂，延缓细胞衰老，并能抑制过氧化脂质的生成，因此有延缓衰老的作用。

③ 灵芝　灵芝的子实体中含有蛋白质、多种氨基酸、多糖类、脂肪类、萜类、麦角甾醇、有机酸类、树脂、甘露醇、生物碱、内酯、香豆精、甾体皂苷、蒽酮类、多肽类、腺嘌呤、鸟嘧啶、多种酶和多种微量元素等物质。

④ 阿胶　阿胶为驴皮去毛后熬制而成的胶块，含有明胶原、骨胶原、钙、硫等。

阿胶对骨髓造血功能有一定作用，能迅速恢复失血性贫血的血红蛋白和红细胞，具有补血作用；阿胶能够促进肌细胞的再生，有抗衰老作用；阿胶可以增强机体的免疫功能，使肿瘤生长减慢，症状改善，延长寿命；阿胶能够对抗出血性休克，使其血压逐渐恢复至正常水平，因而能延长存活时间；阿胶能够降低氧耗，耐疲劳。

因此，阿胶对人体，特别是老年人脏器功能衰退、免疫功能低下、骨髓造血功能障碍或各种原因出血引起的贫血、休克以及对环境的适应能力减退等都有一定的保护作用，无疑有助于老年保健和延年益寿。

⑤ 人参　人参主要由人参皂苷、人参酸等组成。

人参能提高细胞寿命，还可以促进淋巴细胞体外的有丝分裂，延长细胞生存期。人参含有的麦芽醇具有抗氧化活性，它可与机体内的自由基相结合从而减少脂褐素在体内的沉积，延缓衰老。

第22章
改善睡眠和记忆的功能
活性成分与功能性食品

22.1　睡眠与健康

我们一生中大约有三分之一的时间是在睡眠中度过。睡眠不仅对脑力和体力具有恢复作用，而且对学习和记忆及其活动也具有积极作用。

睡眠的状态有两种状态：有梦睡眠和无梦睡眠。睡眠不是躯体肌肉的完全休息，因为有梦阶段眼肌在快速运动。有梦睡眠阶段脑蛋白质合成增加，其功能与学习有关，在该阶段大脑进行积极的活动将醒时学习到的新知识储存在新合成的蛋白质上。若服用 5-羟色胺，有梦睡眠时间将会延长，因此可利用此法改善记忆力，治疗某些智能障碍。睡眠时的脑脊液中含有睡眠因子，它是分子量为 350～700 的肽类。有梦睡眠是由生长激素所导致的，而无梦睡眠是由脑干网状结构灌注液所导致。

世界上拥有众多的睡眠障碍者，轻者夜间数次觉醒，严重者可彻夜未眠。目前，消除睡眠障碍最常用的方法是服用安眠药如苯二氮䓬类睡眠镇静药，长期服用此类药物会产生耐药性和成瘾性，且有一定的副作用。开发安全有效的改善睡眠的功能性食品具有重要意义。

（1）正常睡眠

睡眠是中枢神经系统内产生的一种主动过程，与中枢神经系统内某些特定结构有关，也与某些递质的作用有关。研究表明，中枢递质如 5-羟色胺诱导并维持睡眠，去甲肾上腺素与觉醒的维持有关。睡眠使身体得到休息，在睡眠时，机体基本上阻断了与周围环境的联系，身体许多系统的活动在睡眠时都会慢慢下降，但此时机体内清除受损细胞、制造新细胞、修复自身的活动并不减弱。研究发现，睡眠时，人体血液中免疫细胞显著增加，尤其是淋巴细胞。

（2）失眠

失眠是最常见、最普通的一种睡眠紊乱。失眠者入睡困难、易醒或早醒，睡眠质量低下，睡眠时间明显减少，或几项兼而有之。短期失眠使人显得憔悴，经常失眠使人加快衰老，严重的失眠常伴有精神低落、感情脆弱、性格孤僻等病态反应。长期失眠会使大脑兴奋与抑制的正常节律被打乱，出现神经系统的功能疾病即神经衰弱，直接影响失眠者的身心健康。

（3）睡眠时长

睡眠十分重要，但也不是睡眠时间越多、越长就越好。睡眠过多，可使身体活动减少，未被利用的多余脂肪积存在体内，因而诱发动脉硬化等危险病症。

22.2　具有改善睡眠的活性物质与功能食品

22.2.1　褪黑素

褪黑素，又称松果体素，其化学名为 N-乙酰基-5-甲氧色胺。褪黑素主要是哺乳动物（包括人）脑部松果体所产生的一种激素，松果体附着于第三脑室后壁，大小似黄豆，其中褪黑素的含量极微。褪黑素商品名称"脑白金"。

褪黑素在体内的生物合成受光周期的制约，在体内的含量呈昼夜节律改变。褪黑素可因光线刺激而分泌减少。夜间过度的长时间照明，会使褪黑素的分泌减少，对女性来说，可致女性激素分泌紊乱，月经初潮提前，绝经期推迟。由于血液中雌激素水平升高，日久可诱发女性乳腺癌、子宫颈癌、子宫内膜癌以及卵巢癌。

初生婴儿中褪黑素含量极微，至三月龄时开始增多，3～5岁时夜间分泌量最高，青春期略有下降，之后随年龄增长而逐渐下降，至老年时昼夜节律渐趋平缓甚至消失。

褪黑素能够改善睡眠，缩短睡前觉醒时间和入睡时间，改善睡眠质量，睡眠中觉醒次数明显减少，浅睡阶段短，深睡阶段延长，次日早晨唤醒阈值下降，有较强地调整时差功能。

22.2.2　酸枣仁

酸枣仁是鼠李科乔木酸枣的成熟果实去果肉、核壳，收集种子，晒干而成。酸枣仁扁椭圆形，红棕至紫褐色。种皮脆硬，可有裂纹，气微，味淡。

酸枣的主要化学成分有酸枣仁皂苷 A、酸枣仁皂苷 B、酸枣仁皂苷 B_1，白桦脂酸，白桦脂醇等。酸枣仁含大量油脂，还含有蛋白质、17 种氨基酸、维生素 C 及 K、Ca、Na、Fe、Cu、Mn 等矿物元素和大量的活性物质环磷鸟苷（cGMP）。

酸枣仁具有改善睡眠、镇静作用。

22.2.3　葡萄、葡萄酒

① 葡萄　葡萄中含有葡萄糖、果糖及多种人体所必需的氨基酸及维生素 B_1、维生素 B_2、维生素 B_6、维生素 C、维生素 PP 和胡萝卜素。常吃葡萄对神经衰弱和过度疲劳者有益。

② 葡萄酒　在所有的酒精饮料中，红葡萄酒中的褪黑素含量是最高的，另外葡萄酒中所含的营养成分和葡萄相似，所以饮用葡萄酒对疲劳引起的失眠有镇静和安眠作用。

22.2.4　含铜、锌食物

铜、锌都是人体必需的微量元素，二者在体内主要是以酶的形式发挥其生理作用，与神经系统关系密切。

（1）铜、锌与睡眠

研究发现，神经衰弱者血清中的锌、铜两种微量元素量明显低于正常人。缺锌会影响脑细胞的能量代谢及氧化还原过程，缺铜会使神经系统的大脑皮质兴奋与抑制过程间的平衡失调，使内分泌系统处于兴奋状态，而导致失眠，久而久之可发生神经衰弱。

（2）含铜、锌食物

含锌丰富的食物有牡蛎、鱼类、瘦肉、动物肝肾、奶及奶制品。含铜较高的食物有乌贼、鱿鱼、虾、蟹、黄鳝、羊肉、蘑菇、豌豆、蚕豆、玉米、桂圆肉、莲子、远志、柏子仁、猪心、黄花菜等。失眠患者多吃一些富含锌和铜的食物，可以改善睡眠质量。

22.3　学习和记忆

学习是指新知识、新行为的获得；记忆是指所得的知识和行为的保持及再现。某些中枢神经递质和生物活性物质能够促进或干扰学习性条件反射的形成和巩固。蛋白质、脑肽和核苷酸可能是记忆分子。

学习和记忆是脑的高级机能之一。没有学习、记忆和回忆，既不能有目的地重复过去的成就，也不能有针对性地避免失败。学习与记忆是研究衰老的一项重要指标，可以利用衰老引起的学习记忆变化来研究学习记忆的机理。

（1）学习及学习类型

学习是指人或动物通过神经系统接受外界环境信息而影响自身行为的过程。学习的类型可分为以下几种：惯化，联合学习（经典性条件反射和操作性条件反射），潜伏学习，顿悟学习（期待、完性知觉、学习系列），语言学习或第二信号系统的学习，模仿，玩耍，铭记。

（2）记忆及记忆类型

记忆是获得的信息或经验在脑内储存和提取（再现）的神经活动过程。学习与记忆密切相关，通过学习获得信息和再现，通过记忆的信息激励学习。学习与记忆是既有区别又不可分割的神经生理过程，是人和动物适应环境的重要方式。记忆按照记忆时间的长短分为感觉记忆、短时记忆和长时记忆。

（3）记忆信息及记忆过程

外界通过感觉器官进入大脑的信息大约只有1%能被长期储存，而大部分被遗忘。能被长期储存的信息都是对个体具有重要意义和反复运用的信息。

人类的记忆过程细分为4个连续的阶段，即感觉记忆、第一级记忆、第二级记忆和第三级记忆。前两个阶段相当于短时记忆。

22.4　辅助改善记忆的活性物质

（1）芹菜甲素

人脑重占人体重的5%，脑血流占全身血流量的1/5，脑耗氧量占全身的1/4。人到老年，脑血流减少20%以上，脑的功能和智力受到影响，出现学习、记忆障碍。

芹菜甲素具有改善脑缺血、脑功能和能量代谢等多方面的作用。

① 抗脑缺血　动物实验表明，用电灼、电凝法靠近大鼠脑底部的大脑动脉，可造成大鼠局部脑缺血，造成永久性闭塞。芹菜甲素于大脑中动脉阻断前给药，可缩小脑梗死面积，改善神经功能缺失症状和减轻脑水肿。

② 改善血流量　应用氢清除法连续测定正常大鼠一侧纹状体的血流量时发现，芹菜甲素能在不影响动物平均动脉压的情况下增加纹状体的血流量。

③ 对血小板聚集功能的影响　芹菜甲素对花生四烯酸诱导的血小板聚集有非常明显的抑制作用。

④ 对钙通道和细胞内钙含量的影响　血管平滑肌细胞内钙升高，引起血管收缩，减少血流量。反之，平滑肌细胞内钙减少，则血管舒张，血流量增加。钙内流的增加或减少主要决定于钙通道的开放或关闭。现已证明，芹菜甲素为 L 型钙通道阻滞剂，它对神经细胞内

钙升高具有抑制作用。

⑤ 改善能量代谢和对线粒体损伤具有保护作用　在脑缺血、缺氧情况下，芹菜甲素能增加 ATP 和磷酸肌酸含量及减少乳酸的堆积。

⑥ 改善对脑外伤和脑缺血所致记忆障碍　芹菜素可阻断钙内流，减少胞内钙水平，显著增加脑缺血区的血流供应，改善脑缺血时能量代谢。

⑦ 脑血流供应　脑血流的正常供应对维持脑的功能至关重要。治疗阿尔茨海默病或改善智力的药物，多为脑血液循环改善剂。芹菜甲素对脑血流的正常供应有其独特的作用机制并且副作用少。

（2）辣椒素

辣椒素是从红辣椒内提取的一种化合物。结构如下：

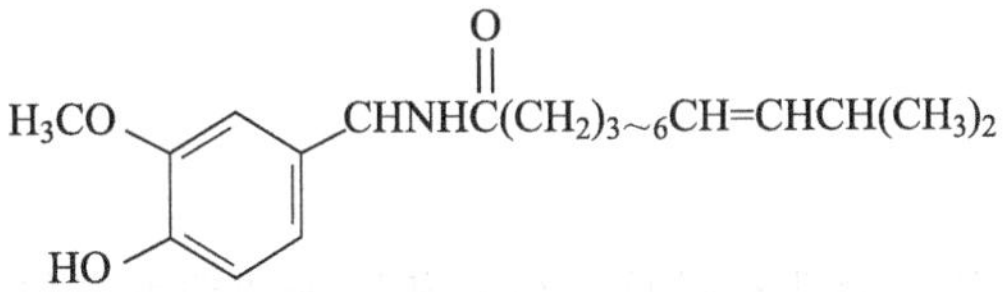

$$H_3CO--CHNHC(CH_2)_{3\sim6}CH=CHCH(CH_3)_2$$
$$\qquad\qquad\qquad\overset{\displaystyle O}{\displaystyle\|}$$

辣椒素

辣椒素能够振奋情绪、延长寿命、减少忧郁，故可以改善老年人的生活质量。

（3）银杏

从银杏叶中提取出的有效成分黄酮苷，其主要成分是山奈酚、槲皮素、葡萄糖鼠李糖苷、特有的萜烯、银杏内酯和白果内酯。

黄酮为自由基清除剂，萜烯，特别是银杏内酯 β 是血小板活化因子的强抑制剂。这些有效成分还能刺激儿茶酚胺的释放，增加葡萄糖的利用，增加 M-胆碱受体数量和去甲肾上腺素的更新以及增强胆碱系统功能等。银杏提取物可以改善脑循环、抗血栓、清除自由基和改善学习、记忆等。银杏提取物具有改善记忆障碍的作用。

（4）人参

人参促智作用的主要成分是人参皂苷 Rg_1 和 Rh_1。人参具有抗衰老的作用，增进人体身心健康。人参对各个阶段记忆再现障碍有显著的改善作用。人参的促智机制：加强胆碱系统功能，如促进乙酰胆碱的合成与释放，提高 M-胆碱受体数量，同位素标记试验证明人参能增加脑内新蛋白质的合成，提高神经可塑性。

第23章
缓解体力、视力疲劳的功能活性成分与功能性食品

23.1 疲劳与健康

从事以肌肉活动为主的体力活动或是以精神和思维活动为主的脑力活动，经过一定的时间和达到一定的程度都会出现活动能力的下降，表现为疲倦或肌肉酸痛或全身无力的现象就称为疲劳。疲劳的本质是一种生理性的改变，经过适当的休息便可以恢复或减轻。

疲劳可分急性疲劳和慢性疲劳。急性疲劳主要是频繁而强烈的肌肉活动所引起的；慢性疲劳主要是长时间、反复的活动所引起的。当疲劳到了第二天仍未能充分恢复而蓄积时，称为蓄积疲劳。身体的疲劳分为全身疲劳和局部疲劳。局部疲劳又分为肌肉疲劳、心脏疲劳、肺疲劳和感觉疲劳等。精神疲劳的延续也在身体疲劳中出现。

（1）疲劳的症状

疲劳的症状可分一般症状和局部症状。进行全身性剧烈肌肉运动时会出现肌肉疲劳，也出现呼吸肌疲劳、心率增加、自觉心悸和呼吸困难。疲劳时工作能力降低，中枢神经活动就要加强从而补偿，逐渐又陷入中枢神经系统的疲劳。疲劳不是特异症状，很多疾病都可引起疲劳，不同疾病引起的疲劳程度不同，有些疾病表现更明显，有时可作为就诊的首发症状。

（2）疲劳的生理

疲劳的生理本质是肌肉活动对能量代谢功能的影响。肌肉富含蛋白质，但是肌肉收缩的能量来源于 ATP 的分解，并释放出具有高能磷酸键（P～）的物质。供应 ATP 并维持 ATP 含量的第一位是磷酸肌酸；第二位则是不断地消耗氧、生成二氧化碳，不产生乳酸而进入三羧酸循环的营养素（糖原、脂肪酸等）的氧化过程；第三位则是生成乳酸的糖酵解过程。进行中等程度以下的肌肉运动时，磷酸肌酸的重新合成仅靠氧化过程就可以维持，所以不产生乳酸。

疲劳时能量消耗的增加，必然使机体的需氧量增加，输送营养物质，排出代谢产物和散发运动过程中产生的多余热量，心血管系统和呼吸系统的活动必须加强，此时心率加快，血压升高，特别是收缩压升高更为明显，呼吸次数增加，肺通气量也增加。

疲劳时的生理生化变化是多方面的，如体内疲劳物质的蓄积，包括乳酸、丙酮酸、肝糖原、氮的代谢产物等；体液平衡的失调，包括渗透压、pH 值、氧化还原物质间的平衡等。

（3）疲劳对健康的影响

自觉疲劳易受心理因素影响，自觉疲劳增强时可出现头痛、眩晕、恶心、口渴、乏力等感觉。过度疲劳是经常加班、长期熬夜、休息不好等引起的疲劳，时间长了就会导致过度焦虑、经常失眠、记忆力减退、精神抑郁，甚至会引发抑郁症和精神分裂症。疲劳也会出现循

环、呼吸、消化等功能减退。疲劳的影响还表现在对新陈代谢的影响，肌肉活动时肌细胞外液的 K、P 增加，体内电解质的分布情况发生改变。尿中由黏蛋白组成的胶体物排渣增加，尿中还原性物质和蛋白质的排泄也增加。

23.2　缓解体力疲劳的活性物质

（1）人参

人参分亚洲种和西洋种两类，亚洲种原产中国东北部、朝鲜、韩国和日本，西洋参主产于北美的东部。

人参主要含 18 种人参皂苷：Ro、Rb_1、Rb_2、Rb_3、Rc、Rd、Re、Rf、Rf_2、Rg_1、Rg_2 等，其中 Rb 组又称人参二醇型，Ro 组则称齐墩果酸型。其中含量高的有 Rb_1、Rb_2、Rc、Re 和 Rg_1。另含人参多糖（7%～9%）、低聚肽类以及氨基酸、无机盐、维生素及精油等。

西洋参主要成分为 17 种人参皂苷类，其中人参二醇单体皂苷（Rb_1）和人参皂苷 Rg_1 的含量高于亚洲人参，但不含人参皂苷 Rf 和 Rg_2。另含有人参酸、齐墩果酸、多种矿物质（锌、硒、锰、钼、锶、铜、铁、钾、镁等）、氨基酸和维生素（维生素 B_1、维生素 B_2、维生素 C）。

人参皂苷 Rg_1 对中枢神经有一定兴奋作用和抗疲劳作用。

人参对机体功能和代谢具有双向调节作用。向有利于机体功能恢复和加强的方面进行，即主要是改善内部如衰老等和外部如应激、外界药物刺激等因素引起的机体功能低下，而对于正常机体影响很小。如人参对于不正常血糖水平具有调节作用，而对正常血糖无明显影响。

人参能够预防和治疗机体功能低下，尤其适用于各器官功能趋于全面衰退的中老年人。

人参能够增强健康，增强免疫系统，促进生长发育，增强动物对外部或内部因素引起功能低下的抵抗力和适应性，即抗应激作用。

人参能提高免疫作用，提高巨噬细胞的吞噬功能，促进机体特异抗体的形成，提高 T 淋巴细胞、B 淋巴细胞的分裂，显著增强 TIL 细胞（肿瘤浸润淋巴细胞）的体外杀伤活性，刺激白细胞介素-2 的分泌，增强自然杀伤细胞的活性，提高环磷酸腺苷的水平。

人参的摄入量一般每天不超过 3g（宜 1～2g）。过多食用可导致胸闷、头胀、血压升高等不适反应。

西洋参具有抗疲劳的生理功能。对中老年人脏器功能衰弱、免疫功能低下、适应环境耐力减退，有一定保障作用。可增强机体对各种有害刺激的特异防御能力。

（2）二十八醇（廿八醇）

二十八醇是白色无味、无臭结晶。对热稳定，熔点 83.2～83.4℃。属高碳链饱和脂肪醇，溶于丙酮，不溶于水和乙醇。

二十八醇具有的生理功能：增强耐久力、精力和体力；提高反应灵敏度，缩短反应时间；提高肌肉耐力；增加登高动力；提高能量代谢率，降低肌肉痉挛；提高包括心肌在内的肌肉功能；降低收缩期血压；提高基础代谢率；刺激性激素；促进脂肪代谢。

（3）牛磺酸

牛磺酸又称 2-氨基乙磺酸，白色结晶或结晶性粉末。无臭，味微酸，水溶液 pH 值 4.1～5.6。熔点大于 300℃，易溶于水，不溶于乙醇、乙醚、丙酮。对酸、碱、热均稳定。

其生理功能：对用脑过度、运动及工作过劳者能消除疲劳；维持人体大脑正常的生理功能，促进婴幼儿大脑的发育；维持正常的视觉机能；抗氧化，延缓衰老；促进人体对脂类物质的消化吸收，并参与胆汁酸盐代谢；提高免疫能力，能改善 T 细胞和淋巴细胞增殖等作用。

牛磺酸参与内分泌活动，对心血管系统有一系列独特的作用。牛磺酸能加强左心室功能，增强心肌收缩力，抗心律失常，防止充血性心力衰竭和降低血压等。

（4）葛根

葛根是一种豆科葛属的药食两用植物的块茎，主要分野葛和粉葛。野葛各省均有生产，粉葛主要产于广西、广东，以栽培食用为主。

葛根主要成分为葛根总黄酮包括各种异黄酮和异黄酮苷，葛香豆雌酚以及葛苷Ⅰ、葛苷Ⅱ、葛苷Ⅲ、葛根苷、葛根皂苷、三萜类化合物、生物碱等，有较多淀粉。葛根素及其衍生物是葛根特有的生理活性物质，易溶于水。

葛根的生理功能：抗疲劳作用和改善心脑血管的血流量，能使冠状动脉和脑血管扩张，增加血流量，降低血管阻力和心肌对氧的消耗，增加血液对氧的供给，抑制因氧的不足所导致的心肌产生乳酸，从而达到抗疲劳作用；改善血管微循环障碍；降低血压；抑制心律不齐；对高血糖有抑制作用，可减少血清胆固醇含量。

23.3　眼睛与视力

眼睛是人体掌管视觉的感受器官，它的构造复杂、功能敏锐，是人体中最重要的器官之一。开发改善视力的功能性食品尤为重要。

（1）眼的结构

眼由眼球和它的附属器官构成。眼球位于眼眶的前中部，处于筋膜组成的空腔内，四周被脂肪和结缔组织所包围，只有眼球的前面是暴露的，其前极位于角膜的中央，而后极则通过眼球后部的中心点。处于两极之间的环形区代表眼球的赤道部。

晶状体是一个双凸面的透明体，在虹膜的后面，直径有 $9\sim10mm$，由许多悬韧带挂在睫状体上。晶状体悬韧带是一种弹性组织，随着睫状体肌肉的收缩或放松，它可以使晶状体变凸或变平，就像照相机上的镜头一样可以调节焦点，使远近的物体都能看清楚。

玻璃体是像玻璃一样透明的组织，比鸡蛋液还黏稠些，充满在晶状体后面眼球腔内。它除能透过光线外，主要起支撑眼球的作用。

（2）视力减退的原因

各种类型的屈光不正，包括远视、近视、散光；晶状体混浊，即白内障；角膜混浊，玻璃体混浊及出血；视神经疾患，如视神经萎缩、视神经炎、球后视神经炎、慢性青光眼、急性青光眼、急性虹膜炎及中毒性弱视；眼球内出血；脉络或视网膜肿瘤及视网膜脱落。这些都会造成视力减退。

（3）视力保护措施

中老年视力下降原因主要是各屈光功能的老化，从延缓衰老方面做相应的工作以保护视力。青少年视力下降是由多方面的原因引起的，以近视最为常见，保护视力必须从多方面着手。

23.4　缓解视疲劳的活性成分

（1）花色苷

① 花色苷的性质　花色苷为广泛存在于水果、蔬菜中的天然色素，对保护视力功能最好的是欧洲越橘和越橘浆果中的花色苷类。

花色苷一般为红色至深红色膏状或粉末，有特殊香味。溶于水和酸性乙醇，不溶于无水乙醇、氯仿和丙酮。水溶液透明无沉淀。溶液色泽随 pH 值的变化而变化。在酸性条件下呈红色，在碱性条件下呈橙黄色至紫青色。易与铜、铁等离子结合而变色，遇蛋白质也会变色。对光敏感，耐热性较好。

② 花色苷的生理功能

花色苷保护毛细血管，促进视锥细胞再生，增强对黑暗的适应能力。

临床试验证明，花色苷能改善夜间视觉，减轻视觉疲劳，提高低亮度的适应能力。

花色苷用作眼睛保健用品，可促进视紫红质的再合成，能明显改善眼睛疲劳的症状。

（2）叶黄素

① 叶黄素主要成分及性状　叶黄素是一种类胡萝卜素，主要成分如新黄质、紫黄质等。

叶黄素为橙黄色粉末、浆状或深黄棕色液体，有弱的似干草气味。不溶于水，溶于乙醇、丙酮、油脂、己烷等。试样的氯仿液在 445nm 处有最大吸收峰。耐热性好，耐光性差，150℃以上高温时不稳定。

② 生理功能　叶黄素具有保护眼睛视力的作用。

叶黄素是眼睛中黄斑的主要成分，故可预防视网膜黄斑的老化，对视网膜黄斑区病变（老年性角膜浑浊 AMD）有预防作用以及缓解老年性视力衰退等。

叶黄素预防肌肉退化症（ARMD）所导致的盲眼病。因衰老而发生的肌肉退化症可使 65 岁以上的老年人引发不能恢复的盲眼病。人体内不能产生叶黄素，必须从食物中摄取或补充，老年人必须经常食用含叶黄素丰富的食物。

眼睛中的叶黄素对紫外线有过滤作用，可以抵御由日光、电脑等所发射的紫外线所导致的对眼睛和视力的伤害，起到保护作用。

（3）钙、铬、锌

① 钙　钙与眼睛构成有关，缺钙会导致近视眼。青少年正处在生长高峰期，体内钙的需要量相对增加。若不注意钙的补充，不仅会影响骨骼发育，而且会使正在发育的眼球壁——巩膜的弹性降低，晶状体内压上升，致使眼球的前后径拉长而导致近视。

成人钙的供给量为 800mg/d，青少年供给量应有 1000～1500mg/d。含钙多的食物主要有奶类、贝壳类（虾）、骨粉、豆及豆制品、蛋黄、深绿色蔬菜等。

② 铬　缺铬易发生近视，铬能激活胰岛素，使胰岛发挥最大生物效应，如人体铬含量不足，就会使胰岛素功能发生障碍，血浆渗透压增高，致使眼球晶状体、房水的渗透压和屈光度增大，从而诱发近视。

人体对铬的生理需求量为 0.05～0.2mg/d。铬存在于动物的肝脏，植物如糙米、麦麸，水果如葡萄汁、果仁中。

③ 锌　锌缺乏可导致视力障碍，锌在体内主要分布在骨骼和血液中。眼角膜表皮、虹膜、视网膜及晶状体内也含有锌，锌在眼内参与维生素 A 的代谢与运输，维持视网膜色素上皮的正常组织状态，维持正常视力功能。

含锌较多的食物有牡蛎、肉类、肝、蛋类、花生、小麦、豆类、杂粮等。

（4）甘露醇

海带含有碘、甘露醇。晾干的海带表面上有一层厚厚的"白霜"就是甘露醇，甘露醇有利尿作用，可减轻眼内压力，对急性青光眼有良好的功效。

第24章
肠道菌群调节和减肥的功能
活性成分与功能性食品

24.1　肠道菌群与健康

人体微生态系统包括口腔、皮肤、泌尿、胃肠道,以肠道微生态系统最为主要、最为复杂。

肠道微生态系统由肠道正常菌群及其所生活的环境共同构成,肠道正常菌群是其核心部分,而肠黏膜结构及功能对这个系统的正常运行有很大影响。

在长期的进化过程中,宿主与其体内寄生的微生物之间,形成了相互依存、相互制约的最佳生理状态,双方保持着物质、能量和信息的流转,因而机体携带的微生物与其自身的生理、营养、消化、吸收、免疫及生物拮抗等有密切关系。在人体微生态系统中,肠道微生态是主要的、最活跃的,一般情况下也是对人体健康有更加显著影响的。

(1) 人体肠道菌群及其构成

人类肠道菌群有 100 余种菌属,400 余菌种,1g 粪便中菌数约为 $10^{12}\sim10^{13}$ 个,其中以厌氧和兼性厌氧菌为主,需氧菌比较少。形态上分为拟杆菌、球菌、拟球菌和梭菌。肠道菌群最显著的特征之一是其稳定性,若失去平衡则会发生各种肠内、肠外疾病,因此保持肠道微生态平衡对人类抵抗肠道病原菌引起的感染性疾病非常重要。

(2) 婴儿及中老人肠道菌群与健康

① 婴儿肠道菌群　婴儿在出生之前的肠道是无菌的。出生的同时各种菌开始在婴儿的肠道内繁殖。最初是大肠菌、肠球菌、梭菌占主体;出生后 5 天左右,双歧杆菌开始占优势。婴儿肠道内双歧杆菌保持绝对优势,使肠道具有防御感染、抗病能力的原因是母乳喂养。

② 中老年肠道菌群　人从断奶开始直到成年,肠道内双歧杆菌渐渐减少,成年人中类杆菌、真细菌等逐渐占有优势;老年人肠道菌群中双歧杆菌数量明显减少,需氧的肠杆菌、肠球菌等有害菌进一步增加。因此,增加老年人肠道内双歧杆菌和乳杆菌,对人体健康十分有利。

(3) 肠道主要有益菌及其作用

双歧杆菌与乳杆菌是人肠道中有益菌的代表,主要是降低肠道 pH 值,抑制韦永氏球菌、梭菌等腐败菌的增殖,减少腐败物质产生,肠道 pH 下降不利于病原菌的生存和增殖。

① 乳杆菌　乳杆菌是人们认识最早、研究较多的肠道有益菌。从 20 世纪 20 年代就开

始生产用人工培养的嗜酸乳杆菌接种培养的发酵乳和酸乳，用以缓解便秘及其他肠道疾病。

乳杆菌的生物学功能包括以下几点。

a. 抑制病原菌和调整正常肠道菌群　嗜酸乳杆菌对肠道某些致病菌具有明显的抑制作用。

b. 抗癌与提高免疫能力　激活胃肠免疫系统，提高自然杀伤细胞活性；同化食物与内源性和肠道菌群所产生的致癌物；减少 β-葡萄糖苷酶、β-葡萄糖醛酸酶、硝基还原酶、偶氮基还原酶的活性，这些酶被认为与致癌有关；分解胆汁酸。

c. 调节血脂　该菌能降低高血脂人群的血清胆固醇水平，而对正常人群则无降脂作用。其解释机制为，对内源性代谢的调节与利用和使短链脂肪酸加速代谢。

d. 促进乳糖代谢　乳杆菌可分解乳糖，加速其代谢。

② 双歧杆菌　双歧杆菌的生物学功能包括以下几点。

a. 抑制肠道致病菌　实验证明双歧杆菌有显著的抑菌作用。

b. 抗腹泻与防便秘　双歧杆菌对肠道功能有双向调节作用。双歧杆菌通过阻止外袭菌或病原菌的定植以维持良好的肠道菌群状态，从而呈现出既缓解腹泻又防止便秘的双向调节功能。双歧杆菌制剂对儿童菌群失调性腹泻具有显著的疗效。老年人口服双歧杆菌的活菌制剂，都能降低肠道 pH 值，改善肠道菌群构成，缓解便秘。

c. 免疫调节与抗肿瘤　双歧杆菌的免疫调节主要表现为增加肠道 IgA 的水平。另一方面，双歧杆菌的全细胞或细胞壁成分能作为免疫调节剂，强化或促进对恶性肿瘤细胞的免疫性攻击作用。双歧杆菌还有对轮状病毒的拮抗性，具有与其他肠道菌的协同性屏障作用以及对单核吞噬细胞系统的激活作用。

d. 调节血脂　实验证明双歧杆菌具有调节血脂作用。

e. 合成维生素和分解腐败物　除青春双歧杆菌外，其他各种杆菌均能合成大部分 B 族维生素，其中长双歧杆菌合成维生素 B_2 和维生素 B_6 的作用尤为显著。双歧杆菌分泌的许多生理性酶是分解腐败产物和致癌物的基础，如酪蛋白磷酸酶、溶菌酶、乳酸脱氢酶、果糖-6-磷酸酮酶、半乳糖苷酶、β-葡萄糖苷酶、结合胆汁酸水解酶等。

（4）肠道菌群失调

肠道菌群栖息在人体肠道的环境中，保持一种微观生态平衡。若机体内外各种原因导致这种平衡破坏，某种或某些菌种过多或过少，外来的致病菌或过路菌的定植或增殖，或者某些肠道菌向肠道外其他部位转移，即称为肠道菌群失调。

① 引起肠道菌群失调的原因　婴幼儿喂养不当、营养不良，年老体弱，肠道与其他系统急性和慢性疾病，长期使用抗生素、激素、抗肿瘤药，放疗或化疗等，均会引起肠道菌群失调。

② 肠道菌群失调表现　肠道菌群失调常见于中老年人，大多数情况下无临床症状，甚至可以认为不是异常现象，但会出现消化吸收功能紊乱，食欲不佳、腹胀、产气、便秘等一般不适反应。其原因就是腐败菌显著增多、双歧杆菌与乳杆菌减少，可以通过改善肠道菌群的功能性食品调节。

（5）肠道微生态的调整

调整肠道微生态力求有益于人体健康。其措施为：

① 强调婴儿的母乳喂养　大量研究已经证明，母乳喂养儿肠道中的双歧杆菌占肠道菌群的比例远远高于人工喂养儿。

② 膳食结构合理化　在膳食构成上保持乳品适宜比例，乳品能提供乳糖、降低肠道

pH 值等功能，有利于乳杆菌、双歧杆菌等有益菌的增殖并有效地抑制腐败菌与致病菌。

③ 适当控制抗生素　长期使用抗生素是造成肠道菌群失调的重要原因之一。

24.2　调节肠道菌群的活性成分

（1）有益活菌制剂

有益活菌制剂利用其耗氧特点，在肠道内形成厌氧环境从而有利于占肠道菌群绝大部分的厌氧菌与兼性厌氧菌的生长，而保持肠道菌群的正常构成。

有益活菌制剂以双歧杆菌和各种乳杆菌为主，也有其他细菌。以双歧杆菌为有效菌的功能性产品有双歧王、金双歧；以乳杆菌或乳杆菌与双歧杆菌为有效菌种的有昂立 1 号、三株等；以需氧菌为主的活菌制剂，利用其耗氧特点，在肠道内形成厌氧环境，从而有利于占肠道菌群绝大部分的厌氧菌与兼性厌氧菌的生长，而保持肠道菌群的正常构成；以蜡样芽孢杆菌、地衣芽孢杆菌等为活性菌的促菌生、整肠生等制剂。

（2）有益菌增殖促进剂

有益菌增殖促进剂或称有益菌促生物，是针对双歧杆菌的，有人称为双歧因子。这类物质使机体自身的生理性固有的菌增殖，形成以有益菌占优势的肠道生态环境。研究发现，母乳中含有双歧杆菌增殖因子，母乳喂养儿与非母乳喂养儿肠内双歧杆菌的数量有明显差异，母乳喂养儿抵抗力强。

低聚糖类具有促进有益菌增殖的功能。低聚糖是指 2～10 个单糖以糖苷键连接起来的糖类总称。异构化乳糖、低聚异麦芽糖、大豆低聚糖等可使双歧杆菌增殖，肠道中大肠菌、梭菌、肠球菌等则相应减少，肠道总菌数无大改变。

（3）有益菌及其增殖因子的综合制剂

将双歧杆菌与乳杆菌这类有益菌与增殖促进剂并用，在改善肠道菌群构成和降低肠道 pH 值与缓解便秘上的功效明显。

24.3　肥胖症

20 世纪中叶，西方发达国家的现代物质文明高度发达，它给人们的生存带来了物质享受的同时，也带来了诸多的困惑和忧虑。肥胖症、高血脂、高血压、糖尿病、恶性肿瘤等所谓的现代文明病的发病率居高不下，时刻威胁着人们的身体健康。

20 世纪末期，我国的膳食结构也发生了重大变化，食物越来越精，而其膳食纤维越来越少，蔗糖和脂肪越来越多，肥胖症（尤其是儿童）等现代文明病发生在国人身上，它们严重地威胁着人们的健康。我国肥胖人口已达 2.4 亿。

肥胖症是指机体由于生理生化机能的改变而体内脂肪沉积量过多，造成体重增加，机体发生一系列病理生理变化的病症。一般成年女性，若身体中脂肪组织超过 30% 即定为肥胖；成年男性，则脂肪组织超过 20%～25% 为肥胖。

（1）肥胖的测定方法

目前，用于测定标准体重最普遍与最重要的方法是测定体重指数（简称 BMI）。

BMI 的计算公式

$$体重指数(BMI) = 体重(kg)/身高^2(m)$$

营养学家提出，理想的 BMI 范围为 24～26。在发展中国家 BMI 的正常值为 18.5～20，它是一个建议值。因此，世界卫生组织提出全世界范围的 BMI 范围数值应为 20～22。将

BMI 分为正常值、一级危险值、二级危险值和三级危险值。

正常值的范围应为 18.5～25；一级危险值为 17.5～18.5；二级危险值 16～17.5 和 30～40；三级危险值 16 以下与 40 以上。

达到三级危险值，患高血压、冠心病、糖尿病与肝胆疾病的概率就很高。

（2）肥胖的类型

① 肥胖症　单纯性肥胖是指体内热量的摄入大于消耗，致使脂肪在体内过多积聚，体重超常的病症。继发性肥胖是内分泌或代谢性疾病所引起的，也称单纯性肥胖，约占肥胖症的 95％以上。

② 肥胖　腹部肥胖（俗称将军肚，称之为苹果型）多发生于男性，臀部肥胖（称之为梨型）多发生于女性。腹部肥胖者要比臀部肥胖者更容易发生冠心病、中风与糖尿病。腰围与臀围的比例非常重要。

（3）肥胖症的病因

肥胖症的发生受多种因素的影响，主要因素有饮食、遗传、劳作、运动、精神以及其他疾病等。

① 饮食生活习惯　不良的饮食生活习惯使人体摄入的能量增加，活动量较少，消耗减少而造成肥胖。

② 遗传因素　肥胖症有一定的遗传倾向，往往父母肥胖，子女也容易发生肥胖。家族肥胖的原因并非单一的遗传因素所致，而与其饮食结构有关。

③ 神经系统　下丘脑有两种调节摄食活动的神经核，腹内侧核为饱觉中枢，当兴奋时发生饱感而拒食，其受控于交感神经中枢，交感神经兴奋时食欲受抑制而体重减轻；腹外侧核为饥饿中枢，当兴奋时食欲亢进，其受控于副交感神经中枢，迷走神经兴奋时摄食增加，导致肥胖。

（4）肥胖与疾病

肥胖本身不是一种严重的疾病，但长期肥胖容易引发一系列疾病：糖尿病、高血压、冠心病、中风、肾脏病、脂肪肝和胆囊病症。肥胖还容易引发的健康问题有：疲劳、关节炎与痛风（行动不便和血液循环不良）、背部和腿部的问题与疾病（血液循环不良）、呼吸问题（如气喘或气急）、怀孕时行动困难、易难产、易发生意外事故等。

24.4　具有减肥作用的活性成分

（1）脂肪代谢调节肽

① 组成成分　脂肪代谢调节肽由乳、鱼肉、大豆、明胶等蛋白质混合物酶解而得，肽长 3～8 个氨基酸碱基，主要由"缬-缬-酪-脯""缬-酪-脯""缬-酪-亮"等氨基酸组成。脂肪代谢调节肽多为粉状，易溶于水，吸湿性高。

② 生理功能　生理功能主要表现在以下几个方面。

a. 调节血清甘油三酯作用　脂肪代谢调节肽能抑制脂肪的吸收。试验证明，当与脂肪同时进食时，有抑制血清甘油三酯上升的作用。其作用机理与阻碍体内脂肪分解酶的作用有关，因此对其他营养成分和脂溶性维生素的吸收没有影响。

b. 阻碍脂质合成　与高糖食物同食后，脂肪合成受阻，抑制了脂肪组织和体重的增加。

c. 抑制体内脂肪增加　与高脂肪食物同食，能抑制血液、脂肪组织和肝组织中脂肪含量的增加，同时也抑制了体重的增加，有效防止了肥胖。

（2）魔芋精粉

① 主要成分和性状　魔芋精粉主要为甘露糖和葡萄糖以 β-1,4 键结合的高分子量非离子型多糖，具有类线型结构。平均分子量 20 万～200 万。魔芋精粉的酶解精制品称葡甘露聚糖。

魔芋精粉是白色或奶油至淡棕黄色粉末。可溶于 pH 值为 4.0～7.0 的热水或冷水中并形成高黏度溶液，基本无臭、无味。其水溶液有很强的拉丝现象，稠度很高。溶于水，不溶于乙醇和油脂。有很强的亲水性，可吸收本身质量数十倍的水分，经膨润后的溶液有很高的黏度。

② 生理功能　魔芋精粉主要具有减肥作用，实验证明魔芋精粉能使脂肪细胞中的脂肪含量减少，减少脂肪堆积的作用。肥胖程度与体重减少之间有直接的相关性，肥胖程度越高，食用葡甘露聚糖后的体重减少越多。

（3）乌龙茶提取物

① 主要成分和性状　乌龙茶提取物的功效成分主要为各种茶黄素、儿茶素以及它们的各种衍生物，还有氨基酸、维生素 C、维生素 E、茶皂素、黄酮、黄酮醇等许多复杂物质。

乌龙茶提取物为淡褐色至深褐色粉末，有特别香味和涩味。易溶于水和含水乙醇，不溶于氯仿和石油醚，水溶液 pH 值为 4.6～7.0。

② 生理功能　乌龙茶提取物具有减肥作用。乌龙茶中可水解单宁类在儿茶酚氧化酶催化下形成邻醌类发酵聚合物和缩聚物，对甘油三酯和胆固醇有一定结合能力，结合后随粪便排出。而当肠内甘油三酯不足时，就会动用体内脂肪和血脂经一系列变化而与之结合，从而达到减脂的目的。

（4）L-肉碱

L-肉碱被视为人体的必需营养素。正常成人体内约有 L-肉碱 20g，主要存在于骨骼肌、肝脏和心肌等。

① L-肉碱的性状　L-肉碱是白色晶体或透明细粉，略带有特殊腥味。易溶于水、乙醇，几乎不溶于丙酮和乙酸盐。熔点 210～212℃（分解），有很强吸湿性。

② L-肉碱生理功能　L-肉碱具有减肥作用，为动物体内与能量代谢有关的重要物质，在细胞线粒体内使脂肪进行氧化并转变为能量，以达到减少体内的脂肪积累，并使之转变成能量。

人体正常所需的 L-肉碱，通过膳食从肉类和乳品中摄入，部分由人体的肝脏和肾脏以赖氨酸和蛋氨酸为原料，在维生素 C、尼克酸、维生素 B_6 和铁等的配合协助下自身合成即内源性 L-肉碱。

L-肉碱天然品存在于肉类、肝脏、人乳中。蔬菜、水果几乎不含肉碱，因此，素食者更应该补充。

第25章
增强免疫力和抑制肿瘤的功能
活性成分与功能性食品

25.1 免疫力与健康

免疫是人体的一种生理功能,机体识别自我与非我物质的作用,通过免疫应答反应来排斥非我的异物,从而破坏和排斥进入人体的抗原物质(如病原菌等),或人体本身所产生的损伤细胞和肿瘤细胞等,以维持人体的健康,抵抗或防止微生物或寄生物的感染或其他所不希望的生物侵入的状态。机体的免疫系统就是通过这种对自我和非我物质的识别和应答,承担着三方面的基本功能:免疫防护功能、免疫自稳功能、免疫监视功能。

(1)天然免疫与获得性免疫

天然免疫(非特异性免疫)是机体在长期进化过程中逐步形成的防御功能,如正常组织(皮肤、黏膜等)的屏障作用、正常体液的杀菌作用、单核巨噬细胞和粒细胞的吞噬作用、自然杀伤细胞的杀伤作用等天然免疫功能。

获得性免疫(特异性免疫)指机体在个体发育过程中,与抗原异物接触后产生的防御功能。免疫细胞(主要是淋巴细胞)初次接触抗原异物时并不立即发生免疫效应,而是在高度分辨自我和非我的信号过程中被致敏、启动。

特异性免疫与非特异性免疫有着密切的关系。

(2)体液免疫和细胞免疫

特异性免疫包括体液免疫和细胞免疫两类。这两类特异性免疫功能相互协同、相互配合,在机体免疫功能中发挥着重要作用。

特异性体液免疫是由B淋巴细胞对抗原异物刺激的应答,转变为浆细胞产生出特异性抗体,分布于体液中,可与相对应的抗原特异结合,发生中和解毒、凝集沉淀、使靶细胞裂解及调理吞噬等作用。

特异性细胞免疫是由T淋巴细胞对抗原异物的应答,发展成为特异致敏的淋巴细胞并合成免疫效应因子,分布于全身各组织中。当该致敏的淋巴细胞再遇到同样的抗原异物时,该细胞与之高度选择性结合直接损伤或释放出各种免疫效应因子,毁损带抗原的细胞及抗原异物,达到防护的目的。

(3)免疫应答

① 免疫应答与过程 抗原性物质进入机体后,免疫细胞对抗原分子识别、活化、增殖和分化,产生免疫物质发生特异性免疫效应的过程称之为免疫应答。

免疫应答的过程包括:免疫细胞对抗原分子的识别过程;免疫细胞对抗原细胞的活化和

分化过程；效应细胞和效应分子的排异作用。

② B 细胞介导的体液免疫　B 细胞识别抗原而活化、增殖、分化为抗体形成细胞，通过其所分泌的特异性抗体而实现免疫效应的过程，称为特异性体液免疫应答。在此过程中，多数情况下还需有辅助性T 细胞（Th）参与作用。

③ T 细胞介导的细胞　特异性细胞免疫是由 T 细胞识别特异性抗原开始，并在效应阶段也是由 T 细胞参与的免疫应答过程。

（4）营养免疫与健康

营养免疫学是研究营养素、膳食因子、营养状态与免疫系统功能之间的关系的学科。均衡营养关系到人体免疫系统行使其正常功能。当人们发现营养不良时，首先胸腺会发生严重萎缩性病变，紧接着就是脾脏，以下是肠系膜淋巴结，再下是颈淋巴结。免疫系统的组织形态学变化直接表现：胸腺和脾脏萎缩，肾上腺严重萎缩，肠壁变薄、绒毛倒伏，表现出免疫系统退化病变。免疫系统的异常会导致免疫应答的不健全：低营养状态时吞噬作用减弱，营养不良患者细胞免疫功能降低，迟发型超敏反应丧失，营养不良的婴儿体液免疫功能降低，蛋白质缺乏会引起免疫功能紊乱，其他营养素缺乏同样会导致免疫功能紊乱，免疫活性降低，如维生素、微量元素等缺乏有不同程度的免疫失调。

25.2　增强免疫力的活性成分

（1）营养强化剂

营养免疫学中的营养是指能很好地滋养人体免疫系统的均衡、纯净的营养，包括植物营养素、多糖体（如菇类多糖）及抗氧化剂。

① 蛋白质与免疫功能　蛋白质是机体免疫防御体系的主要营养物质，人体的各免疫器官以及血清中参与体液免疫的抗体、补体等重要活性物质都主要由蛋白质参与构成。当人体出现蛋白质营养不良时，免疫器官如胸腺、肝脏、脾脏、黏膜、白细胞等组织结构和功能均会受到不同程度的影响，免疫器官和细胞受损会更严重一些。

② 维生素与免疫功能　研究结果表明，维生素 A 从多方面影响机体免疫系统的功能，包括对皮肤或黏膜局部免疫力的增强、提高机体细胞免疫的反应性以及促进机体对细菌、病毒、寄生虫等病原微生物产生特异性的抗体。

维生素 C 是人体免疫系统所必需的维生素，它可以提高具有吞噬功能的白细胞的活性，还参与机体免疫活性物质（即抗体）的合成过程，可以促进机体内产生干扰素，故有抗病毒的作用。

维生素 E 是一种重要的抗氧化剂，同时也是有效的免疫调节剂，能够促进机体免疫器官的发育和免疫细胞的分化，提高机体细胞免疫和体液免疫的功能。

③ 微量元素与免疫功能

铁作为人体必需的微量元素对机体免疫器官的发育、免疫细胞的形成以及细胞免疫中免疫细胞的杀伤力均有影响。铁是较易缺乏的营养素，特别多见于儿童、孕妇、乳母等人群，尤其是婴幼儿与儿童的免疫系统发育还不完善，易感染疾病。预防铁缺乏有着十分重要的意义。

锌在免疫功能方面有着重要作用，免疫器官的功能、细胞免疫、体液免疫等都需要锌的摄取，以维持机体免疫系统的正常发育和功能。

（2）免疫球蛋白

免疫球蛋白（Ig）是一类具有抗体活性或化学结构与抗体相似的球蛋白，存在于哺乳动物的血液、组织液、淋巴液及外分泌液中。免疫球蛋白在动物体内具有重要的免疫和生理调节作用，是动物体内免疫系统最为关键的组成物质之一。有的免疫球蛋白存在于呼吸道、消化道和生殖道黏膜表面，能够防止发生局部感染，有的免疫球蛋白能够中和毒素和病毒，有的免疫球蛋白能够抵抗寄生虫感染。

（3）免疫活性肽

人乳或牛乳中的酪蛋白含有刺激免疫的生物活性肽，大豆蛋白和大米蛋白通过酶促反应，可产生具有免疫活性的肽。免疫活性肽能够增强机体免疫力，刺激机体淋巴细胞的增殖，增强巨噬细胞的吞噬功能，提高机体抵御外界病原体感染的能力，降低机体发病率，并具有抗肿瘤功能。此外，抗菌肽、乳铁蛋白、抗血栓转换酶抑制剂等也具有较强的免疫活性。

（4）活性多糖

活性多糖是一种新型高效免疫调节剂，能显著提高巨噬细胞的吞噬能力，增强淋巴细胞的活性，起到抗炎、抗细菌、抗病毒感染、抑制肿瘤、抗衰老的作用。

多糖主要有香菇多糖、猴菇菌多糖、灵芝多糖、猪苓多糖、茯苓多糖（PPS）、云芝多糖（PSK）、黑木耳多糖（AA）、银耳多糖（TF）、人参多糖、刺五加多糖、黄芪多糖。

（5）超氧化物歧化酶

超氧化物歧化酶是广泛存在于动物、植物、微生物中的金属酶，能清除人体内过多的氧自由基，故能防御氧毒性，增强机体抗辐射损伤、抗衰老能力以及对某些肿瘤、炎症、自身免疫疾病等有良好疗效。

（6）双歧杆菌和乳酸菌

① 双歧杆菌　双歧杆菌具有增强免疫系统活性，激活巨噬细胞，使其分泌多种重要的细胞毒性效应分子的作用。双歧杆菌能增强机体的非特异性和特异性免疫反应，提高 NK 细胞和巨噬细胞活性，提高局部或全身的抗感染和防御功能。

② 乳酸菌　乳酸菌在肠道内可产生一种四聚酸，可杀死大批有害的、具有抗药性的细菌。乳酸菌菌体抗原及代谢物还通过刺激肠黏膜淋巴结，激发免疫活性细胞，产生特异性抗体和致敏淋巴细胞，调节机体的免疫应答，防止病原菌侵入和繁殖，还可以激活巨噬细胞，加强和促进吞噬作用。

25.3 肿瘤及危害

肿瘤尤其是称为癌症的恶性肿瘤是目前危害人类健康最严重的一类疾病。肿瘤是机体在各种致瘤因素作用下，局部组织的细胞在基因水平上失去了对其生长的正常调控导致异常而形成的新生物。这种新生物常形成局部肿块，因而得名。正常细胞转变为肿瘤细胞后的核心问题是丧失了对正常生长调控的反应。

（1）肿瘤的分类

肿瘤分为良性肿瘤和恶性肿瘤。良性肿瘤一般对机体影响小，易于治疗，疗效好；恶性肿瘤危害大，治疗措施复杂，疗效不够理想。

① 癌　起源于上皮组织的恶性肿瘤统称为癌。起源于鳞状上皮的恶性肿瘤称为鳞状细

胞癌或鳞状上皮癌，简称鳞癌。来源于腺上皮的恶性肿瘤称为腺癌。

② 肉瘤 来源于间叶组织包括纤维结缔组织、脂肪、肌肉、脉管、滑膜骨、软骨组织的恶性肿瘤统称为肉瘤，如纤维肉瘤、横纹肌肉瘤、骨肉瘤等。

③ 癌肉瘤 一个肿瘤中既有癌的成分又有肉瘤的成分，则称为癌肉瘤。近年研究表明，真正的癌肉瘤罕见，多数为肉瘤样癌。

（2）肿瘤致病机制与致病因素

① 致病机制 人类对肿瘤发病机制的认识经历过一个漫长的过程，从过去单一的物理致癌、化学致癌、病毒致癌、突变致癌学说上升到多步骤、多因素综合致癌理论。

② 致病因素 与肿瘤发病相关的因素依其来源、性质与作用方式可分为内源性与外源性两类。内源性因素有机体的免疫状态、遗传性、激素水平及 DNA 损伤修复能力等；外源性因素来自外界环境，和自然环境与生活条件密切相关，包括化学因素、物理因素、致瘤性病毒、霉菌毒素等。

a. 肿瘤致癌物和促癌物 凡能引起人或动物肿瘤形成的化学物质，称为化学致癌物。根据化学致癌物的作用方式可分为致癌物和促癌物两大类。

致癌物是指这类化学物质进入机体后能诱导正常细胞癌变的化合物。如各种致癌性烷化剂、亚硝酰胺类致癌物、芳香胺类、亚硝胺及黄曲霉毒素等。

促癌物又称肿瘤促进剂。促癌物单独作用于机体内无致癌作用，但能促进其他致癌物诱发肿瘤形成。常见的促癌物有巴豆油、糖精及苯巴比妥等。

b. 物理因素致癌 离子辐射和紫外线照射引起各种癌症。放射性元素镍、铬、镉、铍等有致癌的作用，紫外线照射可导致皮肤癌。临床上有一些肿瘤还与创伤有关，骨肉瘤、睾丸肉瘤、脑瘤患者常有创伤史。

c. 病毒与细菌致癌 病毒通过转导和插入突变将遗传物质整合到宿主细胞 DNA 中，并使宿主细胞发生转化，存在两种致癌机制：即急性转化病毒及慢性转化病毒。常见的有人乳头瘤病毒 HPV 与人类上皮性肿瘤，尤其与子宫颈和肛门生殖器区域的鳞状细胞癌发生密切相关。

幽门螺杆菌引起的慢性胃炎与胃低度恶性 B 细胞性淋巴瘤发生有关。

（3）肿瘤对人心理和机体的危害

恶性肿瘤是威胁人类健康及生命的一类常见病。其特点是发病率高、治疗时间长、费用高、疗效差等，会给肿瘤患者带来巨大的精神压力。不仅破坏机体的正常功能，也可造成身体形象的改变以及肿瘤患者在家庭中角色的转换，加重了患者恐惧、疑虑、忧郁、绝望等情绪反应，甚至悲观失望，拒绝治疗。因此，医护人员、肿瘤患者家属应做好心理疏导工作，进行心理教育和治疗，以达到稳定情绪、改善症状、适应环境、促进全面康复的目的，树立战胜肿瘤的信心，积极配合各种治疗，提高生存质量。

肿瘤本质上都表现为细胞失去控制的异常增殖，这种异常生长的能力除了表现为肿瘤本身的持续生长之外，在恶性肿瘤还表现为对邻近正常组织的侵犯及经血管、淋巴管和体腔转移到身体其他部位，而这往往是肿瘤致死的原因。

良性肿瘤对机体影响较小，但因其发生部位或有相应的继发改变，有时也可引起较为严重的后果。

恶性肿瘤由于分化不成熟、生长快、浸润破坏器官的结构和功能，并可发生转移，因此对机体的影响严重。恶性肿瘤除可引起与上述良性瘤相似的局部压迫和阻塞症状外，还可引起更为严重的后果。

25.4　具有辅助抑制肿瘤的活性成分与健康

（1）大蒜素

① 生理性状　大蒜的完整组织仅存在有活性成分的前体物质，无色无味针状结晶的蒜氨酸，无辣味。蒜氨酸由 S-烯丙基蒜氨酸、丙基蒜氨酸和 S-甲基蒜氨酸组成。在蒜氨酸酶与磷酸吡哆醛辅酶参与下，先生成一种复合物，再分解成具有强烈辛辣味的挥发性物质——大蒜素，后者不稳定，即使在室温下也会分解，遇光、热或有机溶剂即降解成各种含硫有机化合物，形成大蒜的特殊气味，主要是二烯丙基三硫化物（大蒜新素）等30余种。

② 生理功能

a. 辅助抑制肿瘤　大蒜能阻断亚硝胺的合成。大蒜滤液、大蒜油、大蒜素分别使癌细胞内环腺苷酸（cAMP）水平升高，即调节体内抑制癌因素 cAMP 的代谢，达到抗癌的作用。

b. 免疫调节作用　大蒜可增加实验动物脾脏质量，增加吞噬细胞和 T 细胞数，增强吞噬细胞的吞噬能力，提高淋巴细胞转化率。免疫功能低下服用大蒜后可使淋巴细胞转化率明显升高。

c. 降低胃内亚硝酸盐含量　大蒜可降低胃内亚硝酸盐含量，降低胃癌发病率，具有促进肠胃消化液分泌以及杀灭微生物等作用。

（2）番茄红素

① 生理性状　番茄红素属类胡萝卜素，但没有 β-胡萝卜素之类能在人体内转化为维生素 A 的生理功能。番茄红素在番茄中的含量最高，番茄红素在番茄等中大部分为全反式结构，但在人的血液、前列腺组织中顺式却占多数，而全反式占少数。研究还表明顺式异构体比反式更容易被人体吸收。

番茄红素是暗红色粉末或油状液体。油溶液呈黄橙色。耐热和耐光性优良。不溶于水，溶于乙醇和油脂。纯品为针状深红色晶体。熔点 174℃，可燃。易溶于二硫化碳、沸腾乙醚、正己烷，溶于氯仿和苯，微溶于乙醇和甲醇。因属脂溶性色素，溶于油脂后方能被吸收利用。

② 生理功能

a. 辅助抑制肿瘤　通过抗氧化作用，抑制氧化游离基，降低发生肿瘤的危险性。实验证明番茄红素对预防前列腺癌、肺癌、胃癌最有效，对胰腺癌、大肠癌、食道癌、口腔癌、乳腺癌、子宫颈癌也有较好的预防作用。对已形成的肿瘤，能使之缩小，延缓扩散，尤其是前列腺癌。

b. 抗辐射　番茄红素可防止皮肤受紫外线伤害。当紫外线照射皮肤时，皮肤中的番茄红素首先被破坏，而且 β-胡萝卜素含量几乎不变。这表明番茄红素具有较强的减轻组织氧化损伤的作用。

（3）虾青素

① 生理性状　虾青素分子式为 $C_{40}H_{52}O_4$，红褐色至褐色粉末或液体。油脂溶液中呈橙红色。耐热性强，耐光性差，不随 pH 值变化而变色，长时间与空气接触会褪色。溶于乙醇和油脂，不溶于水。属类胡萝卜素，但不能转化为维生素 A，可作为食用色素使用。

② 生理功能

a. 辅助抑癌作用　虾青素对肿瘤细胞的增殖有抑制作用。对人的大肠癌 SW116 细胞的增殖有明显抑制作用。对膀胱癌、口腔癌和由紫外线引起的皮肤癌也有一定抑制作用。

b. 抗氧化作用　虾青素有很强的抗氧化和消除自由基的作用，在类胡萝卜素中，随着共轭双键的增加而增强，以虾青素的作用最强。

c. 增强免疫功能　虾青素能促进 T 细胞的活性。

（4）硒及含硒制品

硒是红细胞中谷胱甘肽过氧化物酶等的必要成分，并以此形式与生育酚相互协同发挥抗氧化作用，即防止不饱和脂肪酸中双键的氧化，使细胞膜避免过氧化物损害。

硒的主要生理功能有以下几个方面。

① 辅助抑制肿瘤作用　硒进入机体后，与蛋白质相结合而成为谷胱甘肽过氧化物酶，该酶具有明显的抗氧化作用，能抑制过氧化反应，从而清除自由基，保护细胞的畸变，并能修复细胞畸变所带来的分子损伤，起到抑制肿瘤的作用。

硒能调节环腺苷酸的代谢，抑制肿瘤细胞中磷酸三酯酶的活性，使能抑制肿瘤细胞DNA 合成的 cAMP 的水平提高，阻止肿瘤细胞的分裂，从而起到抗肿瘤的作用。

硒能增强吞噬细胞的吞噬作用，增强 T 细胞和 B 细胞的增殖力，即通过提高机体细胞的免疫功能而起到抗肿瘤的作用。

硒能影响致癌物质的代谢，抑制前致癌物转变成致癌物。

维生素 A 和维生素 E 均能增强硒的抗肿瘤能力。

② 免疫调节作用　硒能刺激机体产生较多的免疫球蛋白 IgM 和 IgG。

硒能激活巨噬细胞、脾淋巴细胞的增殖反应和 T 淋巴细胞的活性。

硒能明显提高中性粒细胞的活性氧代谢产物（ROS）的产生，增强中性粒细胞的吞噬能力。

第26章
辅助降血脂、降血压及降血糖的功能活性成分与功能性食品

26.1 高脂血症与健康

（1）血浆中的脂类

血浆中的脂类含有甘油三酯、磷脂、胆固醇酯、胆固醇、游离脂肪酸等。

① 血浆中脂蛋白 除游离脂肪酸是直接与血浆清蛋白结合运输外，其余的脂类则均与载脂蛋白结合，形成水溶性的脂蛋白。由于各种脂蛋白中所含的蛋白质和脂类的组成和比例不同，所以它们的密度、颗粒大小、表面电荷、电泳表现及其免疫特性均不同。

脂蛋白的外层由亲水的载脂蛋白、磷脂和少量的胆固醇构成，脂蛋白核心由甘油三酯和胆固醇酯或胆固醇构成。甘油三酯主要构成乳糜微粒和极低密度脂蛋白的核心，胆固醇酯主要构成低密度脂蛋白和高密度脂蛋白的核心。

② 脂蛋白的分类 根据蛋白质电泳法，分为 α-脂蛋白、前 β-脂蛋白、β-脂蛋白和糜微粒；根据密度离心法，分为乳糜微粒（CM）、极低密度脂蛋白（VLDL）、低密度脂蛋白（LDL）和高密度脂蛋白（HDL）。

（2）高脂血症和高脂蛋白血症

高脂血症是指血脂高于正常的上限。血浆中的脂类几乎都是与蛋白质结合运输的，即脂蛋白被看成是脂类在血液中运输的基本单位。因而高脂血症或高脂蛋白血症均能反映脂代谢紊乱的状况。WHO 建议将高脂蛋白血症分为：Ⅰ型高脂蛋白血症（Ⅰ型高乳糜微粒血症）、Ⅱ型高脂蛋白血症（Ⅱa 型高 β-脂蛋白血症，Ⅱb 型高前 β-脂蛋白血症）、Ⅲ型高脂蛋白血症（Ⅲ型异常 β-脂蛋白血症或 Ⅲ型阔 β带型）、Ⅳ型高脂蛋白血症（Ⅳ型高前 β-脂蛋白血症）、Ⅴ型高脂蛋白血症（Ⅴ型高乳糜微粒和 Ⅴ型前 β-脂蛋白血症）。在我国的各型高脂蛋白血症中以 Ⅱb 型和Ⅳ型发病率为高。

高脂血症或高脂蛋白血症与动脉粥样硬化发生密切相关。高胆固醇或高 LDL 血症是动脉粥样硬化的主要危险因素，而低 HDL 也被认为是动脉粥样硬化的危险因素。氧化型低密度脂蛋白也是动脉粥样硬化的独立危险因素。甘油三酯是动脉粥样硬化的独立危险因素。

（3）高脂血症的危害

① 高脂血症对健康的危害 高脂血症是动脉粥样硬化发生的重要危险因素之一。流行病学调查证明：血浆低密度脂蛋白、极低密度脂蛋白水平的持续升高和高密度脂蛋白水平的降低与动脉粥样硬化的发病率呈正相关。研究表明：在总胆固醇＜3.90mmol/L 的人群中未发现动脉粥样硬化性疾病，血清总胆固醇的正常参考值为 2.85～5.69mmol/L。

② 高脂血症对机体的影响　高脂血症是缺血性中风的主要原因。长期高脂血症（高胆固醇、高甘油三酯、高低密度脂蛋白、高胆固醇等）是动脉粥样硬化的基础，脂质过多沉积在血管壁并由此形成的血栓，导致血管狭窄、闭塞，而血栓表面的栓子也可脱落而阻塞远端动脉，栓子来源于心脏的称心源性脑栓塞。另一方面，高脂血也可加重高血压，在高血压动脉硬化的基础上，血管壁变薄而容易破裂。因此，高脂血症也是出血性中风的危险因素。

（4）引起高脂血的因素

① 脂肪酸　脂肪酸分为四类：饱和脂肪酸、单不饱和脂肪酸（主要是油酸，18∶1n-9）、多不饱和脂肪酸（主要是亚麻酸，18∶2n-6）和反式脂肪酸（主要是18∶1反式）。亚麻酸是饮食中最丰富的多不饱和脂肪酸，但饮食中少部分多不饱和脂肪酸为 α-亚麻酸（ALA，18∶3n-3）、长链脂肪酸即二十碳五烯酸（EPA，20∶5n-3）和来自鱼油的二十二碳六烯酸（DHA，22∶6n-3）。ALA 和亚麻酸对于血浆脂蛋白的影响效果相似。鱼油具有降低甘油三酯血症的效果。对正常血脂的受验者，LDL 和 HDL 水平没有影响。对于高血脂受验者，鱼油可以降低甘油三酯含量，但能增加 LDL-C（低密度脂蛋白胆固醇）和 HDL-C（高密度脂蛋白胆固醇）浓度。饮食中甘油三酯的结构也能影响血清脂水平。

② 脂肪替代物　人摄入含非吸收性脂肪替代物的饮食时，胆固醇的吸收减少，这些化合物会降低血清 LDL-C 的浓度。当这些脂肪替代物的存在使脂肪摄取量减少时，HDL-C 浓度也降低。

③ 大豆蛋白制剂　大豆蛋白对人血清脂浓度影响的综合分析结果显示，日摄入大豆蛋白将会降低血清总胆固醇浓度，主要是 LDL-C 减少而致。

④ 抑制性淀粉　抑制性淀粉在小肠中不能被降解，而在大肠中抑制性淀粉由某种细菌作用而代谢掉。研究表明，抑制性淀粉代谢产物可促进胆固醇代谢，但生淀粉和老化淀粉都不能对血清脂蛋白分布产生有益的影响。

⑤ 乙醇　适度摄入酒精与 CHD（冠心病）危险性呈负相关。这可以部分地解释为酒精能提高 HDL-C 水平。

⑥ 胆固醇饮食　研究表明，血清总胆固醇浓度是胆固醇摄入量平方根的函数。饮食胆固醇摄入量和血清总胆固醇浓度之间呈非线性关系，血清总胆固醇浓度与饮食胆固醇绝对摄入量呈线性关系。降低饮食胆固醇摄入量会降低血清总胆固醇的浓度。饱和脂肪摄入量低时，这种作用会减弱。

⑦ 植物固醇　植物胆固醇如菜油固醇、麦芽固醇和豆固醇等化合物在结构上与胆固醇相似，可降低胆固醇吸收，而且长期以来一直被当作降低 LDL-C 的制剂。

饱和植物固醇在减少血清 LDL-C 浓度方面比不饱和植物固醇更有效。麦芽固醇和饱和的类麦芽固醇物酯化为菜籽油脂肪酸，可进一步增加植物固醇降低 LDL-C 的作用。

⑧ 纤维素　可溶性纤维素可以降低血清总胆固醇浓度，主要是通过降低 LDL-C 来实现的。不溶性纤维素对血清总胆固醇水平影响较小。

⑨ 生育酚和生育三烯酚　生育酚和生育三烯酚是具有维生素 E 活性的化合物。研究表明生育酚可以降低 LDL-C 浓度。

（5）均衡营养

在平衡膳食的基础上控制总能量和总脂肪，限制膳食饱和脂肪酸和胆固醇，保证充足的膳食纤维和多种维生素，补充适量的矿物质和抗氧化营养素。鼓励多吃植物性食物，如洋葱、香菇等。

26.2　辅助降血脂的活性成分

（1）小麦胚芽油

小麦胚芽油主要含有棕榈酸、硬脂酸、油酸、亚油酸、亚麻酸、磷脂，富含天然维生素 E，包括 α-、β-、γ-、δ-生育酚和 α-、β-、γ-、δ-生育三烯酚，均属 D 构型。

小麦胚芽油有降低胆固醇、调节血脂、预防心脑血管疾病等作用。在体内担负氧的补给和输送，防止体内不饱和脂肪酸的氧化，控制对身体有害过氧化脂质的产生，有助于血液循环及各种器官的运行。

（2）玉米胚芽油

玉米胚芽油主要由各种脂肪酸酯所组成，主要含有不饱和脂肪酸，如亚油酸、亚麻酸、油酸，但不含胆固醇，富含维生素 E。

① 调节血脂　玉米胚芽油所含大量的不饱和脂肪酸可促进粪便中类固醇和胆酸的排泄，从而阻止体内胆固醇的合成和吸收，以避免因胆固醇沉积于动脉内壁而导致动脉粥样硬化。

② 软化血管　玉米胚芽油中的维生素 E 可抑制由体内多余自由基所引起的脂质过氧化作用，从而达到软化血管的作用。

（3）米糠油

米糠油中的脂肪酸组成：豆蔻酸 14∶0，0.6%；软脂酸 16∶0，21.5%；硬脂酸 18∶0，2.9%；油酸 18∶1，38.4%；亚油酸 18∶2，34.4%；亚麻酸 18∶3，2.2%。还有磷脂、糖脂、植物甾醇、谷维素、天然维生素 E 等。

米糠油富含不饱和脂肪酸、天然维生素 E 和谷维素，具有相应的生理功能。米糠油能降低血清胆固醇、预防动脉硬化、预防冠心病。

（4）紫苏油

紫苏油淡黄色，略有青菜味。碘值 175～194。含 α-亚麻酸，属 n-3 系列，另含天然维生素 E。在自然界中有类似组成的有鱼油，植物界有紫苏油、白苏油。

紫苏油能显著降低较高的血清甘油三酯，通过抑制肝内 HMC-CoA 还原酶的活性而得以抑制内源性胆固醇的合成，以降低胆固醇，并能增高有效的高密度脂蛋白。紫苏油能抑制血小板聚集能，从而抑制血栓疾病（心肌梗死和脑血管栓塞）的发生。紫苏油可降低血压的临界值，从而保护出血性脑中风。

（5）沙棘（籽）油

沙棘油含有亚油酸、γ-亚麻酸等多不饱和脂肪酸，以及维生素 E、植物甾醇、磷脂、黄酮等。沙棘（籽）油含有棕榈酸 10.1%、硬脂酸 1.7%、油酸 21.1%、亚油酸 40.3%、γ-亚麻酸 25.8%。沙棘种子含油 5%～9%，其中不饱和脂肪酸约占 90%。

① 调节血脂功能　沙棘油能明显降低大鼠外源性高脂血清总胆固醇，并使血清组氨酸脱羧酶（HDC）和肝脏脂质有所提高（$P < 0.005$）。

② 调节免疫功能　沙棘油能显著提高小鼠巨噬细胞的吞噬比例和吞噬指数，增强巨噬细胞溶酶体酸性磷酸酶非特异性酯酶活性，有增强巨噬细胞功能的作用。

（6）葡萄籽油

葡萄籽油含棕榈酸、花生酸、油酸、亚油酸，总不饱和脂肪酸约92%，还含维生素 E、β-胡萝卜素。

葡萄籽油可以预防肝脂和心脂沉积，抑制主动脉斑块的形成，清除沉积的血清胆固醇，降低低密度脂蛋白胆固醇，同时提高高密度脂蛋白胆固醇。葡萄籽油能防治冠心病，延长凝血时间，减少血液还原黏度和血小板聚集率，防止血栓形成，扩张血管，促进人体前列腺素的合成。葡萄籽油具有营养脑细胞、调节植物神经等作用。

26.3　高血压

人的心脏不停地将血液输入到动脉血管系统，血液在血管内流动时对血管壁产生的压力就称为血压。血压分为动脉血压和静脉血压，经常说的血压是动脉血压。高血压是指动脉血压高于正常值。

高血压是指收缩压或舒张压升高的一组临床症候群。WHO 规定凡成年人收缩压达 21.3kPa（157mmHg）或舒张压达 12.7kPa（95.5mmHg）以上的即可确诊为高血压。正常成年人的收缩压为 12.0～18.7kPa（90～140mmHg），舒张压 6.7～12.0kPa（50.4～90.2mmHg）。高血压是目前最常见的心血管疾病，对人类健康具有极大的危害性。

高血压存在着"三高"和"三低"的发病特点。

"三高"是指发病率高，全世界有 7 亿人患有高血压，我国的高血压患病人数已达 1.3 亿；致残率高，如脑中风后 75％丧失劳动能力，40％重度致残，生活不能自理，肾功能衰竭；死亡率高，高血压如得不到及时的治疗，50％死于冠心病，33％死于脑中风，10％～15％死于肾功能衰竭。

"三低"是指知晓率低，高血压称之无预兆的疾病，只有约 35％的患者知晓自己患有高血压；服药率低，人们对高血压的危害未引起高度的重视，感觉不舒服就吃药，症状消失就停药，从而贻误终身；控制率低，城市、农村的高血压患者只有很少人得到有效控制。

（1）原发性高血压和继发性高血压

高血压分为原发性高血压和继发性高血压两种。

原发性高血压是一种某些先天性遗传基因与许多致病性增压因素和生理性减压因素相互作用而引起的多因素疾病。原发性高血压占高血压患者总数的 90％左右。其发病原因尚未完全明确，可能是以下因素综合造成的。

遗传因素中高血压有明显的家族遗传倾向。高钠低钾膳食，高血压与钠盐摄入量正相关，与钾盐摄入量负相关。超重和肥胖，身体脂肪含量与血压水平呈正相关。过量饮酒（或嗜酒）也是高血压发病的危险因素。长期过度精神紧张或长期从事高度精神紧张的工作也是高血压发病的危险因素。高血压发病的其他危险因素还包括年龄、缺乏体力活动、吸烟、睡眠障碍、糖尿病等。

继发性高血压是病因明确的高血压，当查出病因（如肾脏病、内分泌功能障碍、肾动脉狭窄、颅脑疾病等）并有效去除或控制病因后，继发性高血压可被治愈或明显缓解。继发性高血压在高血压人群中占 10％左右。

（2）高血压的发病趋势

近年来高血压发病逐渐向低龄化发展，青少年高血压发病率逐年增高，青少年发病增高的原因有：

① 遗传因素　研究表明，祖父母一代有高血压、冠心病、脑中风病史的儿童血压会偏高，其中以脑中风影响最强，父母一代又强于祖父母一代。

② 肥胖和超重 肥胖不仅使血压升高，而且还会使动脉粥样硬化提前发生，还会造成高血脂、糖尿病、脂肪肝。

③ 不良的膳食习惯 饮食习惯偏咸，偏高脂肪，低钙、钾、镁、纤维素者血压都高。

④ 吸烟等不良习惯 吸烟者的总血清胆固醇及低密度脂蛋白升高，高密度脂蛋白降低，血小板的黏附性增高，聚集性增强，凝血时间缩短，血浆中纤维蛋白原浓度升高，这些都可促进动脉粥样硬化，而且吸烟可引起青少年冠心病已成定论。

（3）高血压对机体的危害

高血压是心脑血管疾病的罪魁祸首，具有发病率高、控制率低的特点。高血压的真正危害性在于对心、脑、肾的损害，造成这些重要脏器严重病变。

① 脑中风 脑中风是高血压引起的常见并发症，高血压是引起脑出血最主要的原因。

② 冠心病 冠心病是指冠状动脉粥样硬化导致心肌缺血、缺氧而引起的心脏病。血压升高是冠心病发病的独立危险因素。研究表明，冠状动脉粥样硬化病人 $60\% \sim 70\%$ 有高血压，高血压患者较血压正常者高四倍。

③ 肾脏的损害 高血压危害最严重的部位是肾血管。高血压会导致肾血管变窄或破裂，最终引起肾功能的衰竭。

④ 高血压性心脏病 高血压性心脏病是高血压长期得不到控制的必然结果。高血压会使心脏泵血的负担加重，心脏变大，泵的效率降低，出现心律失常、心力衰竭从而危及生命。

26.4 辅助降血压的活性成分

（1）大豆低聚肽

大豆低聚肽是由 $2 \sim 10$ 个氨基酸组成的短链多肽和少量游离氨基酸组成。大豆低聚肽是白色至微黄色粉末，无豆腥味，无蛋白质变性，遇酸不沉淀，遇热不凝固，易溶于水。

大豆低聚肽的生理功能为降低血压，抑制血管紧张素转换酶（ACE）的活性，可防止血管末梢收缩，从而达到降低血压的作用。

（2）杜仲叶提取物

杜仲叶提取物主要成分为丁香树脂双苷和杜仲酸苷等。杜仲叶提取物具有降低血压的作用。

（3）芸香苷

芸香苷（提取物）（芦丁提取物）为一种配糖体。糖苷配基为槲皮素，糖为鼠李糖和葡萄糖。芸香苷（提取物）为黄色小针状晶体，或淡黄至黄绿色结晶性粉末，有特殊香气。遇光颜色转深，有苦味。

芸香苷（提取物）有辅助降低血压作用。

（4）绿茶中的茶多酚等

绿茶中含有茶多酚如儿茶素、黄酮及黄酮醇、花青素、酚酸及缩酚酸。黄酮及黄酮醇类化合物多与糖结合成苷，如槲皮素、山奈素、杨梅素、槲皮苷等，还有茶多糖。

表没食子酸儿茶素（ECG）、表没食子酸儿茶素没食子酸酯（EGCG）、茶黄素对血管紧张素转换酶（ACE）有显著的抑制作用；咖啡碱、儿茶素类化合物等能够松弛血管，增加血管的有效直径，使血管舒张，从而降低血压；茶多糖能够使血压下降，心率减慢，并且可以增加离体冠状动脉流量；茶中的谷氨酸在酶促的作用下降解生成 γ-氨基丁酸，其也具有降压作用。

26.5　糖尿病

糖尿病是体内胰岛素不足而引起的以糖、脂肪、蛋白质代谢紊乱为特征的常见慢性病。糖尿病会引起并发症，如出现视网膜病变。糖尿病患者患心脏病的可能性较正常人高，患中风的危险性高，一半以上的老年糖尿病患者死于心血管疾病。除此之外，糖尿病患者还可能患肾病、神经病变、消化道疾病等。

（1）糖尿病的分类

① 1型糖尿病　这种糖尿病又称胰岛素依赖型糖尿病（IDDM），多发生于青少年。临床症状为起病急、多尿、多饮、多食、体重减轻等，有发生糖尿病酮症酸中毒的倾向，必须依赖胰岛素维持生命。

② 2型糖尿病　这种糖尿病又称非胰岛素依赖型糖尿病（NIDDM），可发生在任何年龄，但多见于中老年。一般来说，这种类型起病慢，临床症状相对较轻，但在一定诱因下也可发生糖尿病酮症酸中毒或非酮症高渗性高糖性昏迷。通常不依赖胰岛素，但在特殊情况下也需要用胰岛素控制高血糖。

（2）糖尿病的起因

① 遗传因素　1型、2型糖尿病均存在明显的遗传异质性。糖尿病存在家族发病倾向，1/4～1/2患者有糖尿病家族史。1型糖尿病有多个DNA位点参与发病，2型糖尿病已发现多种明确的基因突变，如胰岛素基因、胰岛素受体基因、葡萄糖激酶基因、线粒体基因等。

② 环境因素　进食过多，体力活动减少导致的肥胖是2型糖尿病最主要的环境因素，使具有2型糖尿病遗传易感性的个体容易发病。1型糖尿病患者存在免疫系统异常，在某些病毒如柯萨奇病毒、风疹病毒、腮腺病毒等感染后导致自身免疫反应，破坏胰岛素β-细胞。

（3）糖尿病的发病机理

① 1型糖尿病的发病机理　病毒感染等因素扰乱了体内抗原，使患者体内的T淋巴细胞、B淋巴细胞致敏。机体自身存在免疫调控失常，导致了淋巴细胞亚群失衡，B淋巴细胞产生自身抗体，K细胞（杀伤细胞）活性增强，胰岛β-细胞受抑制或被破坏，导致胰岛素分泌的减少，从而产生疾病。

② 2型糖尿病的发病机理　胰岛素受体或受体后缺陷，尤其是肌肉与脂肪组织内受体必须有足够的胰岛素存在，才能让葡萄糖进入细胞内。当受体及受体后缺陷产生胰岛素抵抗性时，就会减少糖利用而导致血糖过高。这时，即使胰岛素血浓度不降低甚至增高，但降糖失效，导致血糖升高。

在胰岛素相对不足与拮抗激素增多条件下，肝糖原沉积减少，分解与糖异生作用增多，肝糖输出量增多。

胰岛β-细胞缺陷、胰岛素分泌迟缓或异常、第一高峰消失等原因，导致胰岛素分泌不足引起高血糖。持续或长期的高血糖，会刺激β-细胞分泌增多，但受体或受体后异常而呈现胰岛素抵抗性，最终会使β-细胞功能衰竭。

（4）糖尿病高血脂症

研究糖尿病与血脂代谢时发现，大部分糖尿病病人伴有继发性高脂蛋白血症。糖尿病患者发生动脉粥样硬化疾病为特征的大血管病变，病变发生早进展快，是糖尿病患者死亡的最主要原因。糖尿病患者血脂异常的特点是甘油三酯升高（有30%～40%的糖尿病患者甘油三酯水平＞2.25mmol/L），餐后血脂水平高于普通人群，致病性很强的LDL由于糖化和氧化，消除减慢。因此，其对糖尿病大血管病变的危害性最大。

26.6 具有调节血糖功能的活性成分

26.6.1 糖醇类

糖醇类是糖类的醛基或酮基被还原后的物质。糖醇类是由相应的糖经镍催化氢化而成的一种特殊甜味剂，如木糖醇、山梨糖醇、甘露糖醇、麦芽糖醇、乳糖醇、异麦芽糖醇等。

糖醇类有一定甜度，但皆低于蔗糖的甜度；其热值大多低于或等于蔗糖。糖醇不能完全被小肠吸收，其中有一部分在大肠内由细菌发酵，代谢成短链脂肪酸，故热值较低。适用于低热量食品或作为高热量甜味剂的填充剂。

糖醇类在人体的代谢过程中与胰岛素无关，不会引起血糖值和血中胰岛素水平的波动，可用作糖尿病和肥胖患者食品的甜味剂。

（1）麦芽糖醇

麦芽糖醇（亦称氢化麦芽糖醇），其分子式为 $C_{12}H_{24}O_{11}$。分子量为 344.31。它是由一分子葡萄糖和一分子山梨糖醇结合而成的二糖醇。纯品为白色结晶性粉末，熔点为 146.5～147℃。因吸湿性很强，水溶液为无色透明的中性黏稠液体，甜度约为蔗糖的 85%～95%，甜感近似蔗糖。难于发酵，有保香、保湿作用，易溶于水和醋酸。

进食后不升高血糖，不刺激胰岛素分泌，对糖尿病患者不会引起副作用。

（2）木糖醇

木糖醇的分子式为 $C_5H_{12}O_5$，分子量为 152.15，白色结晶或结晶性粉末，几乎无臭。具有清凉甜味，热量低。熔点 92～96℃，沸点 216℃。与金属离子有螯合作用，可作为抗氧化剂的增效剂，有助于维生素和色素的稳定。极易溶于水，微溶于乙醇和甲醇，热稳定性好。

木糖醇在人体内的代谢途径不同于一般糖类，不需要胰岛素的促进，能透过细胞膜成为组织的营养成分，并能使肝脏中的糖原增加。因此，对糖尿病人来说，食用木糖醇不会增加血糖值，并能消除饥饿感、恢复能量和体力上升。

（3）山梨糖醇

山梨糖醇的分子式为 $C_6H_{14}O_6$，分子量为 182.17。白色针状结晶或结晶性粉末，也可为片状或颗粒状。无臭，有清凉爽口甜味，热量低。极易溶于水，微溶于乙醇、甲醇和醋酸。有吸湿性，吸湿能力小于甘油。水溶液的 pH 值为 6～7。

试验证明，在早餐中加入山梨糖醇，2 型糖尿病人缓和了餐后血糖值的波动。

26.6.2 蜂胶

蜂胶为蜜蜂从植物叶、芽、树皮内采集所得的树胶混入工蜂分泌物和蜂蜡而成的混合物。含有树脂 50%～55%、蜂蜡 30%～40%、花粉 5%～10%。主要功效成分有黄酮类化合物，包括白杨黄素、山柰黄素、高良姜精等。红褐至绿褐色粉末，或褐色树脂状固体，有香味。加热时有蜡质分出。可分散于水中，但难溶于水，溶于乙醇。

蜂胶具有调节血糖的功能，能显著降低血糖，减少胰岛素的用量，能较快恢复血糖正常值，消除口渴、饥饿等症状，并能防治由糖尿病所引起的并发症。糖尿病患者血糖含量高，免疫力低下，容易并发炎症，蜂胶可有效控制感染，使患者病情逐步得到改善。

参考文献

[1] 于守洋，崔洪斌 . 中国保健食品的进展 [M]. 北京：人民卫生出版社，2000.

[2] 郑建仙 . 功能性食品（第三卷）[M]. 北京：中国轻工业出版社，1999.

[3] 凌关庭 . 保健食品原料手册 [M]. 北京：化学工业出版社，2007.

[4] 郑建仙 . 功能性食品学 [M]. 北京：中国轻工业出版社，2003.

[5] 吴谋成 . 功能食品研究与应用 [M]. 北京：化学工业出版社，2004.

[6] 温辉梁 . 保健食品加工技术与配方 [M]. 南昌：江西科学技术出版社，2002.

[7] 顾维雄 . 保健食品 [M]. 上海：上海人民出版社，2001.

[8] 郑建仙 . 功能性食品（第一卷）[M]. 北京：中国轻工业出版社，1995.

[9] 郑建仙 . 功能性食品（第二卷）[M]. 北京：中国轻工业出版社，1999.

[10] 孟凡德 . 生活化学与健康 [M]. 北京：化学工业出版社，2013.

[11] 金宗濂 . 保健食品的功能评价与开发 [M]. 北京：中国轻工业出版社，2001.

[12] 钟耀广 . 功能性食品 [M]. 北京：化学工业出版社，2004.

[13] 施开良 . 环境化学与人类健康 [M]. 北京：化学工业出版社，2002.

[14] 郑建仙 . 低能量食品 [M]. 北京：中国轻工业出版社，2001.

[15] 杜克生 . 食品生物化学 [M]. 北京：化学工业出版社，2002.

[16] 陈冠英 . 居室环境与人体健康 [M]. 北京：化学工业出版社，2005.

[17] 冯凤琴，叶立扬 . 食品化学 [M]. 北京：化学工业出版社，2005.

[18] 史奎雄 . 医学营养学 [M]. 上海：上海交通大学出版社，1998.